新型电力系统建设背景下
电动汽车及储能规模化发展
对配电网规划的影响

王益军　主编
马　楠　邓　浩　尚龙龙　副主编

天津大学出版社
TIANJIN UNIVERSITY PRESS

图书在版编目(CIP)数据

新型电力系统建设背景下电动汽车及储能规模化发展对配电网规划的影响 / 王益军主编；马楠，邓浩，尚龙龙副主编. -- 天津：天津大学出版社，2024.1
ISBN 978-7-5618-7497-4

Ⅰ. ①新… Ⅱ. ①王… ②马… ③邓… ④尚… Ⅲ. ①电动汽车－储能－影响－配电系统－电力系统规划 Ⅳ. ①TM715

中国国家版本馆CIP数据核字(2023)第101530号

出版发行	天津大学出版社
地　　址	天津市卫津路92号天津大学内（邮编:300072）
电　　话	发行部:022-27403647
网　　址	www.tjupress.com.cn
印　　刷	北京虎彩文化传播有限公司
经　　销	全国各地新华书店
开　　本	787mm×1092mm　1/16
印　　张	11
字　　数	275千
版　　次	2024年1月第1版
印　　次	2024年1月第1次
定　　价	58.00元

编委会成员

目　　录

第 1 章　总述

1.1　以新能源为主体的新型电力系统发展背景解读

2020 年 9 月，习近平总书记在第七十五届联合国大会上提出我国二氧化碳排放力争于 2030 年前达到峰值，努力争取 2060 年前实现碳中和；同年 12 月，习近平总书记在气候雄心峰会上重申我国的“碳达峰、碳中和”承诺。“双碳目标”是以习近平同志为核心的党中央经过深思熟虑做出的重大战略决策，彰显了我国主动承担应对气候变化国际责任、推动构建人类命运共同体的坚定决心。

2021 年 3 月 15 日，中央财经委员会第九次会议指出：“十四五”是碳达峰的关键期、窗口期，要构建清洁、低碳、安全、高效的能源体系，控制化石能源总量，着力提高利用效能，实施可再生能源替代行动，深化电力体制改革，构建以新能源为主体的新型电力系统。

实现“碳达峰、碳中和”目标，能源是“主战场”，电力是“主力军”，构建以新能源为主体的新型电力系统，是推动电力清洁低碳发展的必然选择，对支持区域“碳达峰、碳中和”目标实现，保障区域能源供应安全具有重要意义。新型电力系统的显著特征是新能源在电源结构中占据主导地位，由于新能源具有随机性、波动性、间歇性特点，系统调节资源需求大，且新能源大规模并网后系统呈现高度电力电子化特征，与传统电力系统相比，新型电力系统在持续可靠供电、电网安全稳定和生产经营等方面将面临重大挑战。

新型电力系统建设的总体目标在于深入贯彻落实党中央、国务院重大决策部署，充分结合区域电网发展实际，进一步加快电网数字化转型，全面建设安全、可靠、绿色、高效、智能的现代化电网，在实现“碳达峰、碳中和”目标过程中确保电网安全和电力可靠供应，促进区域电网的高质量发展。2025 年前，大力支持新能源接入，显著提升新能源消纳能力，初步建立以新能源为主体的“源网荷储”体系和市场机制，具备新型电力系统的基本特征；2030 年前，进一步提升新能源装机消纳能力，推动新能源装机处于主导地位，“源网荷储”体系和市场机制趋于完善，基本建成新型电力系统，有力支持地区全面实现碳达峰；2060 年前，新型电力系统全面建成并不断发展，全面支撑各地区碳中和目标实现。

新型电力系统建设的重点举措可归纳总结为 8 个方面 24 项具体任务。

（1）大力支持新能源接入。全力推动新能源发展，支持新能源大规模接入；加快新能源接入电网建设，推进主网配套工程，以及“强简有序、灵活可靠、先进适用”的配电网建设；完善新能源接入流程；加强新能源并网技术监督。

（2）统筹做好电力供应。推动多能互补电源体系建设；积极引入区外电力，进一步提升跨区域的资源调配能力；加快提升系统调节能力。

（3）确保电网安全稳定。建设坚强可靠主网架，实现“合理分区、柔性互联、安全可控、开放互济”的建设目标；建设新型电力系统智能调度体系；加强新型电力系统物联网管控平台网络安全防护。

(4)推动能源消费转型。全力服务需求侧绿色低碳转型，着力提升能源使用效率；深化开展电能替代业务，进一步提升电能占终端能源的消费比重；推进需求侧响应能力建设，优化电网负荷峰谷特性。

(5)完善市场机制建设。建立健全统一电力市场，为新能源的充分利用提供市场支撑；深化电力辅助服务市场建设；推动建立“源网荷储”利益合理分配机制。

(6)加强科技支撑能力。深入开展新型电力系统基础理论研究；加快关键技术及装备研发应用与示范；探索建立新型电力系统产业联盟，积极推进上下游产业互动对接，建立产学研创新联合体。

(7)加快数字电网建设。提升数字技术平台支撑能力；提升数字电网运营能力，支撑以海量新能源为主体的新型电力系统运行管理及控制。

(8)加强组织保障能力。加强党的集中统一领导；加强新型电力系统创新能力建设；提升新型电力系统服务能力。

1.2 新型电力系统背景下电动汽车与储能技术的发展

在经济新常态、能源安全新战略、“碳达峰、碳中和”目标以及电力体制改革等多重因素的影响与综合作用下，当今配电网规划建设的思路策略与技术方法均处在一个快速变革与不断调整优化的发展阶段。随着以新能源为主体的新型电力系统建设落地，电动汽车等新态势负荷的规模化涌现，“源网荷储”新型电网结构的深化应用等已成为区域配电网健康可持续发展过程中必须着重思考与研究论证的关键问题。

20世纪以来，石油等不可再生资源的大规模开采利用，使社会经济及人民生产生活水平得到了前所未有的发展，但与此同时，传统化石能源的无节制消耗也带来了一系列的问题，环境污染、资源枯竭、气候异常等问题日趋严重。为了减缓这一趋势，实现人类社会的健康可持续发展，各国政府均在积极布局能源战略，各行各业亦在通过技术改革与创新不断提升节能减排水平，而汽车作为典型的化石能源消费产品，实现可再生能源的安全、高效利用已成为其核心的技术发展方向之一。基于现有科技水平，利用电能作为驱动能源是现阶段汽车产业实现可再生能源应用最为有效的改革途径。就我国而言，近年来随着政府各项利好政策的布局、推广，国内电动汽车产业进入了前所未有的高速发展阶段，时至今日电动汽车已成为中国汽车消费产品中不可忽视的重要组成部分。

另一方面，可再生能源的规模化并网也进一步推动了储能技术的发展应用。太阳能、风能等可再生能源出力具有间歇性和随机性等典型特征，规模化并网后对区域电网功率平衡、安全运行、用户供电可靠性以及电能质量等造成了明显影响，而储能技术的应用为可再生能源并网、消纳问题的解决提供了新的思路方法。储能装置能够显著提升区域电网对可再生能源发电的接纳能力，改进系统供电可靠性和提高电能质量，同时亦可优化电网资源配置，提高电网资产利用效率，可以说储能技术的成熟化应用是实现能源安全战略及新型电力系统建设目标的必要条件之一。

综上所述，在电动汽车及储能设施规模化发展趋势的影响之下，区域配电网的负荷变化规律及运行特性将发生明显改变，原有传统方式下用于指导配电网建设改造的技术原则、评价建设水平的量化计算方法、维持网络稳定可靠的运行维护操作等将随之改变。另一方面，更为深远的影响在于，随着新型电力系统“源网荷储”深度融合体系的进一步发展落地，对配电网发展建设具有重要引领作用的规划技术方法及规划思路也将发生根本性变革，而区域配电网如何在变革中探索构建出科学合理、对于电动汽车及储能技术发展具有高度适应性的配电网规划建设新思路，才是把握配电网发展建设先机、实现由“传统模式”向新型电力系统建设主动跨越的关键所在。

1.3　主要编写目的及意义

正所谓“电力发展，规划先行”，优秀的配电网规划成果能够为区域配电网发展提供科学严谨的技术支撑，为建设改造明确标准原则，为电网投资提供决策依据，为施工建设制订项目计划，总体来说，配电网规划工作是支撑区域配电网健康可持续发展的重要保障和先决条件，规划方法本身的科学性及严谨性对区域配电网建设有着至关重要的影响。

以新能源为主体的新型电力系统建设，改变了传统电网的建设运行模式，电动汽车等新态势负荷的规模化发展，以及储能等“源网荷储”深度融合技术的应用落地，亦改变了传统配电网规划工作的边界条件，受此影响，原有的规划思路与技术方法已经无法充分满足“新背景、新形势”下的配电网规划建设需求，从顺应新型电力系统建设、实现区域配电网健康可持续发展等长远角度出发，有必要也必须结合电动汽车和储能技术的实际发展应用情况，对配电网规划关键技术及思路方法做进一步的优化提升。总结而言，本书的编写目的和意义主要体现在如下两个方面。

1. 支撑配电网规划技术积极响应新型电力系统发展建设需求

区域配电网是新型电力系统的核心基础之一，是支撑社会经济发展及人民生产生活水平提升的重要保证，电动汽车充电设施和储能技术的规模化发展应用将改变传统配电网的系统结构及负荷特性，而现有配电网规划体系的技术思路与规划方法并未考虑充电负荷及储能装置规模化并网后，区域配电网负荷水平及时空特性的发展变化特征，因此难以进行准确预测与充分应对，由此所产生的规划成果与配电网发展需求脱节等问题，极有可能进一步导致如电力供应短缺、大规模投资重复浪费等后果更为严重的问题。因此，在电动汽车推广及储能技术应用成为全球化发展趋势的背景下，将配电网规划与电动汽车、储能发展相结合，进一步提升规划方法的适用性水平，是实现区域配电网健康可持续发展以及支撑新型电力系统建设的必然需要，具有重要的现实意义及实际应用价值。

2. 进一步提升深化电力体制改革背景下的配电网规划建设经济性水平

新一轮电力体制改革的颁布与实施，从根本上改变了“传统”的电价核算方法与营收方式，为电网企业提出了新的管理课题，即如何在保证供电质量及服务水平稳步提升的前提下，实现“精准规划”与“精准投资”，从而进一步提升区域配电网发展建设的经济性水平。基于“双碳”建设目标以及新型电力系统构建等宏观背景，电动汽车及储能技术的发展与推广成为配电网规划建设过程中新的不确定性因素，进一步增加了“精细规划”“精准投资”目标的实现难度。随着电力体制改革的进一步深化，电网企业从可持续发展的角度出发，在配电网规划、投资方面做到“精准”水平的进一步提升是其必须实现的管理目标，因此结合电动汽车及储能发展趋势，针对性开展配电网规划方法优化研究，能够有效提升配电网规划成果顺应新型电力系统发展的适应性水平，支撑区域配电网“精细规划、精准投资、精益管理”建设目标的实现。

1.4　总体编写思路

围绕“四个革命、一个合作”能源安全战略，以及“碳达峰、碳中和”行动方案的实施落地，以新型电力系统建设为研究背景，确定本书编写的核心目标为明确电动汽车及储能技术发展对配电网规划的影响，并在此基础之上优化完善现有规划技术、方法，为区域配电网构建形成适应电动汽车及储能规模化并网新形式的配电网规划方法提供决策依据。本书编写的总体思路分为基础性调研分析、接入配电网影响研究、电动汽车充电负荷预测方法优化研究以及配电网建设经济性影响研究，将上述各项工作进行逐一梳理，并按照逻辑关系串联，其具体情况如图 1-1 所示。

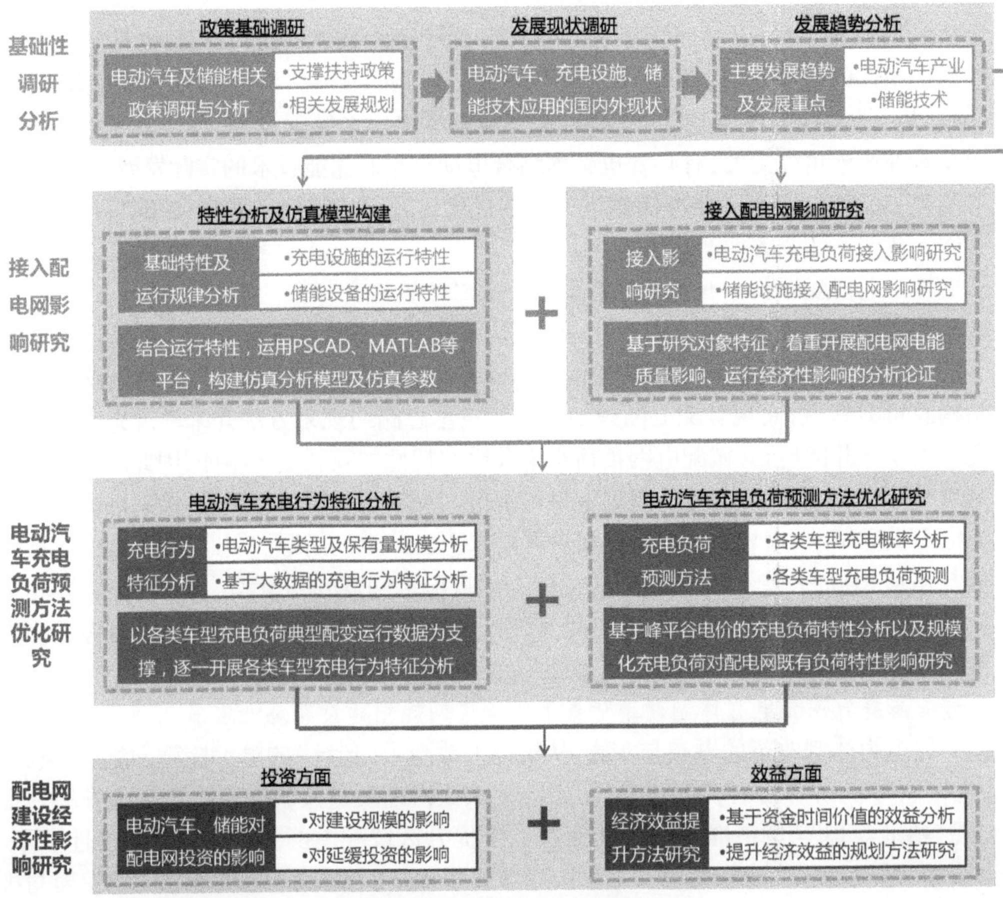

图 1-1　本书编写总体思路示意图

1.5 内容简述

本书以新型电力系统建设为背景，以当前阶段快速发展的电动汽车新态势负荷，以及逐步迈向商业化应用的储能技术为研究对象，将两者视为传统电网逐步向新型电力系统过渡过程中融入的新兴元素，研究论述其发展趋势、运行特征、并网影响以及电网应对措施，通过模拟仿真分析、负荷预测方法优化研究等技术手段，逐步形成定性及定量化分析结论，从而为区域配电网规划技术方法优化及规划方案比选提供决策参考依据。本书主要包含四个部分，其简要描述说明如下。

1. 相关政策及发展现状分析

作为新兴元素、新兴产业，在分析论证其发展影响之前，首先应对其发展现状及未来发展趋势进行调研梳理，具体分析过程包括：①通过相关扶持政策的梳理总结，判断国家、地方政府、相关行业对于电动汽车及储能的发展预期及支持力度；②以现状发展水平为依据，合理判断电动汽车及储能目前所处的发展阶段、所面临的主要发展问题。其次基于上述调研分析结论，进一步对各类影响因素及主要问题成因进行总结，继而为后续研究论证工作开展奠定基础。

2. 接入配电网影响量化评价

电动汽车充电负荷及储能设备接入配电网影响分析是研究工作中的难点内容，其主要研究方法是基于模拟仿真分析技术，对充电设施或储能接入配电网后的各类影响及其影响程度进行量化评价，以此明确电动汽车及储能作为新兴元素规模化并网后，新型电力系统电压水平、电能质量、运行经济性等主要运行指标所发生的变化以及其中的变化规律，从而为后续配电网规划方法优化及适应性水平提升研究提供分析基础。

3. 电动汽车充电负荷预测方法优化研究

负荷预测是配电网规划工作的重中之重，其预测结果直接影响规划方案的科学性、合理性及适用性水平，本部分研究内容以此为切入点，着重开展电动汽车规模化发展对配电网规划负荷预测的影响研究。具体研究内容包含两个部分，一是分析阐述电动汽车充电负荷的主要特性及其并网后对既有电网负荷特性的影响；二是基于负荷特性分析结论，进一步开展适用于电动汽车充电负荷规模化发展的配电网负荷预测方法优化研究。

4. 电动汽车及储能发展对配电网建设经济性影响分析

在新一轮电力体制改革等宏观背景因素的影响之下，规划建设经济性成为关乎区域配电网健康可持续发展的重要问题。电动汽车充电设施及储能设备接入对配电网规划建设方案经济性的影响主要表现在增加负荷供电需求、电网负荷特性曲线“削峰填谷”、设备利用率水平提升等积极方面，但与此同时无序充电对电网产生冲击、峰时电价时段售电收益降低等问题也将产生一定负面影响。基于上述问题，此部分研究内容将重点结合电动汽车充电设施及储能设备的运行特性及其对网供负荷、售电量所产生的影响，重点研究论述其对配电网规划建设方案经济性的影响。

第 2 章　电动汽车及储能技术相关政策及发展现状分析

纵览全球，在实现节能减排、用能结构优化等目标的过程中，电动汽车推广和清洁能源深化应用始终是重要的改革举措之一。我国在践行"碳达峰、碳中和"行动方案及可持续发展战略的过程中，先后颁布了多项推广、扶持政策，积极推动了电动汽车及可再生能源产业的蓬勃发展，使得电动汽车产销量、充换电设施建设规模以及储能技术应用规模呈现出领先全球的增长态势。由此可见，支撑政策、战略规划的颁布实施对于相关产业发展具有极为深远的影响，且往往各项政策在单独影响发展趋势和发展进程的同时，还会与其他多项政策形成合力效应，产生范围更广、层次更深、效应更为长久的影响。因此，在开展电动汽车充电负荷及储能设备并网影响、量化评价方法、经济效益水平等研究论证之前，有必要对相关政策、规划所产生的影响，以及国内外水平进行体系化调研分析，以便准确把握电动汽车、储能设备的发展态势，从而为后续研究工作的深入开展奠定基础。

2.1　电动汽车相关政策及发展规划解读

2020 年 12 月国家发展改革委曾在新闻发布会上明确表示，发展新能源汽车是我国从汽车大国迈向汽车强国的必由之路；同时，发展新能源汽车也是我国应对气候变化、推动绿色发展的重要战略举措。通过不断颁布实施各类政策、指导意见来引导和推广电动汽车及充换电设施产业发展是各国政府的普遍做法，具体就我国现状而言，电动汽车及充电设施发展的相关引导、推广性文件可归纳为政策、规划两种类型。

2.1.1　电动汽车及充换电设施相关政策解读与分析

通过系统性的梳理可知，对国内电动汽车及充换电设施发展具有重要推动作用的国家层面政策性条文按时间顺序排序如下。

（1）《国务院关于加强城市基础设施建设的意见》，2013 年 9 月；

（2）《国务院办公厅关于加快新能源汽车推广应用的指导意见》，2014 年 7 月；

（3）《国家发展改革委关于电动汽车用电价格政策有关问题的通知》，2014 年 7 月；

（4）《关于 2016—2020 年新能源汽车推广应用财政支持政策的通知》，2015 年 4 月；

（5）《国务院办公厅关于加快电动汽车充电基础设施建设的指导意见》，2015 年 10 月；

（6）《电动汽车充电基础设施发展指南（2015—2020 年）》，2015 年 10 月；

（7）《国务院办公厅关于加快电动汽车充电基础设施建设的指导意见》，2015 年 10 月；

（8）《关于"十三五"新能源汽车充电基础设施奖励政策及加强新能源汽车推广应用的通知》，2016 年 1 月；

（9）《国务院关于深入推进新型城镇化建设的若干意见》，2016 年 2 月；

（10）《关于统筹加快推进停车场与充电基础设施一体化建设的通知》，2016 年 12 月；

（11）《打赢蓝天保卫战三年行动计划》，2018 年 6 月；

（12）《推进运输结构调整三年行动计划（2018—2020 年）》，2018 年 9 月；

（13）《关于印发〈提升新能源汽车充电保障能力行动计划〉的通知》，2018 年 11 月；

（14）《关于进一步完善新能源汽车推广应用财政补贴政策的通知》，2019 年 3 月；

（15）《绿色出行行动计划（2019—2022 年）》，2019 年 5 月；

（16）《关于支持新能源公交车推广应用的通知》，2019 年 5 月；

（17）《关于完善新能源汽车推广应用财政补贴政策的通知》，2020 年 4 月；

（18）《住房和城乡建设部等部门关于开展城市居住社区建设补短板行动的意见》，2020 年 10 月；

（19）《关于提振大宗消费重点消费促进释放农村消费潜力若干措施的通知》，2020 年 12 月；

（20）《关于进一步完善新能源汽车推广应用财政补贴政策的通知》，2020 年 12 月；

（21）《国务院关于加快建立健全绿色低碳循环发展经济体系的指导意见》，2021 年 2 月；

（22）《商务部办公厅印发商务领域促进汽车消费工作指引和部分地方经验做法的通知》，2021 年 2 月；

（23）《住房和城乡建设部等 15 部门关于加强县城绿色低碳建设的意见》，2021 年 5 月；

（24）《关于 2022 年新能源汽车推广应用财政补贴政策的通知》，2021 年 12 月；

（25）《关于做好近期促进消费工作的通知》，2022 年 1 月；

（26）《国家发展改革委等部门关于进一步提升电动汽车充电基础设施服务保障能力的实施意见》，2022 年 1 月；

（27）《促进绿色消费实施方案》，2022 年 1 月；

（28）《关于进一步推进电能替代的指导意见》，2022 年 3 月；

（29）《关于进一步释放消费潜力促进消费持续恢复的意见》，2022 年 4 月。

进一步对各项政策中涉及电动汽车、充换电设施发展建设的核心内容进行详细梳理，能够较为清晰准确地描述电动汽车发展层面各项政策的变化趋势，其具体情况如表 2-1 所示。

表 2-1　国家层面电动汽车及充电设施推广政策梳理情况

颁布时间	发布单位	政策名称	内容摘要
2013 年 9 月	国务院	《国务院关于加强城市基础设施建设的意见》	推进换乘枢纽及充电桩、充电站、公共停车场等配套服务设施建设，将其纳入城市旧城改造和新城建设规划同步实施
2014 年 7 月	国家发展改革委	《关于电动汽车用电价格政策有关问题的通知》	对向电网经营企业直接报装接电的经营性集中式充换电设施用电，执行大工业用电价格。2020 年前，暂免收基本电费

续表

颁布时间	发布单位	政策名称	内容摘要
2015年4月	财政部、科技部、工业和信息化部、国家发展改革委	《关于2016—2020年新能源汽车推广应用财政支持政策的通知》	补助标准主要依据节能减排效果，并综合考虑生产成本、规模效应、技术进步等因素逐步退坡。明确2016年各类新能源汽车补助标准。2017—2020年除燃料电池汽车外其他车型补助标准适当退坡，其中：2017—2018年补助标准在2016年基础上下降20%，2019—2020年补助标准在2016年基础上下降40%
2015年10月	国务院	《国务院办公厅关于加快电动汽车充电基础设施建设的指导意见》	到2020年，基本建成适度超前、车桩相随、智能高效的充电基础设施体系，满足超过500万辆电动汽车的充电需求；建立较完善的标准规范和市场监管体系，形成统一开放、竞争有序的充电服务市场；形成可持续发展的"互联网+充电基础设施"产业生态体系，在科技和商业创新上取得突破，培育一批具有国际竞争力的充电服务企业
2015年10月	国家发展改革委	《电动汽车充电基础设施发展指南（2015—2020年）》	到2020年，新增集中式充换电站超过1.2万座，分散式充电桩超过480万个，以满足全国500万辆电动汽车充电需求
2016年1月	财政部、科技部、工业和信息化部、国家发展改革委、国家能源局	《关于"十三五"新能源汽车充电基础设施奖励政策及加强新能源汽车推广应用的通知》	各省（区、市）新能源汽车推广要具备一定数量规模并切实得到应用：大气污染治理重点区域和重点省市（包括北京、上海、天津、河北、山西、江苏、浙江、山东、广东、海南），2016—2020年新能源汽车（标准车）推广数量分别不低于3.0万辆、3.5万辆、4.3万辆、5.5万辆、7万辆，且推广的新能源汽车数量占本地区新增及更新的汽车总量比例不低于2%、3%、4%、5%、6%
2016年2月	国务院	《国务院关于深入推进新型城镇化建设的若干意见》	推进充电站、充电桩等新能源汽车充电设施建设，将其纳入城市旧城改造和新城建设规划同步实施
2016年12月	国家发展改革委、住房和建设部、交通运输部、国家能源局	《关于统筹加快推进停车场与充电基础设施一体化建设的通知》	以停车充电一体化为重点，加强规划建设、运营管理、标准规范等领域的有效连接，充分调动社会资本参与投资建设的积极性，营造良好发展环境，着力破解"停车难"与"充电难"问题，促进城市交通协调发展和电动汽车产业健康发展
2017年1月	国家能源局、国资委、国管局	《关于加快单位内部电动汽车充电基础设施的通知》	加快推进单位内部停车场充电设施建设。各地国家机关及其他公共机构、国有企业应统筹考虑单位和职工购买电动汽车需求，坚持市场化原则，在内部停车场加快配建相应比例充电设施（或预留建设安装条件）
2018年6月	国务院	《打赢蓝天保卫战三年行动计划》	2020年底前，在物流园、产业园、工业园、大型商业购物中心、农贸批发市场等物流集散地建设集中式充电桩和快速充电桩。为承担物流配送的新能源车辆在城市通行提供便利

续表

颁布时间	发布单位	政策名称	内容摘要
2018 年 9 月	国务院	《推进运输结构调整三年行动计划（2018—2020 年）》	到 2020 年，各地将公共充电桩建设纳入城市基础设施规划建设范围，加大用地、资金等支持力度，在物流园区、工业园区、大型商业购物中心、农贸批发市场等货流密集区域，集中规划建设专用充电站和快速充电桩
2018 年 11 月	国家发展改革委、国家能源局、工业和信息化部、财政部	《关于印发〈提升新能源汽车充电保障能力行动计划〉的通知》	加强充电技术研究和充电设施产品开发，满足充电可靠性要求，促进充电设施智能化，实现充电连接轻量化，探索充电方式无线化，改善用户充电体验，满足新能源汽车不同场景的充电需求
2019 年 3 月	财政部、工业和信息化部、科技部、发展改革委	《关于进一步完善新能源汽车推广应用财政补贴政策的通知》	按照技术上先进、质量上可靠、安全上有保障的原则，适当提高技术指标门槛，保持技术指标上限基本不变，重点支持技术水平高的优质产品，同时鼓励企业注重安全性、一致性。稳步提高新能源汽车动力电池系统能量密度门槛要求，适度提高新能源汽车整车能耗要求，提高纯电动乘用车续驶里程门槛要求
2019 年 5 月	交通运输部等十二部门和单位	《绿色出行行动计划（2019—2022 年）》	加快城际交通一体化建设。构建以铁路、高速公路为骨干，普通公路为基础，水路运输为补充，民航有效衔接的多层次、高效便捷的城际客运网络。在城市群、都市圈内利用高铁、城际铁路、市域（郊）铁路等构建大容量快速客运系统，加快退出跨省 800 公里以上的道路客运班线，优化城际客运供给方式，提升服务品质
2019 年 5 月	财政部、工业和信息化部、交通运输部、发展改革委	《关于支持新能源公交车推广应用的通知》	按照技术上应先进、质量上要可靠、安全上有保障的原则，适当提高新能源公交车技术指标门槛，重点支持技术水平高的优质产品
2020 年 4 月	财政部、工业和信息化部、科技部、发展改革委	《关于完善新能源汽车推广应用财政补贴政策的通知》	贯彻落实党中央、国务院决策部署，保持对新能源汽车产业的扶持力度，精准施策，推动产业高质量发展。确保稳字当头，综合考虑技术进步、规模效应等因素，将原定 2020 年底到期的补贴政策合理延长到 2022 年底，平缓补贴退坡力度和节奏
2020 年 8 月	住房和城乡建设部等部门	《住房和城乡建设部等部门关于开展城市居住社区建设补短板行动的意见》	因地制宜补齐既有居住社区建设短板。结合城镇老旧小区改造等城市更新改造工作，通过补建、购置、置换、租赁、改造等方式，因地制宜补齐既有居住社区建设短板
2020 年 10 月	国务院	《国务院办公厅关于印发新能源汽车产业发展规划（2021—2035 年）的通知》	到 2025 年，我国新能源汽车市场竞争力明显增强，动力电池、驱动电机、车用操作系统等关键技术取得重大突破，安全水平全面提升
2020 年 12 月	商务部等 12 部门	《关于提振大宗消费重点消费促进释放农村消费潜力若干措施的通知》	加快小区停车位（场）及充电设施建设，可合理利用公园、绿地等场所地下空间建设停车场，利用闲置厂房、楼宇建设立体停车场，按照一定比例配建充电桩。鼓励充电桩运营企业适当下调充电服务费

续表

颁布时间	发布单位	政策名称	内容摘要
2020年12月	财政部、工业和信息化部、科技部、国家发展改革委	《关于进一步完善新能源汽车推广应用财政补贴政策的通知》	2021年，新能源汽车补贴标准在2020年基础上退坡20%，为推动公共交通等领域车辆电动化，城市公交、道路客运、出租（含网约车）、环卫、城市物流配送、邮政快递、民航机场以及党政机关公务领域符合要求的车辆，补贴标准在2020年基础上退坡10%；从2021年1月1日起执行；对补贴的技术指标门槛不变
2021年2月	国务院	《国务院关于加快建立健全绿色低碳循环发展经济体系的指导意见》	加强新能源汽车充换电、加氢等配套基础设施建设
2021年2月	商务部	《商务部办公厅印发商务领域促进汽车消费工作指引和部分地方经验做法的通知》	鼓励有条件地方出台充换电基础设施建设运营补贴政策，支持依托加油站、高速公路服务区、路灯等建设充换电基础设施，引导企事业单位按不低于现有停车位数量10%的比例建设充电设施
2021年5月	住房和城乡建设部等	《住房和城乡建设部等15部门关于加强县城绿色低碳建设的意见》	建设绿色节约型基础设施，加强配电网、储能、电动汽车充电桩等能源基础设施建设
2021年12月	财政部、工业和信息化部、科技部、国家发展改革委	《关于2022年新能源汽车推广应用财政补贴政策的通知》	2022年，新能源汽车补贴标准在2021年基础上退坡30%；城市公交、道路客运、出租（含网约车）、环卫、城市物流配送、邮政快递、民航机场以及党政机关公务领域符合要求的车辆，补贴标准在2021年基础上退坡20%
2022年1月	国家发展改革委	《关于做好近期促进消费工作的通知》	支持开展新能源汽车下乡，通过企业让利、降低首付比例等方式，促进农村居民消费。加快贯通县乡村电子商务体系和快递物流配送体系，支持大型商贸流通企业、电商平台等服务企业向农村延伸拓展，加快品牌消费、品质消费进农村
2022年1月	国家发展改革委、国家能源局等	《国家发展改革委等部门关于进一步提升电动汽车充电基础设施服务保障能力的实施意见》	针对居住社区充电设施建设、公共充电设施建设、充换电技术研发及应用、充电设施运维、配套电网建设、质量和安全管理、财政金融支持等方面提出新的实施意见
2022年1月	国家发展改革委、工信部等七部门	《促进绿色消费实施方案》	大力发展绿色交通消费。大力推广新能源汽车，逐步取消各地新能源车辆购买限制，推动落实免限行等支持政策，加强充换电、新型储能、加氢等配套基础设施建设，积极推进车船用LNG（液化天然气）的发展
2022年3月	国家发展改革委、工信部等十部门	《关于进一步推进电能替代的指导意见》	深入推进交通领域电气化。加快推进城市公共交通工具电气化，在城市公交、出租、环卫、邮政、物流配送等领域，优先使用新能源汽车。鼓励电动汽车V2G、大数据中心、5G数据通信基站等利用虚拟电厂参与系统互动。切实落实电动汽车、船舶使用岸电等电价支持政策
2022年4月	国务院办公厅	《国务院办公厅关于进一步释放消费潜力促进消费持续恢复的意见》	支持新能源汽车加快发展。以汽车、家电为重点，引导企业面向农村开展促销，鼓励有条件的地区开展新能源汽车和绿色智能家电下乡，推进充电桩（站）等配套设施建设

结合上述梳理结果可知，从"十二五"国务院发布《关于加强城市基础设施建设的意见》

到“十三五”《国务院关于深入推进新型城镇化建设的若干意见》，再到“十四五”《国务院关于加快建立健全绿色低碳循环发展经济体系的指导意见》等，国家在将加快培育和发展新能源汽车作为国家战略举措的同时，亦先后出台多项相关政策大力推动引导配套充换电设施建设。政策内容涉及标准制定、计划编制、资金奖补、财政优惠、政府组织等多个层面，为国内电动汽车及充电设施的快速发展铺平了道路。

在国家政策作为宏观指导的同时，为了适应地区实际发展特点，各地政府亦先后出台了各项地方性实施政策及补充办法，从而进一步支撑了电动汽车及充换电设施在区域内的推广落地，为相关产业发展提供了具有高度可操作性的地方性指导依据。从调研结果来看，地方性政策主要涉及推广应用细则、运行机制、服务保障体系等层面，相关内容可归纳总结为相关政策倾斜、资金奖补支撑、基础设施完善、服务保障体系构建、适度超前布局等内容（图 2-1）。

图 2-1　地方层面电动汽车及充换电设施相关政策梳理总结示意图

电动汽车的推广与应用是一个长期且持续的过程，除去电动汽车及充电设施建设本身之外，与车辆行驶、停放、制造、检验、电池回收等相关的诸多因素也将随着汽车能源应用方式的变化而逐步调整。在前文电动汽车及充电设施各类直接相关性政策调研梳理的基础之上，还应同时关注相关配套事务政策条文与章程法规的修订及完善，此类政策的颁布实施进一步为电动汽车及充电设施的推广建设奠定了重要基础。相关调研结果简述如图 2-2 所示。

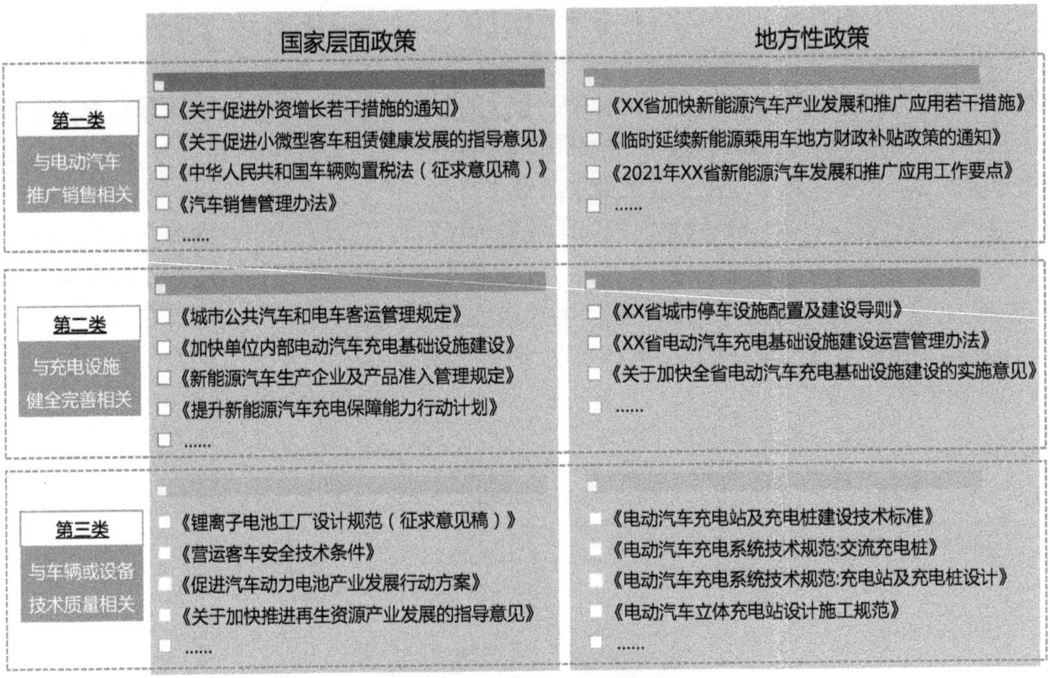

图 2-2 其他相关性政策梳理总结简述

2.1.2 电动汽车及充换电设施发展规划解读与分析

对于各类扶持政策的分析与解读能够充分反映电动汽车及充电设施现阶段及近期发展的主要方向及趋势，而对于战略性规划的调研梳理则能够以更为长远、更加全面的眼光理解、剖析电动汽车及充电设施的发展态势。通过详细的梳理分析可知，目前国家层面对于电动汽车和充电设施发展具有重要影响作用的最新规划如下。

（1）《“十三五”国家战略性新兴产业发展规划》，2016 年 11 月；

（2）《能源发展“十三五”规划》，2016 年 12 月；

（3）《“十三五”现代综合交通运输体系发展规划》，2017 年 2 月；

（4）《新能源汽车产业发展规划（2021—2035 年）》，2020 年 10 月；

（5）《国务院办公厅关于印发新能源汽车产业发展规划（2021—2035 年）的通知》，2020 年 10 月；

（6）《中华人民共和国国民经济和社会发展第十四个五年规划和 2035 年远景目标纲要》，2021 年 3 月；

（7）《2021 年工业和信息化标准工作要点》，2021 年 3 月；

（8）《2021 年能源工作指导意见》，2021 年 4 月；

（9）《“十四五”公共机构节约能源资源工作规划》，2021 年 6 月；

（10）《“十四五”现代综合交通运输体系发展规划》，2021 年 12 月；

（11）《“十四五”现代能源体系规划》，2022 年 1 月。

进一步对上述各项规划中涉及电动汽车、充换电设施发展建设的核心内容进行梳理分析，以便清晰准确地描述相关产业发展规划的变化趋势，其具体情况如表 2-2 所示。

表 2-2　国家层面电动汽车及充换电设施规划情况

颁布时间	发布单位	政策名称	主要内容摘要
2016 年 11 月	国务院	《“十三五”国家战略性新兴产业发展规划》	按照“因地制宜，适度超前”原则，在城市发展中优先建设公共服务区域充电基础设施，积极推进居民区与单位停车位配建充电桩。完善充电设施标准规范，推进充电基础设施互联互通。加快推动高功率密度、高转换效率、高适用性、无线充电、移动充电等新型充换电技术及装备研发。加强检测认证、安全防护、与电网双向互动等关键技术研究。大力推动“互联网+充电基础设施”，提高充电服务智能化水平。鼓励充电服务企业创新商业模式，提升持续发展能力。到 2020 年，形成满足电动汽车需求的充电基础设施体系
2017 年 2 月	国务院	《“十三五”现代综合交通运输体系发展规划》	加快新能源汽车充电设施建设，支持高速公路服务区充电桩、加气站，以及长江干线、西江干线、京杭运河沿岸加气站等配套设施规划与建设；鼓励建设停车楼、地下停车场、机械式立体停车库等集约化停车设施，并按照一定比例配建充电设施
2020 年 10 月	国务院	《新能源汽车产业发展规划（2021—2035 年）》	加快充换电基础设施建设。科学布局充换电基础设施，加强与城乡建设规划、电网规划及物业管理、城市停车等的统筹协调。依托“互联网+”智慧能源，提升智能化水平。推动充换电、加氢等基础设施科学布局、加快建设，对作为公共设施的充电桩建设给予财政支持。破除地方保护，建立统一开放公平市场体系。鼓励地方政府加大对公共服务、共享出行等领域车辆运营的支持力度，给予新能源汽车停车、充电等优惠政策
2020 年 10 月	国务院	《国务院办公厅关于印发新能源汽车产业发展规划（2021—2035 年）的通知》	发展新能源汽车是我国从汽车大国迈向汽车强国的必由之路，是应对气候变化、推动绿色发展的战略举措。2012 年国务院发布《节能与新能源汽车产业发展规划（2012—2020 年）》以来，我国坚持纯电驱动战略取向，新能源汽车产业发展取得了巨大成就，成为世界汽车产业发展转型的重要力量之一。与此同时，我国新能源汽车发展也面临核心技术创新能力不强、质量保障体系有待完善、基础设施建设仍显滞后、产业生态尚不健全、市场竞争日益加剧等问题
2021 年 3 月	人大会议	《中华人民共和国国民经济和社会发展第十四个五年规划和 2035 年远景目标纲要》	展望 2035 年，我国将基本实现社会主义现代化，广泛形成绿色生产生活方式，碳排放达峰后稳中有降，减少碳排放
2021 年 3 月	工信部	《2021 年工业和信息化标准工作要点》	大力开展电动汽车和充换电系统、燃料电池汽车等标准的研究与制定；推进动力蓄电池回收利用等相关标准研制；根据技术进步和产业快速发展、融合发展的需求修订电动汽车、锂离子电池等标准体系建设指南或路线图
2021 年 4 月	国家能源局	《2021 年能源工作指导意见》	按照“源网荷储一体化”工作思路，持续推进城镇智能电网建设，推动电动汽车充换电基础设施高质量发展，加快推广供需互动用电系统，适应高比例可再生能源、电动汽车等多元化接入需求

续表

颁布时间	发布单位	政策名称	内容摘要
2021 年 6 月	国家机关事务管理局、国家发展和改革委员会	《"十四五"公共机构节约能源资源工作规划》	"十四五"期间规划推广应用新能源汽车约 26.1 万辆，建设充电基础设施约 18.7 万套。同时，推动公共机构带头使用新能源汽车，新增及更新车辆中新能源汽车比例原则上不低于 30%；当更新用于机要通信和相对固定路线的执法执勤、通勤等车辆时，原则上配备新能源汽车；提高新能源汽车专用停车位、充电基础设施数量，鼓励单位内部充电基础设施向社会开放
2022 年 1 月	国家发展改革委、国家能源局	《"十四五"现代能源体系规划》	《"十四五"现代能源体系规划》提出，提升终端用能低碳化电气化水平，积极推动新能源汽车在城市公交等领域应用，到 2025 年，新能源车新车销量占比达到 20%左右

结合上述梳理分析可知，中央已先后颁布涉及多个层面的中长期发展规划，用于指导、支撑电动汽车及充电设施产业发展。对各项规划成果中电动汽车及充电设施相关的内容进行总结，其核心内容可归纳为如下 6 个方面（图 2-3）。一是进一步明确发展推广电动汽车是国内汽车产业升级转型、可持续发展的关键。二是充分利用各类产业资源优势，持续提升电动汽车核心技术水平，促进多产业融合发展。三是合理有序引导新能源汽车市场化发展，持续提升新能源汽车销售比例，进一步加强公共交通电能替代水平。四是为推动电动汽车产业发展，逐步构建、完善相关保障措施。五是依托"互联网+"智慧能源，加快充换电基础设施智能化建设。六是加快建设电动汽车智能充换电服务网络，推广电动汽车有序充电、V2G 及充放储一体化运营技术。

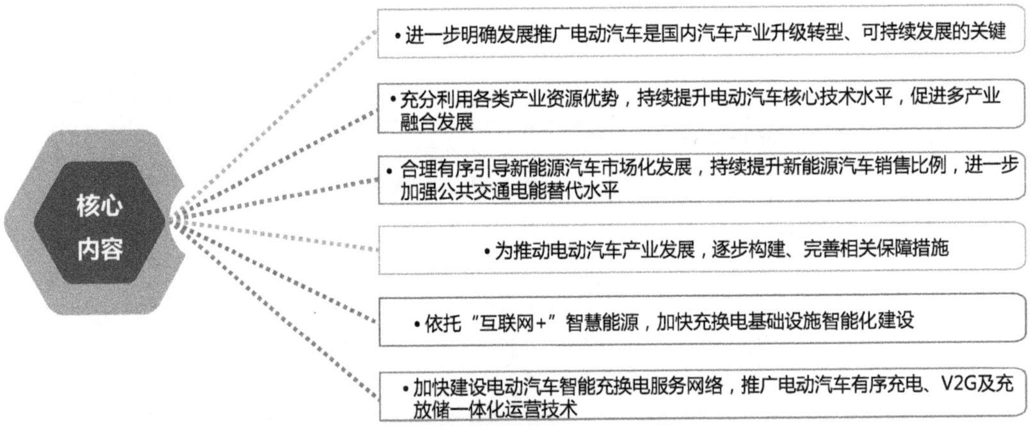

图 2-3　电动汽车及充换电设施发展相关规划核心内容总结

《新能源汽车产业发展规划（2021—2035 年）》等国家层面规划及地方性规划成果，进一步对电动汽车及充电设施产业的发展方向及重点建设任务进行了布局，主要集中在技术创新、产业生态、融合发展等层面，其具体内容总结如下。

（1）提高技术创新能力。坚持整车和零部件并重，强化整车集成技术创新，提升动力电池、新一代车用电机等关键零部件的产业基础能力，推动电动化与网联化、智能化技术互融协同发展。

（2）构建新型产业生态。以生态主导型企业为龙头，加快车用操作系统开发应用，建设动力电池高效循环利用体系，强化质量安全保障，推动形成互融共生、分工合作、利益共享的新型产业生态。

（3）推动产业融合发展。推动新能源汽车与能源、交通、信息通信全面深度融合，促进能源消费结构优化、交通体系和城市智能化水平提升，构建产业协同发展新格局。

（4）深化开放合作。践行开放融通、互利共赢的合作观，深化研发设计、贸易投资、技术标准等领域的交流合作，积极参与国际竞争，不断提高国际竞争能力。

（5）全面建设充电基础设施网络体系。基于"自（专）用为主、公用为辅，快慢结合"原则，有序、持续开展自用、专用、公共类充电基础设施建设，有效提升充电网络覆盖率及应用便捷度水平。

（6）统一构建充电智能服务平台。持续构建完善"互联网+充电基础设施"体系，推动信息互动，建设融合互联网、物联网、智能交通、大数据等技术的充电智能服务平台，逐步实现充电基础设施的群管群控。

（7）加强充电服务网络配套基础设施保障能力。加强配套基础设施建设及保障能力，将充电设施建设与城市规划建设相结合，提前布局、优先建设，将充电设施建设用地、配套电网、通信设施新建与改造项目纳入城市发展总体规划。

2.2　储能技术相关政策及发展规划解读

一直以来，储能技术的研究和发展都备受全球能源、电力、交通、通信等多个行业领域的高度关注，储能技术的发展与突破能够带动、引领多个行业领域的进一步创新、升级，社会舆论普遍认为，储能技术将成为继清洁能源、新能源汽车后又一项极具发展潜力的主导型新兴产业。结合近年来国内储能技术及相关政策的发展情况来看，国家已越来越重视储能技术的应用价值及其所创造的社会价值，政策扶持力度将逐渐加码，储能产业即将迎来重要的发展机遇。

2.2.1　储能相关政策解读与分析

储能技术发展相关政策最早可追溯至 2005 年《中华人民共和国可再生能源法》的立法过程，该法律率先通过国家立法的方式推动了可再生能源的开发应用；2009 年该法案进行了补充修订，首次将智能电网发展、储能技术应用纳入法律范畴，之后国家层面相继颁布出台了部分与储能技术发展应用有关的政策条文。储能相关政策文件调研总结如下。

（1）《分布式发电管理暂行办法》，2013 年 7 月；

（2）《能源发展战略行动计划（2014—2020 年）》，2014 年 6 月；

（3）《关于进一步深化电力体制改革的若干意见》，2015 年 3 月；

（4）《关于推进新能源微电网示范项目建设的指导意见》，2015 年 7 月；

（5）《关于促进智能电网发展的指导意见》，2015 年 7 月；

（6）《国家发展改革委办公厅关于开展可再生能源就近消纳试点的通知》，2015 年 10 月；

（7）《关于推进"互联网+"智慧能源发展的指导意见》，2016 年 2 月；

（8）《"十三五"节能减排综合工作方案》，2016 年 12 月；

（9）《关于促进储能技术与产业发展的指导意见》，2017 年 10 月；

（10）《输配电定价成本监审办法》，2019 年 5 月；

（11）《贯彻落实〈关于促进储能技术与产业发展的指导意见〉2019—2020 年行动计划》，2019 年 6 月；

（12）《关于建立健全清洁能源消纳长效机制的指导意见（征求意见稿）》，2020 年 5 月；

（13）《2020 年能源工作指导意见》，2020 年 6 月；

（14）《关于 2021 年风电、光伏发电开发建设有关事项的通知（征求意见稿）》，2021 年 4 月；

（15）《国家发展改革改委 国家能源局关于加快推动新型储能发展的指导意见（征求意见稿）》，2021 年 4 月。

考虑到储能设备的功能实现方式及实际应用场景，储能技术与装置通常需要与清洁能源、电动汽车、综合能源、微电网、新型电力系统等配套应用，因此早期与储能技术发展相关的政策条文，多以清洁能源消纳、能源高效利用、示范区建设等政策或指导性文件中配套条款的形式出现，近年来随着储能技术的深化应用，才逐步出台了针对性的政策文件。各项政策条文的调研梳理情况如表 2-3 所示。

表 2-3　储能技术发展相关政策梳理情况

颁布时间	发布单位	政策名称	内容摘要
2013 年 7 月	国家发展改革委	《分布式发电管理暂行办法》	明确适用于现阶段国内分布式发电的技术中包含风光储多能互补发电技术；鼓励企业、专业化能源服务公司和个人在内的各类电力用户投资建设并经营分布式发电项目；明确由电网企业负责分布式发电外部接网设施以及由接入引起公共电网改造部分的投资建设；明确分布式发电享受补贴的具体种类及补贴依据；强调了储能技术在分布式发电环节中的重要作用
2014 年 6 月	国务院办公厅	《能源发展战略行动计划（2014—2020 年）》	强调提高可再生能源利用水平；加强电源与电网统筹规划，科学安排储能配套能力，切实解决弃风、弃水、弃光问题；明确将储能研究列为能源科技创新战略方向和重点
2015 年 3 月	国务院	《关于进一步深化电力体制改革的若干意见》	积极发展融合先进储能技术、信息技术的微电网和智能电网技术
2015 年 7 月	国家能源局	《关于推进新能源微电网示范项目建设的指导意见》	储能作为微电网的关键技术，在指导意见中多次被重点提及

续表

颁布时间	发布单位	政策名称	内容摘要
2015 年 7 月	国家发展改革委、国家能源局	《关于促进智能电网发展的指导意见》	明确发展智能电网是实现能源生产、消费、技术和体制革命的重要手段，是能源互联网的重要基础；强调储能技术是新一代智能电力系统的重要组成；鼓励分布式电源和微网建设，促进能源就地消纳；建立并推广供需互动用电系统，适应分布式电源、储能等多元化负荷的接入需要；将推广储能系统作为重要任务之一，鼓励在风电场、光伏电站中设置一定比例的储能装置；研究设立智能电网中央预算内投资专项资金，支持储能技术等重点示范工程项目
2015 年 10 月	国家发展改革委	《国家发展改革委办公厅关于开展可再生能源就近消纳试点的通知》	努力解决弃风、弃光问题，促进可再生能源持续健康发展；充分发挥储能装置的快速调峰能力，实施风光水储联合运行；建立提高可再生能源消纳的需求响应激励机制
2016 年 2 月	国家发展改革委、国家能源局、工业和信息化部	《关于推进"互联网+"智慧能源发展的指导意见》	提出"分布式储能与集中式储能协同发展"与"发展储能网络化管理运营模式"
2016 年 12 月	国务院	《"十三五"节能减排综合工作方案》	推动储能技术示范应用列为"十三五"的主要任务，明确提出要积极推进大容量和分布式储能技术的示范应用和推广
2017 年 9 月	国家发展改革委、财政部、科学技术部、工业和信息化部、国家能源局	《关于促进储能技术与产业发展的指导意见》	该指导意见是我国大规模储能技术及应用发展的首个指导性政策。该指导意见指出，我国将在未来十年内分两个阶段推进相关工作，第一阶段实现储能由研发示范向商业化初期过渡，第二阶段实现商业化初期向规模化发展转变
2019 年 5 月	国家发展改革委、国家能源局	《输配电定价成本监审办法》	文件规定抽水蓄能电站、电储能设施、电网所属且已单独核定上网电价电厂的成本费用不计入输配电定价成本
2019 年 6 月	国家发展改革委、科技部、工业和信息化部、国家能源局	《贯彻落实〈关于促进储能技术与产业发展的指导意见〉2019—2020 年行动计划》	其中包含 2019—2020 年行动计划，成为储能行业又具有一个划时代意义的文件。行动计划首次提出要规范电网侧储能发展，研究项目投资回收机制，有助于推动电网侧储能项目走向市场化
2020 年 5 月	国家能源局	《关于建立健全清洁能源消纳长效机制的指导意见（征求意见稿）》	构建以消纳为核心的清洁能源发展机制；加快形成有利于清洁能源消纳的电力市场机制；全面提升电力系统调节能力；着力推动清洁能源消纳模式创新；构建清洁能源消纳闭环监管体系
2020 年 6 月	国家能源局	《2020 年能源工作指导意见》	文件指出加大储能发展力度，研究实施促进储能技术与产业发展的政策，积极探索储能应用于可再生能源消纳、电力辅助服务、分布式电力和微电网等技术模式和商业模式
2021 年 4 月	国家能源局	《关于 2021 年风电、光伏发电开发建设有关事项的通知（征求意见稿）》	文件提出推进"光伏+光热"、光伏治沙、"新能源+储能"等示范工程，进一步探索新模式新业态

续表

颁布时间	发布单位	政策名称	内容摘要
2021年4月	国家发展改革委、国家能源局	《国家发展改革委 国家能源局关于加快推动新型储能发展的指导意见(征求意见稿)》	文件提出,以实现"碳达峰碳中和"为目标,将发展新型储能作为支撑建设新型电力系统的重要举措,以政策环境为有力保障,以市场机制为根本依托,以技术革新为内生动力,加快构建多轮驱动良好局面,推动储能高质量发展。到2025年,实现新型储能从商业化初期向规模化发展转变,新型储能装机规模达3 000万千瓦以上。到2030年,实现新型储能全面市场化发展,新型储能装机规模基本满足新型电力系统相应需求,成为能源领域"碳达峰碳中和"的关键支撑之一

通过上述列举的政策不难看出,我国的储能产业虽然起步较晚,但在中央及各级政府的支持下,近几年的发展速度令人瞩目。为进一步促进可再生能源利用,提升清洁能源消费占比,相关政策明确了储能设备在分布式电源、微电网建设以及分布式可再生能源发电自发自用中的积极作用,将大力提升新能源消纳和储存能力,加快推进"风光水火储一体化"和"源网荷储一体化"发展作为核心发展布局。与此同时,相关政策进一步强调,应通过建设风光储等示范项目积极探索提高间歇性能源并网的途径方法,将储能技术的规模化应用从传统抽水蓄能逐渐向可再生能源并网、电动汽车充换电等新兴领域做科学有序延伸。

综上所述,国家从政策层面对储能技术的发展给予了充分的肯定与支持,态度鲜明地提出了储能技术发展的需求及必要性,为储能技术的长远发展铺平了道路。总结起来,储能技术相关政策的核心内容可归纳为四点:一是发展可再生能源、推广清洁能源应用是国家实现可持续发展的战略方针,其中储能技术具有重要的支撑意义和应用价值;二是储能技术及装置是构建能源互联网、以新能源为主体新型电力系统的重要组成部分,是支撑"碳达峰、碳中和"目标实现的主要技术基础之一;三是储能技术及装置是提升清洁能源应用水平,解决弃风弃光等问题,实现可再生能源就地消纳及用电需求侧管理的重要技术手段;四是积极鼓励、倡导储能技术发展与应用,通过示范工程积极推广储能技术,积累应用、管理、运营经验。

在上述储能发展相关政策梳理的基础之上,考虑到储能技术在能源结构调整、清洁能源应用等全球性热点问题中的广阔应用前景,本书在编写过程中进一步对与储能技术发展具有一定相关性的其他类政策条文进行了梳理。从梳理结果来看,除去能源、电网等密切关联的领域外,国家政策层面对储能技术发展最为关心的方向主要集中在产业结构优化调整及支撑重点示范区建设等层面,即将储能技术作为我国新兴产业发展战略的重要组成部分。相关政策条文如下。

(1)国务院在2010年10月发布《国务院关于加快培育和发展战略性新兴产业的决定》(国发〔2010〕32号),该决定明确提出将节能环保产业与新能源产业作为国家重点培育、发展的战略性新兴产业方向,为储能技术及相关产业的发展奠定了基础。

(2)国家发展改革委于2013年对《产业结构调整指导目录(2011年本)》有关条目进行了调整,形成了《国家发展改革委关于修改〈产业结构调整指导目录(2011年本)〉有关条款的决定》,并于2013年5月1日起施行。该目录中详细罗列了国家鼓励发展、限制发展以及淘汰类产业的具体情况，其中储能用电池技术被明确列入国家鼓励发展的产业目录。

（3）2015 年 5 月 8 日国务院正式颁布下发《中国制造 2025》重要纲领性文件，该文件中明确提出制造业是国民经济的主体，是立国之本、兴国之器、强国之基，其中在“大力推动重点领域突破发展”内容中，明确提出要将先进储能装置作为重点电力装备进行发展，实现储能设备的产业化发展。

（4）国家能源局先后于 2016 年 2 月及 3 月颁布《关于做好“三北”地区可再生能源消纳工作的通知》（国能监管〔2016〕39 号）、《关于推动电储能参与“三北”地区调峰辅助服务工作的通知（征求意见稿）》（国能监管〔2016〕164 号），明确了储能技术的主体地位，积极鼓励储能设施建设，包括鼓励发电、售电企业等投资规划新能源发电基地时配置储能、在用户侧建设分布式储能设施等，并同时强调应科学调度运行电储能设施。

（5）2019 年 2 月中共中央国务院印发《粤港澳大湾区发展规划纲要》，明确指出应“大力发展绿色低碳能源，加快天然气和可再生能源利用，有序开发风能资源……不断提高清洁能源比重”，以及“培育壮大新能源、节能环保、新能源汽车等产业”。意见涵盖了电网建设、创新发展、加强深港互联互通等领域的重点工作，进一步为粤港澳大湾区发展指明了总体建设思路。

（6）2019 年 8 月国务院发布《中共中央国务院关于支持深圳建设中国特色社会主义先行示范区的意见》，确定了深圳高质量发展高地、法治城市示范、城市文明典范、民生幸福标杆、可持续发展先锋等高标定位，树立了完善生态文明制度、构建城市绿色发展新格局等建设目标，着重强调了加快建立绿色低碳循环发展经济体系、构建以市场为导向的绿色技术创新体系、大力发展绿色产业、促进绿色消费、继续实施能源消耗总量和强度双控行动等建设任务。

上述相关政策进一步明确了储能技术的发展应用在我国新兴产业布局、战略实施落地中的重要意义及现实应用价值，其发展潜力及应用前景均具有良好预期。

2.2.2 储能相关发展规划解读与分析

在相关政策分析的基础之上，进一步对储能发展的相关规划进行调研梳理，主要成果文件及其具体内容如下（表 2-4）。

（1）《中华人民共和国国民经济和社会发展第十三个五年规划纲要》，2016 年 3 月；

（2）《能源技术创新“十三五”规划》，2016 年 12 月；

（3）《国家能源局综合司关于做好可再生能源发展“十四五”规划编制工作有关事项的通知》，2020 年 4 月；

（4）《中华人民共和国国民经济和社会发展第十四个五年规划和 2035 年远景目标纲要》，2021 年 3 月。

表 2-4　储能技术发展相关规划梳理情况

颁布时间	政策名称	内容摘要
2016 年 3 月	《中华人民共和国国民经济和社会发展第十三个五年规划纲要》	规划纲要内容明确了与储能相关的多项重点工程，内容涉及储能技术及装置的应用，如储能电站、能源储备设施等，重点提出要加快推进大规模储能等技术的研发与应用
2016 年 12 月	《能源技术创新"十三五"规划》	规划强调推动储能技术示范应用列为"十三五"的主要任务，明确提出要积极推进大容量和分布式储能技术的示范应用和推广。在新能源电力系统技术领域，重点攻克高比例可再生能源分布式并网和大规模外送技术、大规模供需互动、多能源互补综合利用、分布式供能、智能配电网与微电网等技术，在机械储能、电化学储能、储热等储能技术上实现突破，提升电网关键装备和系统的技术水平
2020 年 4 月	《国家能源局综合司关于做好可再生能源发展"十四五"规划编制工作有关事项的通知》	文件提出，把提升可再生能源本地消纳能力、扩大可再生能源跨省区资源配置规模作为促进"十四五"可再生能源发展的重要举措，大力推进分布式可再生电力、热力、燃气等在用户侧直接就近利用，结合储能、氢能等新技术，提升可再生能源在区域能源供应中的比重
2021 年 3 月	《中华人民共和国国民经济和社会发展第十四个五年规划和 2035 年远景目标纲要》	文件提出，在氢能、储能等前沿科技领域，组织实施未来产业孵化和加速计划、谋划布局一批未来产业。加快电网基础设施智能化改造和智能微电网建设，提升清洁能源消纳和存储能力

通过广泛调研可知，目前国家及地方层面用于指导储能发展的相关规划尚未形成完整体系，虽有数项储能相关政策颁布实施，但整体引导、支撑力度与现阶段储能技术的市场定位及其所肩负的重要战略任务相比，匹配程度尚有不足。分析其原因主要有两个方面：首先，储能技术的实际应用方式及技术路线呈现出了较为明显的多样性特征，且各类技术、应用方式等仍在不断发展变化，现阶段即对各类储能的技术成熟度或设备适用性进行评价，为时尚早；其次，储能技术的发展与新能源建设、用能结构优化等密不可分，多方因素只有通力协作才能实现可再生能源充分利用、需求侧响应、节能减排等建设目标，因此此种情况下对储能的技术贡献度或经济、社会、环保效益进行独立评价亦存在一定困难，这也在一定程度上增加了相关政策、规划的编制难度。

尽管相关规划成果有限，但通过前述调研分析，同时进一步考虑"碳达峰、碳中和"发展目标以及新型电力系统构建等多维度影响因素的推动，仍可对储能技术规模化发展应用的总体趋势做出明确判断。总结来看，推动储能规模化发展应用的主要驱动力可总结为三个方面（图 2-4）。

（1）可再生能源市场的进一步发展与扩大。对于可再生能源的利用已毫无疑问成为今后全球能源结构优化调整及环境治理的必然选择，而与此同时可再生能源又天然具有出力波动等特征，此种情况下储能技术的发展应用能够极为高效、便捷地解决可再生能源规模化并网等安全稳定运行问题。基于我国可再生能源成熟化、规模化、市场化发展等必然趋势，储能技术的发展应用空间也在快速扩展，市场化驱动力十分充沛。

（2）"碳达峰、碳中和"及新型电力系统的建设与发展。为了推动"四个革命、一个合作"能源安全战略，以及"碳达峰、碳中和"行动方案的实施落地，中央财经委员会第九次会议研究部署重要实施举措时提出，要构建清洁低碳安全高效的能源体系，控制化石能源总量，着力提高利用效能，实施可再生能源替代行动，深化电力体制改革，构建以新能源为主体的新型电力系统。从技术层面来看，信息技术及能源转换技术正在快速推动能源结构的优化完善，但对于整个能源体系，尤其是电力系统而言，电能的存储及灵活调用是系统构建必须解决的关键性问题。“源网荷储”的深度融合协调可有效支撑以新能源为主体的新型电力系统建设，因此储能技术的规模化发展与应用也必将成为今后一段时间内能源体系构建完善的关键性问题。

（3）电力体制改革的进一步深化与推广实施。中央财经委员会第九次会议在提出新型电力系统建设重要举措的同时，再次强调了深化电力体制改革的重要性。通过广泛调研可知，与其他国家经历过较长发展周期的电力市场体系相比，新一轮电力体制改革之前的国内电网在发展建设过程中具有两个明显的不同点，一是电价与电能质量挂钩不紧密，二是电价与投资水平挂钩不紧密，即电能质量、服务水平、投资规模等核心因素尚未与电能交易的市场化发展紧密衔接。而新一轮电力体制改革的推广与实施从根本上改变了这一格局，精准投资、精益管理已成为供电企业可持续发展过程中的核心问题，由此，储能技术在电网稳定、调峰调压、提高能效等诸多方面所具有的推广应用价值也将得到进一步体现。储能作为一种简单、直接、高效的技术方法，在提升能源利用效率、丰富电网调剂手段、支撑电网安全稳定运行等方面具有突出应用价值，随着电力体制改革的进一步深化，储能在具体建设项目中的价值基础将进一步明确、夯实，其市场化、商业化发展也将得到更为广泛的推广应用。

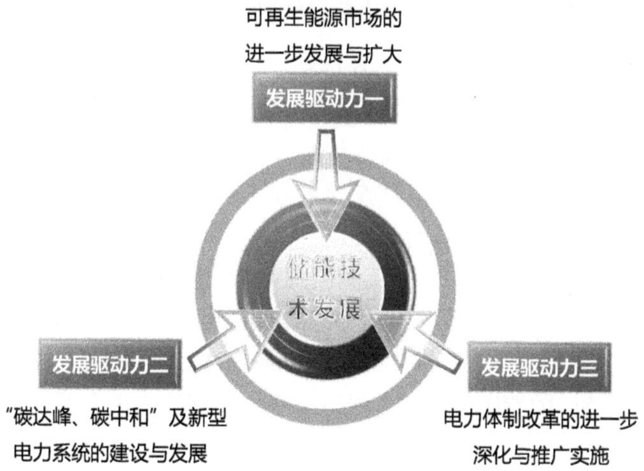

图 2-4　储能技术发展的主要驱动力

2.3　国内外电动汽车及充电设施发展情况调研

对于国内外电动汽车及充换电设施发展趋势的调研分析，笔者在编写过程中查阅了大量的文献、资料，同时对多方数据进行了详细的梳理、校核以及分析比对，并着重参考了国际能源署编制的《2022 年全球电动汽车展望》专题报告；与此同时，本书还对中国工业信息网、中国产业信息网等网络媒体的相关报道与解读进行了引用及借鉴。

2.3.1 全球电动汽车发展调研

尽管受到供应链半导体芯片短缺等因素的影响，2021 年全球电动汽车市场依旧保持了较为平稳的增长势头。2021 年，全球电动汽车（含插电混动汽车①）销量同比增长一倍，创下 660 万辆的销售纪录；全球电动汽车保有量达到 1 650 万辆。其中，2021 年中国新能源汽车销量达到 352.1 万辆，约占全球新能源汽车销量份额的 53%（图 2-5）。

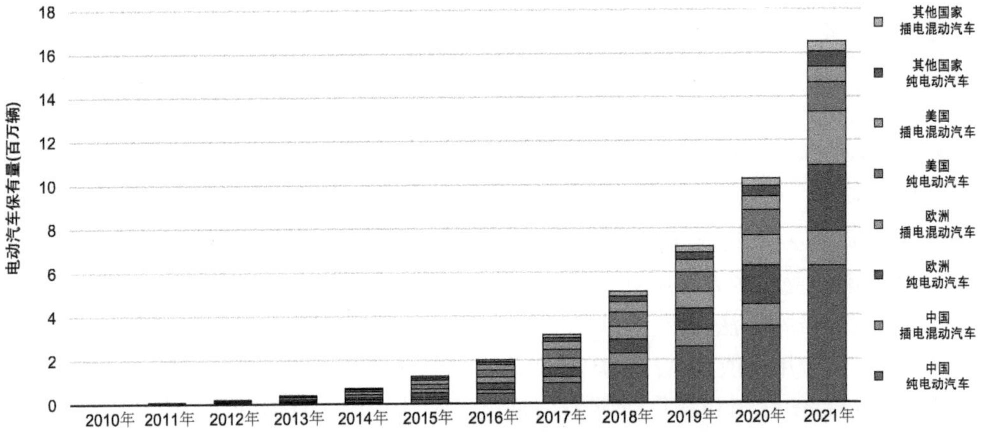

图 2-5 近年全球电动轻型乘用汽车保有量（摘自《2022 年全球电动汽车展望》）

从电动汽车的市场占有率来看（图 2-6），2021 年电动汽车销量占全球汽车市场的 9%，几乎达到 2019 年的 4 倍。其中，挪威电动汽车的销量占比达到其汽车销售总量的 86%，成为当之无愧的全球第一，冰岛为 72%，瑞典为 43%，荷兰为 30%，中国为 16%，美国约为 5%。

消费习惯方面，受气候条件、基础设施等多方面因素影响，各个国家用户购买清洁能源汽车的类型倾向表现出了较为明显的差异，中国、美国的消费者更加青睐纯电动汽车（Battery Electric Vehicle，BEV），其中 2021 年中国纯电动汽车的消费占比达到了清洁能源汽车销售总量的 82%；而部分欧盟国家则完全相反，民众更愿意选择插电混动汽车，以瑞典为例，其 2021 年插电混动汽车的销售量接近清洁能源汽车销售总量的 60%。但从近年消费习惯的整体变化趋势来看，随着电池续航里程、充电时长等技术的升级完善，纯电动汽车的市场认可度正在不断提升。

① 插电混动汽车全称插电式混合动力汽车（Plug-in Hybrid Electric Vehicle，PHEV）。

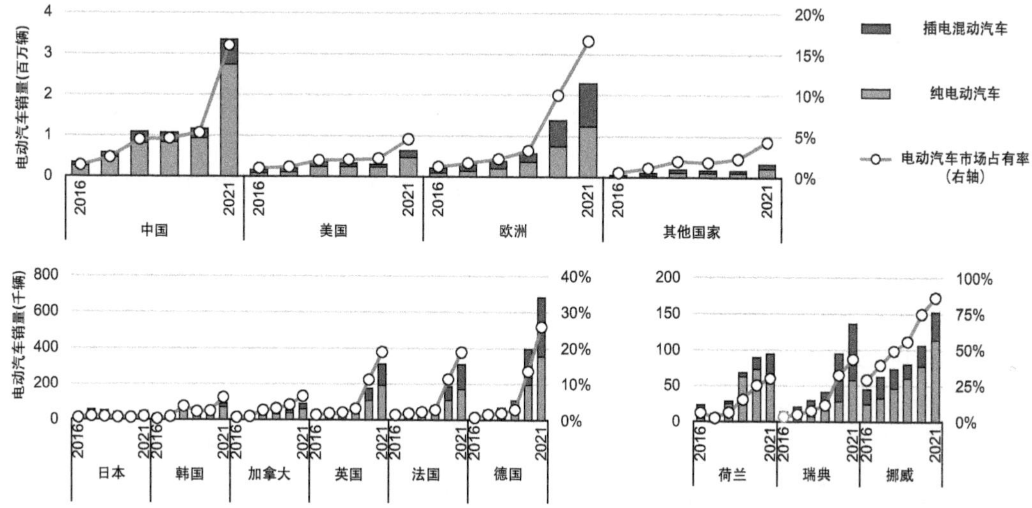

图 2-6 近年各国电动轻型乘用汽车销量及市场占有率(摘自《2022 年全球电动汽车展望》)

2.3.2 全球电动汽车充换电设施发展调研

随着电动汽车市场的扩大,充换电设施的建设需求也随之增长,消费者越来越期待电动汽车具备与传统燃油汽车同等的便捷性。

2021 年全球公共充电桩保有量达到 180 万台,其中近三分之一是快速充电桩。中国在公共充电桩建设规模方面同样处于全球领先地位,快速充电桩保有量占全球总量的 85%,慢速充电桩占 55%。

如图 2-7 所示,至 2021 年底我国公用快速充电桩保有量约为 47 万台,2021 年安装量同比增长 50%以上;至 2021 年底我国公用慢速充电桩保有量约为 68 万台,“十三五”期间安装量的年均增长率超过 60%,受到新冠疫情等因素影响,2021 年安装量同比增长 35%左右,增长速度有所放缓。

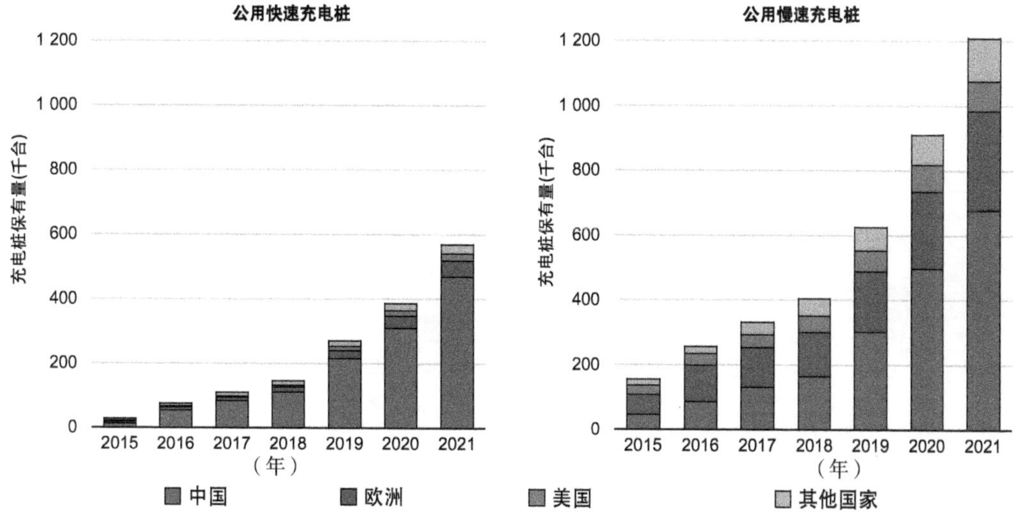

图 2-7 近年全球充电设施建设规模情况(摘自《2022 年全球电动汽车展望》)

2.3.3　我国新能源汽车及充换电设施发展现状调研

截至 2021 年底，全国新能源汽车保有量达 784 万辆（图 2-8），占汽车总保有量的 2.60%，2016—2021 年全国新能源汽车保有量年均增长率为 53.73%，呈高速增长态势。

受益于各项利好政策带动，我国新能源汽车市场从 2009 年开始快速发展，电动汽车产销量大幅上升，之后虽短时经历了 2016 年及 2017 年政策补贴退坡的影响，产销量增速稍有放缓，但整体仍维持在较高水平。在政策激励、技术进步、产品丰富三大主要因素的推动下，2021 年新能源汽车产销量实现爆发式增长，分别达到 354.5 万辆和 352.1 万辆，同比分别增长 159.5%和 157.6%（图 2-9）；纯电动汽车产销量分别达到 294.2 万辆和 291.6 万辆，同比分别增长 166.2%和 161.5%（图 2-10）。

我国自 2009 年大力推广新能源汽车市场发展以来，2019 年曾短暂出现过新能源汽车年度销量下滑，分析其具体原因可知，自 2019 年 6 月 26 日起，新能源汽车国家补贴标准降低约 50%，地方补贴则直接退出，年度补贴退坡幅度超过 70%，这一影响致使当年 6 月前一直保持增长趋势的新能源汽车销量，在 7 月之后出现了回落。

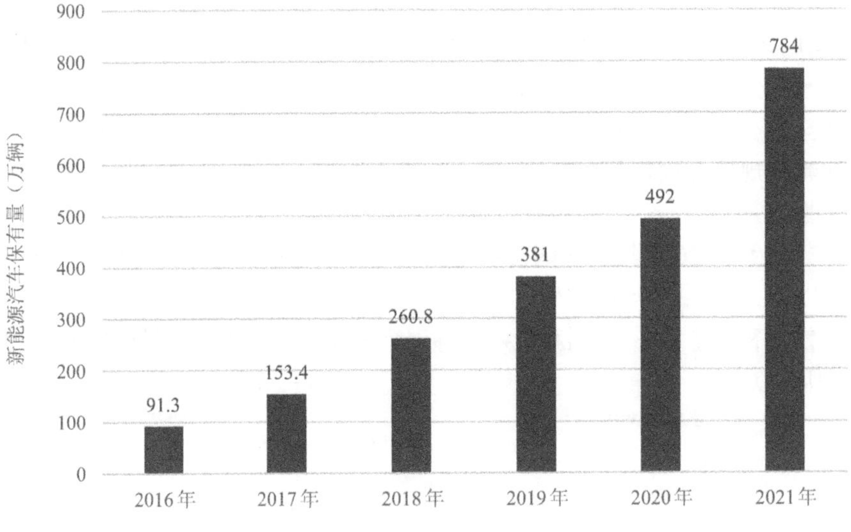

图 2-8　近年中国新能源汽车保有量情况（摘自中国公安部统计数据）

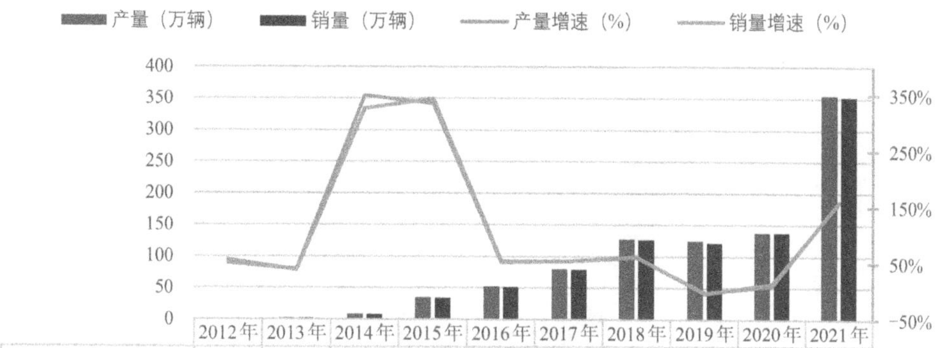

	2012年	2013年	2014年	2015年	2016年	2017年	2018年	2019年	2020年	2021年
产量（万辆）	1.3	1.8	7.9	34.1	51.7	79.4	127.0	124.2	136.6	354.5
销量（万辆）	1.3	1.8	7.5	33.1	50.7	77.7	125.6	120.6	136.7	352.1
产量增速（%）	50.0	38.9	348.6	333.8	51.8	53.6	59.9	-2.2	10.0	159.5
销量增速（%）	56.1	37.5	325.0	342.6	53.1	53.3	61.6	-4.0	13.3	157.6

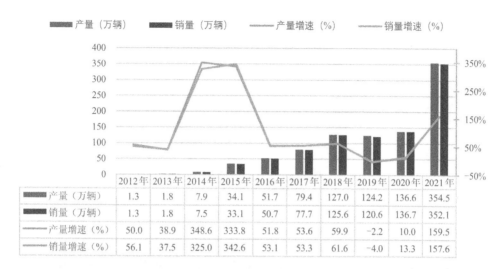

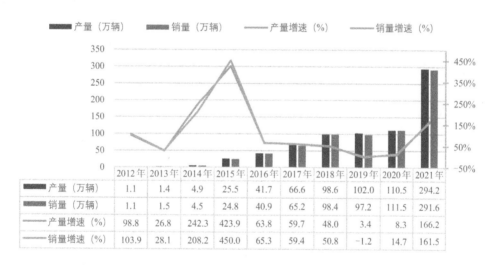

图 2-9 近年中国新能源汽车(PHEV)产销量情况(摘自中国工业和信息化部统计数据)

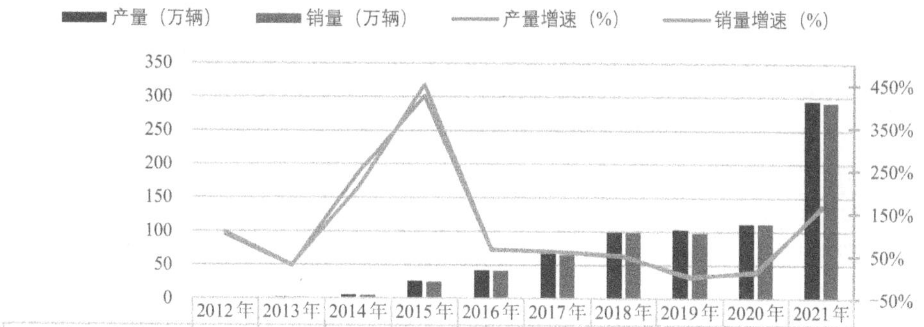

	2012年	2013年	2014年	2015年	2016年	2017年	2018年	2019年	2020年	2021年
产量（万辆）	1.1	1.4	4.9	25.5	41.7	66.6	98.6	102.0	110.5	294.2
销量（万辆）	1.1	1.5	4.5	24.8	40.9	65.2	98.4	97.2	111.5	291.6
产量增速（%）	98.8	26.8	242.3	423.9	63.8	59.7	48.0	3.4	8.3	166.2
销量增速（%）	103.9	28.1	208.2	450.0	65.3	59.4	50.8	-1.2	14.7	161.5

图 2-10 近年中国纯电动汽车(BEV)产销量情况(摘自中国工业和信息化部统计数据)

相关支撑政策在电动汽车推广前期具有较为明显的市场推动作用，从实际情况来看，自 2013 年起，国内新能源汽车销售的相关补贴政策已先后经历数次退坡调整，虽然每次政策调整均会对当年新能源汽车的产销情况产生一定影响，但从总体发展趋势来看，我国新能源汽车销售已由政策引导转型为以市场需求为引导的初期成熟市场，相关补贴政策的变化及地方补贴的完全退出，不会对国内新能源汽车产销增长形势产生明显影响。

从我国新能源汽车的销量类型来看，纯电动汽车销量最高。2021 年，我国纯电动汽车占新能源汽车总销量的比重为 82.82%，插电式混合动力汽车销量占比为 17.13%，二者合计占比达到 99.95%(图 2-11)。

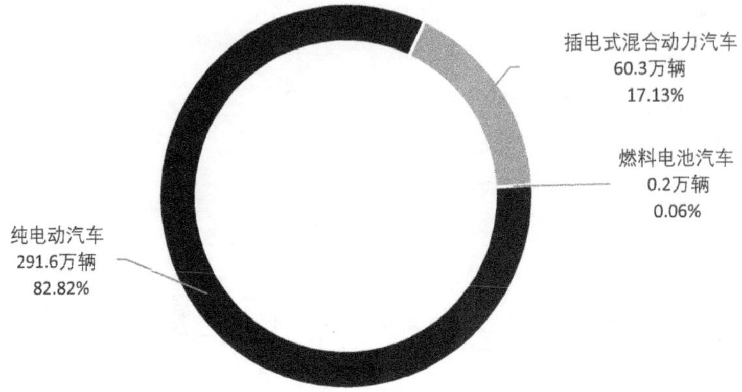

图 2-11　2021 年新能源汽车销量结构占比（摘自中国工业和信息化部统计数据）①

综上所述，电动汽车作为我国新兴经济支柱产业的主要发展方向之一，国家层面及地方政府均出台多项利好政策，积极推动新能源汽车及相关产业的创新与发展。虽然产业由导入期进入快速发展期后，各类补贴政策退坡，但国内新能源汽车产业实现市场化发展的总体格局已初步确定，预计电动汽车产销及充换电设施建设仍将在较长一段时间内呈现出较为明显的发展势头。

电动汽车充换电设施建设方面，根据中国电动汽车充电基础设施促进联盟发布的相关数据，截至 2021 年底，国内已建成全球最大规模的充电设施网络。共计建成公共类充电桩 114.7 万台，其中直流充电桩 47.0 万台、交流充电桩 67.7 万台，2021 年月均新增公共类充电桩约 2.83 万台；共计建成换电站 1 298 座。各类充电桩整体增长态势十分明显。全国 2021 年各月公共充电桩发展建设情况如图 2-12 所示。

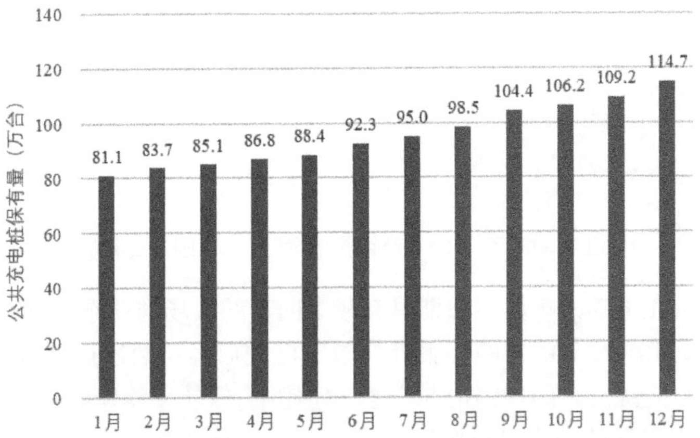

图 2-12　全国 2021 年各月公共充电桩保有量（摘自中国电动汽车充电基础设施促进联盟）

京津冀、长三角、珠三角等经济发达地区已经初步形成较为完备的充电服务网络，建成了目前国内充电设施数量多、辐射面积广、服务车辆类型多的充电设施体系。截至 2021 年底，广东省公共充电桩建设力度最为强劲，整体建设规模领跑全国，保有量达到 18.18 万台；

① 因采用四舍五入方法取值，故图中百分比数据存在误差，其总和不等于 100%。

位居第二的上海市为 10.32 万台；排名三至五位的依次为江苏省、北京市、浙江省，保有量分别达到 9.73 万台、9.68 万台、8.2 万台；排名六至八位的分别是山东省、湖北省和安徽省，保有量均在 6 万台左右；之后的河南省和福建省均在 4 万台左右（图 2-13）。

总体来看，公共充电桩建设规模排名前十的地区基本都是新能源汽车推广较早或汽车产业较为发达的区域，尤其是广东省，已将新能源汽车及智能网联作为其重要的产业方向。2022 年 1 月召开的广东省人民代表大会第十三届五次会议中，省长王伟中表示广东省要提升制造业核心竞争力，发展壮大新能源汽车等产业，到 2025 年力争建成充电站约 4 500 座、公共充电桩约 25 万台。

值得一提的是，公共充电桩保有量前十地区的建设总桩数为 82.18 万台，占全国公共充电桩保有量的比重超过七成。相比之下，其他地区，尤其是县城、乡镇地区，电动汽车充电基础设施建设仍有十分广阔的发展空间。

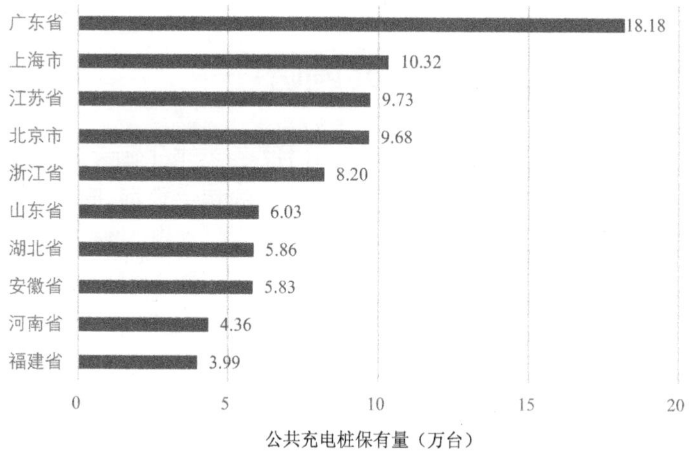

图 2-13　2021 年公共充电桩保有量前十的地区（摘自中国电动汽车充电基础设施促进联盟）

随着电动汽车保有量的持续增长，换电模式的商业化应用也在不断升温，数据显示，截至 2021 年底，全国换电站保有量达到 1 298 座，换电站数量超过百座的地区分别为北京市 255 座、广东省 178 座、浙江省 118 座。换电站数量前十的地区共计建设有换电站 968 座，约占全国总数量的 74.58%（图 2-14）。

经过多年市场化探索、论证，我国充换电设施建设已摆脱了在不同技术路线间摇摆的窘境，逐步构建形成快充为主、慢充为辅、换电为有益补充的建设布局，预计随着国内电动汽车的推广普及，我国未来将进一步加快建设适度超前、布局合理、功能完善、服务优质的充换电基础设施体系。

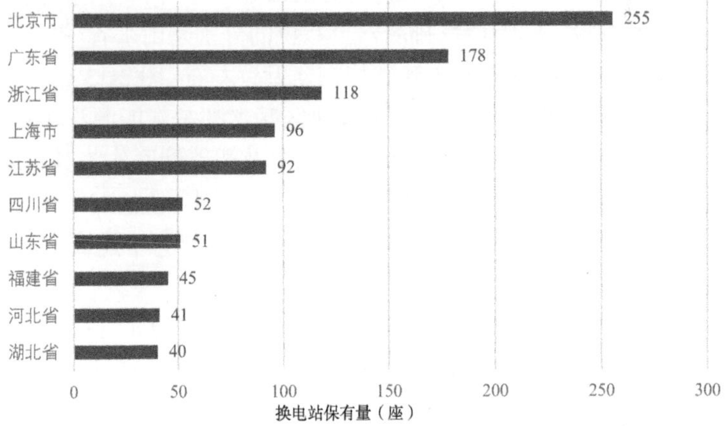

图 2-14　2021 年换电站保有量前十的地区（摘自中国电动汽车充电基础设施促进联盟）

2.4　国内外储能技术发展情况调研

对于国内外储能技术发展情况的调研分析，本书着重参考了国家能源局、国家发展改革委、中国能源研究会、全球储能数据库等专业机构公布的相关数据，同时亦对储能行业主流媒体的相关报道与解读进行了引用及借鉴。

2.4.1　全球储能技术发展概况及发展趋势分析

至 2020 年，全球已投运储能项目累计装机规模达到 191.06 GW，较上一年度增加 6.44 GW，增长了 3.49%。其中，抽水蓄能累计装机规模达到 172.54 GW，增长了 0.9%；电化学储能累计装机规模达到 14.25 GW，同比增长 49.68%；熔融盐储热累计装机规模达到 3.39 GW，增长了 6.6%。与其他类型储能技术应用情况相比，电化学储能在近年来呈现出了较为明显的增长态势。近年来全球储能市场累计装机规模变化情况如图 2-15 所示。

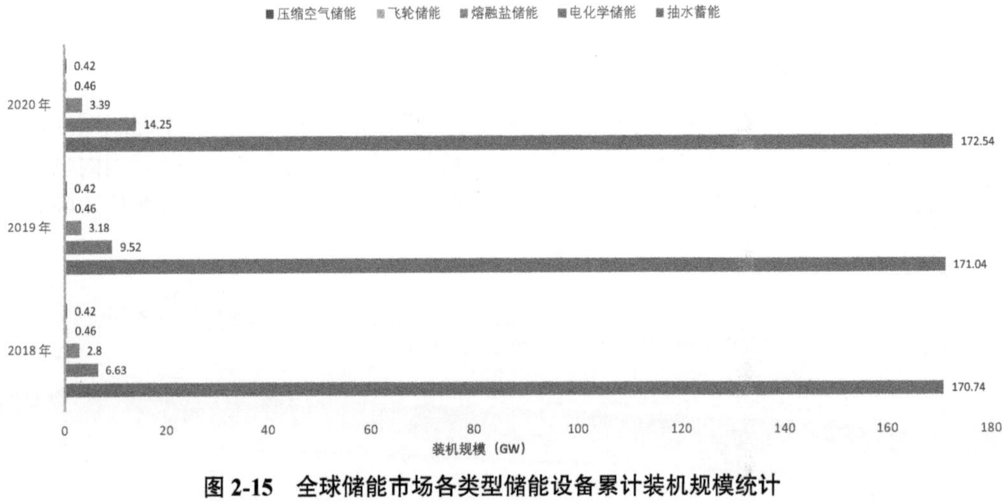

图 2-15　全球储能市场各类型储能设备累计装机规模统计

2020年，抽水蓄能累计装机规模172.54 GW，占全球储能装机规模总量的90.3%；电化学储能累计装机规模14.25 GW，占全球储能装机规模的7.5%；熔融盐储热累计装机规模3.39 GW，占全球储能装机规模的1.8%；飞轮储能累计装机规模0.46 GW，占全球储能装机规模的0.2%。其中，电化学储能应用规模增长显著，2018年时其装机容量占比仅为全球储能总装机规模的3.7%，仅两年时间，至2020年时其规模占比即已达到7.5%这一水平。

近年来，全球储能行业经历低谷发展阶段之后，市场逐渐回暖，总体装机规模逐步上涨。尤其对于电化学储能来说，2020年全球新增投运规模达到4.7 GW，超过2019年新增投运规模的1.6倍；其中，中国市场电化学储能的投建容量占当年全球电化学储能新建总规模的33%，美国电化学储能投建规模占比为30%，欧洲投建规模约为23%。2020年全球新增电化学储能容量分布情况如图2-16所示。

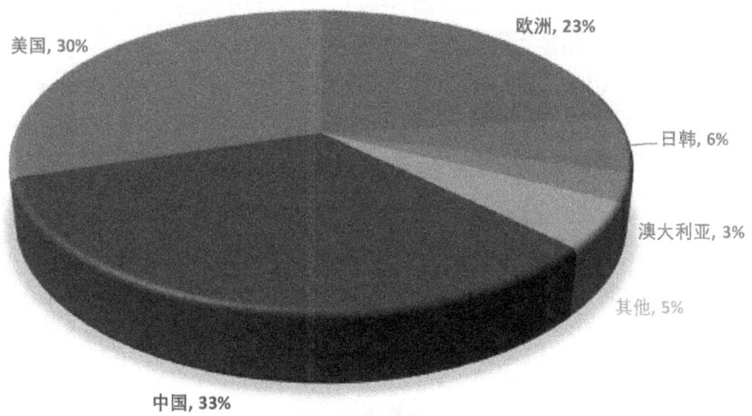

图2-16 2020年全球新增电化学储能容量分布情况

目前，按照储能技术分布的类型来看，抽水蓄能装机规模仍占据最大比重，但随着技术进步及基础材料成本的进一步下降，电化学储能发展势头明显，同时进一步考虑电化学储能广泛的应用场景及其灵活便捷的调度运行特性，预计随着清洁能源的进一步深化利用，电化学储能技术将成为储能系统应用的主要类型。从目前全球已投运电化学储能项目的技术分布情况来看，锂离子电池累计装机规模最大，钠硫电池和铅蓄电池分位列第二、三位；从已经投运电化学储能项目的主要用途情况来看，主要包括电网侧应用、辅助服务、电源侧应用、用户侧应用以及集中式可再生能源并网服务等方面，其中辅助服务领域累计装机规模最大，集中式可再生能源并网服务、用户侧应用分居第二、三位。综合来看，电化学储能技术是储能市场保持持续增长的新兴动力，同时也是今后较长一段时间内储能技术发展的主要方向，电化学储能技术的发展与创新将受到各国的密切关注与持续支持。

从已建设投运的储能项目以及各国的相关发展规划来看，技术方面各个国家都将开发适应本国能源消费特征的储能系统，其中安全稳定性好、成本低、循环寿命长以及效能高是其普遍发展目标；应用层面，兆瓦级储能技术在可再生能源并网及用户侧能源消费领域，化学储能电池在发电系统辅助服务、用户侧储能以及绿色交通等领域的拓展性应用，将是储能系统未来的主要发展方向，其广阔的应用前景将为储能产业在电力系统建设及清洁能源发展等领域创造更多发展机遇。各个国家也会通过示范项目积累实践经验，推动储能产业的行业创新、技术研发及应用，并以此为基础进一步展开经济性研究，推动储能技术向商业化及市场化方向深入发展。

2.4.2　国内储能技术发展现状及发展侧重点分析

我国的储能产业发展起步较晚，但技术发展速度及规模化应用水平明显优于其他国家。目前，我国已成为世界最大的储能电池供应地，储能技术在绿色交通领域的应用水平远超其他国家，国内新能源汽车保有量稳居世界第一；抽水蓄能电站装机总规模超过 40 GW，位居世界第一；在运在建的电化学储能电站项目总装机容量超过 6 GW，建设规模及发展速度备受瞩目。

根据最新统计数据（图 2-17），国内储能市场中抽水蓄能的总体装机规模最大，占比达到 89.3%；其次为电化学储能，装机规模占比为 9.2%；熔融盐储热装机规模占比约为 1.5%。抽水蓄能技术相对于其他储能方式而言，其综合建设成本更低、蓄能能力更强，且在国内的发展应用周期最长，因此短期看来，其在储能装机占比中的主导地位不会动摇。但与此同时，随着国内新能源发电规模的大幅增长，以及电池成本的持续下降，预计国内电化学储能装机规模将在今后较长一段时间内保持高速增长的发展态势。截至 2020 年底，国内正式并网运行的电化学储能项目累计装机规模已达到 3.27 GW，增长超过 91%。未来随着清洁能源的进一步规模化发展以及新型电力系统的建设落地，电化学储能产业将获得更多的市场发展机遇。

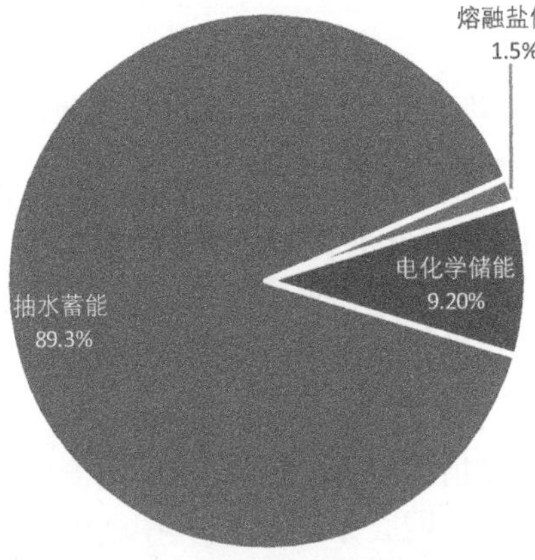

图 2-17　国内各类储能装机规模占比情况

综合来看，现阶段我国储能技术正处在初步商业化发展阶段。“十二五”期间，储能建设项目以示范应用为主，其主要建设目的是验证技术指标和使用效果；“十三五”期间开始逐步出现商业化储能项目，受清洁能源推广应用等政策影响，储能开始在大规模可再生能源并网等领域加以应用，建设项目由示范工程逐步向市场化应用快速转变。预计“十四五”“十五五”期间，储能应用将逐步步入成熟发展期，成为电力、交通、能源供给等领域的重要组成部分，参与建设运营并逐步实现盈利。其中，就电力行业而言，预计储能技术将在发电、输配电、用电、可再生能源接入和微电网等领域得到普遍应用。其中“新能源+储能”模式、需求侧管理、调频辅助服务和电动汽车领域将成为国内储能市场发展应用的主要场景。

（1）“新能源+储能”模式。2021 年以来，浙江、山西、山东、宁夏、青海、内蒙古等多地已陆续出台新能源配置储能的引导方案，据不完全统计，已有十余个省份要求新能源电站同期建设储能设备用于支撑新能源并网消纳，且配置比例多要求不低于新能源装机规模的 10%。与此同时，中央与地方也相继出台各类奖补政策，以进一步刺激、支撑新能源产业及储能技术的发展，为“新能源+储能”模式构建良好的发展基础。虽然现阶段市场尚处于初期阶段，仍面临融资、并网、政策落实等诸多困难，但预计随着后续政策的不断改进完善、技术经济性的提升、市场需求的不断扩大以及商业模式的逐步建立，“新能源+储能”模式在我国将迎来广阔的发展前景。

（2）需求侧管理。近年来，国内主要城市受供电需求不断扩大等因素影响，电网建设与投资压力与日俱增，需求侧响应等负荷灵活调节手段的重要性及实际应用价值日益显现。新一轮电力体制改革进一步强调了绿色、低碳、节能、高效新型电力治理体系构建的必要性及重要意义，即统筹兼顾电力供需两侧改革，既应建立多元供应、多轮驱动的市场化供应体系，亦要进一步推动需求侧改革，提升需求侧用能节能减排、绿色低碳水平。为进一步探索实践相关政策，上海、北京率先开展了主动需求侧响应试点工作，基于电力需求侧管理平台，逐步构建形成了以政府、电力公司、节能服务公司和用户共同参与的主动需求响应工作模式，其中上海市已试点验证的主动需求响应能力达到 5 万 kW，有效助力了“双碳”目标及新型电力系统的建设落地。在需求侧响应体系的构建过程中，储能技术发挥了举足轻重的作用，成为需求侧响应真实发挥管理成效、实现商业化应用的重要手段，为供需平衡灵活调度及快速响应提供了必要的技术支撑，同时进一步实现了网供负荷削峰填谷、节能减损、提升供电质量及供电可靠性等，预计未来随着电力需求侧改革的进一步实践应用，储能技术将在其中发挥更为重要的支撑应用价值。

（3）调频辅助服务。目前国内应用最为普遍的火电机组电网调频方式，存在效率低、响应慢等问题，甚至会对机组寿命产生一定影响。与之相比，储能系统具有秒级快速响应能力，并且能够精准控制功率水平，在电网调频辅助服务领域具有明显的技术优势。现阶段储能设备在调频辅助服务中应用的市场准则、补偿机制等尚未明确，规模化推广应用尚存在一定困难，但随着电力市场的不断完善，储能设备参与电力调频的市场机制也将逐步建立，届时储能产业将得到更为健康、有序的发展引导。

（4）电动汽车领域。结合前文电动汽车现状调研及发展趋势分析可知，国内电动汽车产销市场将在今后一段时间内保持良好的增长态势，与此同时，随着国内电动汽车及配套产业的蓬勃发展，车用动力电池自主研发技术实现了长足发展，国际主要电池厂商亦开始布局中国电动汽车电池市场。目前储能技术与电动汽车相结合的主要应用场景包括光储充一体化电动汽车充换电站建设、车网互动技术应用（V2G）、电动汽车需求响应充电以及车用动力电池二次利用等，随着国内电动汽车市场的快速发展，储能产业将被进一步带动，其应用场景也将得到进一步拓展。

综合上述四点来看，随着化石能源枯竭以及生态环境恶化等全球性问题的不断加剧，储能作为能源结构转变和电力生产消费方式变革的战略性支撑技术，不仅能够在传统电网建设中得到广泛应用，而且可在以新能源为主体的新型电力系统、用户需求侧管理、综合能源体系、电动汽车充换电系统、低碳城镇建设等领域获得前所未有的发展机遇。

2.5 相关政策及发展适应性研究总结

2.5.1 电动汽车及充换电设施发展方面

从事物发展的客观规律来看，新兴产业的发展可划分为四个阶段，依次为酝酿期（或称萌芽期）、导入期、快速发展期以及成熟发展期。其中酝酿期是指具有一定技术成果、在细分市场中取得一定突破，但仍具有明显不确定性及不稳定性因素的阶段；导入期是指政府与企业共同意识到了新兴产业的发展潜力，开始实现产业化运作的阶段；而快速发展期与成熟发展期则与其名称含义相同，是指产业链条已构建成熟，新兴产业已实现规模化生产与规模化销售的市场化发展阶段。

客观分析发展现状可知，目前我国电动汽车及充换电设施相关产业正处于由导入期向快速发展期转型的过渡阶段，整体产业链条仍未构建完成，产业产能仍需提升，充电网络建设、有序充电引导等有待进一步完善，市场覆盖及下探潜力仍有拓展空间。这一过渡过程是整个新兴产业发展中最为关键，也是实现难度最大的阶段，政府及相关企业都会在这一阶段出台诸多的优惠、扶持政策，以不断推动新兴产业在这一过程中的平稳过渡与快速发展。国内电动汽车及相关产业的发展历程也进一步验证了这一发展规律。我国自 2015 年起成为全球新能源汽车产销量第一的国家，优异成绩的取得与国家及地方政府财税政策强力扶持以及相关配套措施的有力支撑密不可分。但与此同时，我们也应清醒地认识到，扶持政策并非支撑产业发展的长久之计，长期的财税奖补政策不仅会导致政府承受沉重的财政压力，而且极有可能造成生产企业盲目扩张，出现产能过剩等问题。因此从电动汽车产业长远可持续发展的角度来看，各类扶持政策的退坡是必然趋势，而在扶持政策之后更为行之有效的推广措施，才是支撑电动汽车及充电设施产业长远发展的核心。

通过对近年来国内电动汽车行业各类发展动态的详细梳理可知，下一阶段我国电动汽车发展的相关政策主要分为两类，即短期政策及中长期政策。

短期政策即“双积分制”政策，是指面向汽车生产企业，通过油耗积分与新能源汽车积分平衡企业生产规模，车企自身必须能够生产、销售足够量的新能源汽车才能维持传统燃油车型的持续生产，否则只能通过购买其他企业新能源汽车积分或削减传统燃油车产量的方式维持运转。从短期效应来看，该政策直接作用于汽车生产源头，可谓近期支撑新能源汽车产业发展的最强推手。

长期政策则主要包括以传统燃油汽车禁售为代表的一系列事关产业发展的长期性引导政策。以传统燃油汽车禁售为例，目前工信部已着手研究传统燃油车禁售时间表，而部分国家已正式公布了具体禁售时间，如荷兰、挪威明确 2025 年后禁售传统燃油车；德国明确 2030 年后禁售，且只允许零排放汽车上路行驶；英、法等国明确 2040 年后禁售传统燃油车；印度也计划在 2030 年后全面停止燃油车辆的销售。国内方面，海南省已率先发力，明确提出 2030 年全岛禁售传统燃油车；部分国内车企也积极响应全球发展趋势，如比亚迪公司

（比亚迪汽车）已明确发表声明，自 2022 年 3 月起停止燃油汽车整车生产，仅专注于纯电动及插电式混合动力汽车业务。我国将传统燃油车禁售日期的研究论证工作提上议事日程，一是表明了国家深入践行“碳达峰、碳中和”行动方案以及大力推动新能源汽车产业的坚定决心，二是说明新能源汽车产业发展是大势所趋。

综上所述，随着国内电动汽车产业由导入期逐步向快速发展期过渡，现行财税扶持政策势必会呈现退坡态势，在此之后取而代之的是更加具有针对性、更加符合市场发展规律的“双积分”政策，以及用于长期引导的传统燃油车禁售计划。后续政策从生产源头影响汽车企业，进一步提升了电动汽车的推广力度，同时也倒逼车企及上下游企业不断提升电动汽车的技术水平与配套服务能力，使得新能源汽车成为更加符合大众消费需求的市场化产品，从而最终形成良性、可持续发展的市场供需环境。

2.5.2　储能技术发展及应用方面

随着国内“四个革命、一个合作”能源安全战略的逐步实施，以及清洁能源的规模化深化应用，储能技术在能源消纳、需求侧管理、节能减排等层面所展现出的技术优势及应用价值已越来越凸显，社会舆论普遍认为储能技术的产业化发展与应用将成为国内新兴产业的下一个强势爆发点。

结合前述调研分析结论可知，储能作为“源网荷储”新型电力能源体系的重要组成部分，是推动国家能源安全战略落地实施、支撑“双碳”建设目标实现的核心基础，近年来已得到越来越广泛的应用，储能技术逐步由试点示范工程步入商业化应用阶段，整体呈现出多元化发展的良好态势，技术水平总体上已初步具备了产业化发展的基础。遵循“政府引导、企业参与；创新引领、示范先行；市场主导、改革助推；统筹规划、协调发展”的基本原则，储能产业在进一步提升技术水平的同时，还将不断推进商业化、市场化的发展应用。

结合《关于促进储能产业与技术发展的指导意见》等政策文件的调研梳理可知，储能产业目前正处于由研发示范向商业化应用的初期过渡阶段，随着商业模式、配套措施的逐步探索与完善，储能产业将实现商业化初期向规模化发展的跨越转变。在这一发展过程中，储能产业将着重攻克五项重点任务：一是推进储能技术装备的进一步研发示范，集中攻关关键核心技术，完善储能产品标准和检测体系的建立；二是推进储能提升可再生能源利用水平的应用示范，推动储能系统与可再生能源协调运行，建立可再生能源场站侧储能补偿机制；三是推进储能提升电力系统灵活稳定性应用示范，建立健全储能直接并网及参与辅助服务市场的相关机制，建立储能容量电费和储能参与容量市场的规则机制；四是推进储能提升用能智能化水平应用示范，探索用户侧分布式储能系统建设引导机制，完善用户侧储能系统支持政策；五是进一步研究完善储能多元化应用示范，构建储能系统信息化管控体系，研究论证储能实现多能互补、多源互动、车网互动等技术方法的可行性及应用价值。

综上所述，储能技术的不断推广与应用，进一步说明了国家对于储能技术发展的支持力度，也再次验证了储能产业良好的发展前景，提前谋划储能发展与应用布局，对区域“双碳”目标实现以及新型电力系统构建具有重要的指导意义及实际应用价值。

第 3 章　电动汽车充电设施及储能装置接入配电网影响分析

本章节主要从配电网系统物理层级出发，分析论证电动汽车充电设施及储能装置接入配电网后，在电压水平、电能质量、运行经济性等层面所产生的影响，形成对电动汽车充电设施、储能装置运行特性的详细描述及分析判断，并在此基础之上，进一步结合典型城市配电网规划管理需求，分析总结电动汽车充电设施及储能设备的接入原则。

3.1　研究的目的

电动汽车及储能技术的发展，影响了配电网的传统运行方式，传统配电网在多年发展过程中所积累的建设、管理技术与经验在新的发展形势下缺乏支撑依据，因此有必要对电动汽车充电设施及储能装置接入配电网所产生的影响进行量化分析，明确其影响方式及影响程度，以此支撑区域配电网对电动汽车及储能技术发展适应性水平的提升与完善。具体来说，开展充电设施及储能装置接入配电网影响研究的核心目的主要有两点（图 3-1）。

第一，对电动汽车充电设施及储能装置接入配电网所产生的影响进行量化分析。在传统配电网"源、网"结构及"荷"运行特性发生改变的情况下，电动汽车及储能装置规模化发展是引起区域配电网稳定性发生改变的主要影响因素之一，这种影响主要体现在负荷大小及特性、供电质量以及运行经济性三个方面，而单纯依靠定性分析无法为配电网规划建设及运行管理提供充分的决策支撑依据，因此有必要对影响的范围及程度进行定量研究，为配电网电动汽车充电设施及储能建设项目的决策提供量化依据。

第二，为配电网规划负荷预测方法优化及经济性影响研究提供支撑依据。由于"源"端负荷特性的改变以及"储"元素的规模化接入，传统的配电网规划负荷预测方法及经济性评价方法均有待优化，有必要以传统方法为基础，通过研究分析及提炼总结，形成电动汽车及储能技术发展背景下的配电网规划负荷预测优化方法。实现此研究目标首先应当明确的是配电网在"荷、储"新的发展形势下所产生的变化及受到的影响，因此对于新型电力系统建设背景下电动汽车及储能规模化发展影响研究而言，电动汽车充电设施及储能装置接入配电网影响定量化分析是一项基础性的研究工作，是进一步开展配电网规划负荷预测方法优化及经济性影响研究的支撑性成果。

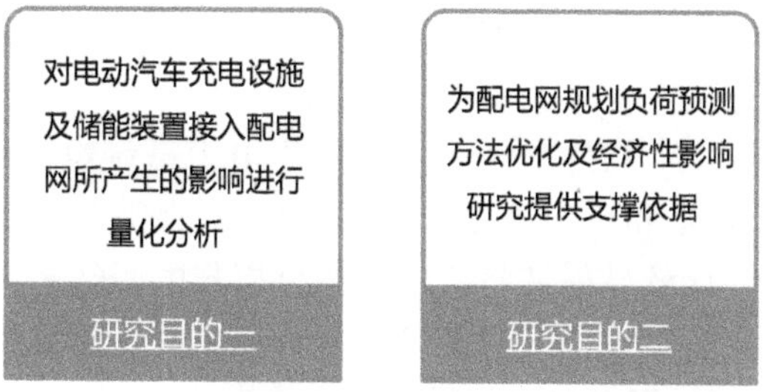

图 3-1　开展接入配电网影响研究的目的

3.2　主要分析思路

如前文研究目的所述，相关研究有必要形成可量化的成果，才能够用于支撑相关分析工作及后续研究工作，因此运用模拟仿真分析方法是实现这一研究目的较为理想的技术手段。具体来说，整个研究思路可分为四个部分。

第一，以仿真内容及研究目的为出发点，结合各类常用电力系统仿真软件的分析计算功能及仿真特点，选取适宜的仿真软件及仿真方法。

第二，对电动汽车动力用电池、充电装置以及储能设备的工作原理及运行方式进行研究分析，明确其运行特性，为模拟仿真方法的选择及仿真模型的构建提供支撑。

第三，根据电动汽车充电设施及储能装置接入配电网的实际运行情况，分别构建适用于仿真软件分析计算的等效模型；与此同时，以储能装置及电动汽车充电设施的不同接入模式及运行方式为依据，对不同场景下的接入及运行情况分别进行模型构建及模拟仿真。

第四，分别从电能质量影响及经济运行影响两个层面进行仿真，逐一对电动汽车充电设施及储能装置接入配电网的运行情况进行模拟，最终以仿真结果为依据，通过量化分析研究确定接入影响的影响范围及影响程度。

3.3　模拟仿真软件的选择

结合现有研究成果可知，电动汽车充电设施及储能装置接入配电网所产生的影响是多方面的，而本章节分析论证工作的核心在于运用模拟仿真技术，对接入系统所产生的诸如电能质量、运行经济性之类的影响进行模拟分析及量化评价。因此，模拟仿真分析软件的选择应当以适用于电网系统研究、仿真还原度高、能够形成量化成果等为主要标准，同时该软件还应具备良好的可操作性和辅助决策能力，能够满足相关分析需求。

经过多方面对比、筛选，初步确定能够满足本次模拟仿真需求的软件有 MATLAB/Simulink、PSCAD/METDC 以及 DIgSILENT/PowerFactory 软件（图 3-2），三种软件的主要特点如下。

MATLAB 软件实际上是一款具有良好扩充能力及交互性的商业数学软件，包含丰富的库函数及良好的开源性，其中 Simulink 是其可视化仿真分析模块，能够实现动态系统的建模、仿真和分析，被广泛应用于电力系统，数字信号处理以及其他各种系统的建模和仿真中。

相较于其优秀的开放性、交互性而言，MATLAB/Simulink 在程序执行速度方面有所保留，且数据采集及端口操作等仿真功能有待进一步优化。

DIgSILENT/PowerFactory 软件是一款专门用于电力系统电磁机电暂态混合仿真的软件，包含潮流计算、短路计算、机电暂态及电磁暂态计算、谐波分析、小干扰稳定分析等几乎所有电力系统分析功能。该软件能够将机电暂态分析与电磁暂态分析相互结合，使软件兼顾电网暂态故障分析与中长期电能质量分析的能力。与此同时，该软件具备丰富的电力电子元件模块及控制模块，提供了多种风机模型和光伏模型，在大规模分布式能源接入电力系统仿真方面具有突出优势。

PSCAD/EMTDC 软件具有良好的可操作性，允许用户在完备的图形环境下灵活地构建电路仿真模型以及处理相关数据；同时，用户能够随时改变控制参数，直观地观测仿真结果及参数曲线，尤其在涉及交直流系统的相关仿真方面，PSCAD/METDC 软件具有较为突出的仿真优势，能够模拟任意大小的交直流系统，且仿真效果良好。

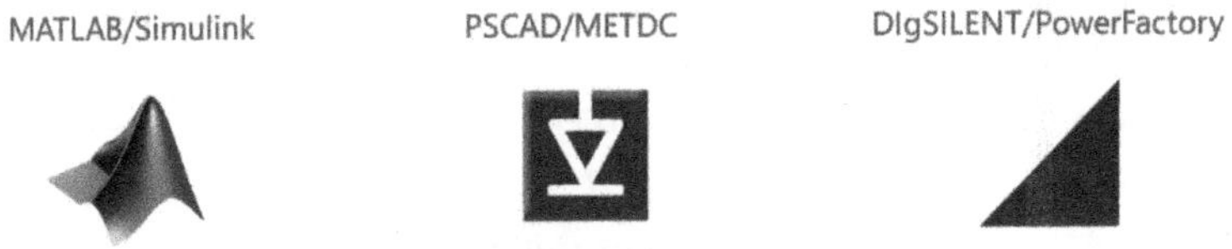

图 3-2　模拟仿真预选软件

考虑到本次模拟仿真的重点在于量化研究配电网系统中某一局部变化所引起的影响，而非对整个电网系统电磁暂态或稳定性的仿真，因此在综合比选了多种仿真软件后，最终通过平台专业度、仿真还原度、软件可操作性对比等工作，确定选用 MATLAB/Simulink 软件以及 PSCAD/METDC 软件开展本次仿真研究工作。其中 PSCAD/METDC 软件作为专业的电力系统仿真分析软件，承担主体仿真工作；而 MATLAB/Simulink 软件则主要发挥其在数学仿真软件方面的专业度及成熟度优势，用于支撑和校验 PSCAD/METDC 软件的仿真结果，其具体分工情况见表 3-1。

表 3-1　仿真软件分工情况简述

仿真软件	仿真内容	
	电动汽车充电设施接入影响仿真	储能接入影响仿真
PSCAD/METDC	主要仿真软件	主要仿真软件
MATLAB/Simulink	提供验证支撑	提供验证支撑

3.4　电动汽车充电设施接入配电网影响分析

不同的电动汽车类别及充电方式在接入配电网后所产生的影响各不相同，因此在开展仿真研究工作之前，有必要对电动汽车充电电池以及充电设施的种类及其运行特性进行详细的分析说明，以保证模型构建及仿真过程的合理性。

3.4.1　电动汽车充电电池的主要类型及特点

影响电动汽车运行性能的因素是多方面的，既包括路况、气温、驾驶习惯等外部因素，也包括车辆设计、自体重量、动力传输模式等内部因素，但归根结底，对电动汽车续航能力、动力输出等核心指标产生根本影响的主要因素是其动力来源——电动汽车充电电池。

1. 充电电池的种类

充电电池是影响电动汽车各项性能指标的核心部件之一，目前国际上通用的电动汽车充电电池评价指标一般分为 5 项，依次为：比能量（W·h/kg）、比功率密度（W·h/L）、比功率（W/kg）、循环寿命以及成本，其中比能量、充电循环次数、成本三项指标的应用最为广泛。各项指标的评价内容如图 3-3 所示。

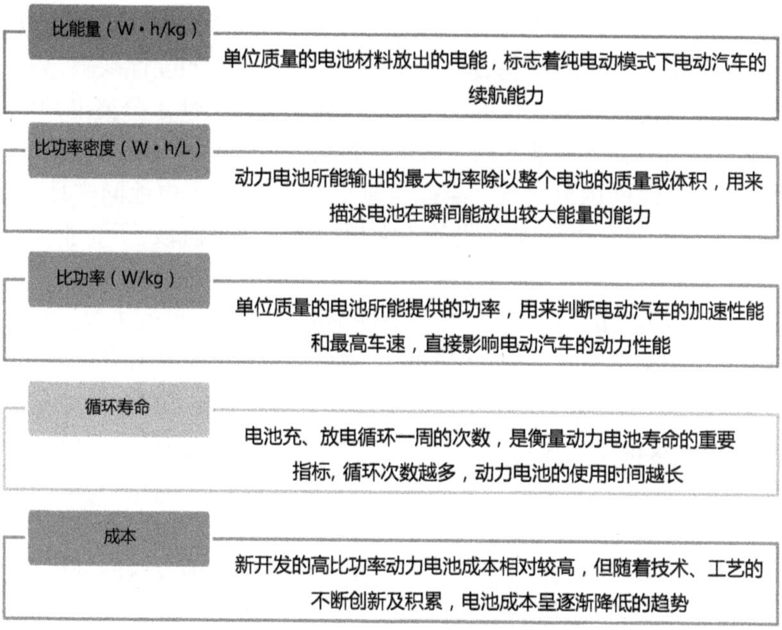

图 3-3　电动汽车动力用电池主要性能评价指标说明

上述指标涵盖了电动汽车动力用电池在续航能力、加速度供给、自体重量、使用寿命及使用成本等各方面的全部评价标准，目前我国电动汽车制造厂家以及充电电池研制机构也多以上述指标作为决策标准，衡量各类充电电池的制造水平及商业化应用价值。

具体来说，目前市场上主要的汽车用动力电池可大致归纳为 6 种，依次为铅酸电池、镍镉电池、氢燃料电池、镍氢电池、钠离子电池以及锂离子电池，将上述电池的主要性能指标进行比较，具体情况如表 3-2 所示。

表 3-2　多种类汽车用动力电池性能指标比较

电池类型	比能量（W·h/kg）	循环寿命（次）	成本（元/（kW·h））
铅酸电池	30~45	250~400	500~1 000
镍镉电池	40~60	600~1 200	1 000~1 500

续表

电池类型	比能量(W·h/kg)	循环寿命(次)	成本(元/(kW·h))
氢燃料电池	190~250	—	1 000~2 000
镍氢电池	60~80	1 000	2 000~3 000
钠离子电池	70~200	2 000	1 000~2 000
锂离子电池	100~300	3 000	1 000~1 700

注:由于技术成熟度、研发生产单位等多方面区别,上述数据多为调研结果综合汇总后的范围值;成本随国际原材料价格涨跌,波动较为明显。

综合调研结果可知,各类电池均有其自身优势特性,如镍氢电池具有突出的比功率特性,锂离子电池具有优秀的比能量特性及循环寿命等,但综合考虑实际推广应用情况及电池技术水平,能够满足当前国内电动汽车产业发展的电池种类则主要以锂离子电池为主。

具体来说,铅酸电池及镍镉电池具有含毒元素、污染环境的硬性缺陷,势必被淘汰出产业布局;氢燃料电池在比能量、比功率密度、清洁环保等方面特性十分突出,但不可重复充电使用,须不断输入新的燃料才能维持动力电池的持续运转,而且燃料电池汽车的推广需配套庞大的基础设施,在短时间内显然难以实现商业化运转;钠离子电池同样具有多项"高能电池"的使用特征,但目前整体技术水平仍处于大规模探索研发阶段,距商业化应用尚有一定距离。

综上所述,在诸多类型的动力电池中,具有明显商用推广价值的主要是镍氢电池及锂离子电池,二者均具有比功率密度高、循环使用寿命长、适应移动环境使用等特点,其中镍氢电池主要应用于混合动力汽车,而锂离子电池则主要应用于纯电动汽车。本章研究内容以纯电动汽车的系统接入及推广应用情况为重点,因此仿真模型的构建及充电过程的模拟以锂离子电池特性为主要依据。

2. 锂离子电池工作原理及特点

目前国内应用较为广泛的锂离子电池主要是磷酸铁锂电池及锰酸锂电池,以磷酸铁锂电池为例,其工作原理为:以橄榄石结构的 $LiFePO_4$ 物质作为电池正极,由铝箔与电池正极连接;以石墨(碳)组成电池负极,由铜箔与电池负极连接;电池中部为聚合物隔膜及电解质,整个电池由金属外壳密闭封装。在充放电过程中, $LiFePO_4$ 电池中的锂离子会产生迁移运动,当充电时正极中的锂离子会通过聚合物隔膜向负极迁移,在放电时负极中的锂离子会迁移回正极,锂离子电池也正是因为锂离子在充放电过程中的迁移运动而得名。磷酸铁锂电池充放电原理示意图如图 3-4、图 3-5 所示。

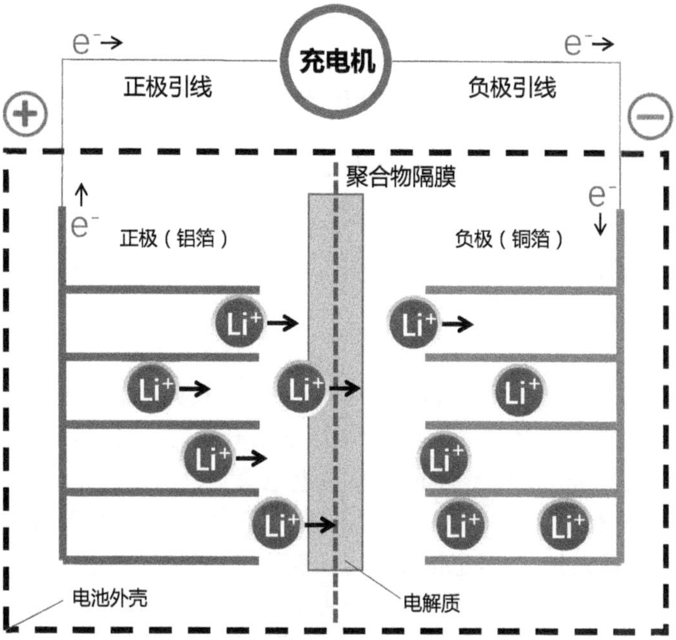

图 3-4　磷酸铁锂电池充电原理示意图

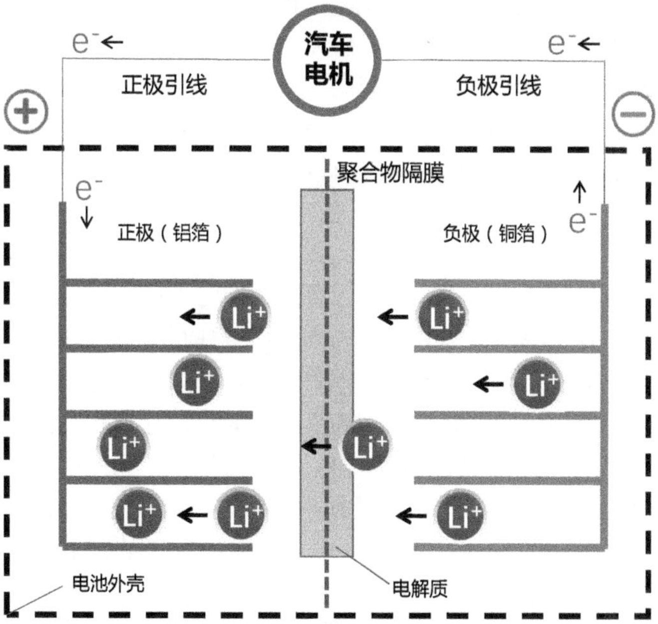

图 3-5　磷酸铁锂电池放电原理示意图

电池特点方面，磷酸铁锂电池成本低、环保无污染，耐高温性能及安全性能良好，且具有优秀的循环使用寿命，在充放电 500 次后，仍能够实现超过 95%的额定放电容量；与此同时，锂离子电池能够实现快速充电这一特性，进一步提升了其在电动汽车充电电池中的商用价值。另一类锂离子电池——锰酸锂电池的充放电工作原理与前述磷酸铁锂电池相同，两者均通过锂离子的迁移实现充放电过程;区别在于电池组成材料不同,该类电池以锰酸锂化合物为阳极材料,其生产成本较磷酸铁锂电池低,且依然保持了良好的安全性及低温运行性能,但由于材料容易分解产生气体,其循环使用寿命较磷酸铁锂电池短。

3.4.2 电动汽车充电电池的主要充电方法

在明确电池特性及充放电原理的基础之上,进一步对充电电池的主要充电方法进行说明。通过调研可知,目前电动汽车动力用电池的主要充电方式有三种,即恒流充电、恒压充电及快速充电。

1. 恒流充电

恒流充电又称定电流充电,即在整个充电过程中,调整充电电流使其保持在一个恒定的水平。实际充电过程中,由于充电电池的端电压逐渐升高,为了保持充电电流的恒定,必须相应提高充电电压并在充电过程中不断调整充电电流。采用恒流充电法,无论充电电池是 6 V 还是 12 V,均可进行串联充电,但各电池的容量应尽可能相同,否则应当以容量最小的充电电池计算充电电流,且小容量电池充满电后应立即摘除,这样才可继续为大容量电池充电。相较于其他充电方法,恒流充电法的优点在于可以任意选择充电电流,有益于延长充电电池的使用寿命;缺点则是充电时间长,且需要经常性调整充电电流。

2. 恒压充电

恒压充电又称定电压充电,即在整个充电过程中充电电压恒定。在电池充电初期,由于电池端电压较低,充电装置与电池存在明显压差,充电电流也较大;随着充电时间的延长,电池端电压逐渐上升,充电设施与充电电池间的压差逐渐缩小,充电电流也随之减小。此种充电方式要求充电设施的输出电压精准且稳定,一旦出现充电电压不足的情况,则在很短时间内充电电流即会下降为零,导致整个充电过程提前结束,严重影响电动汽车电池的充电效果,且充电电压不足问题如果长期存在,则将影响电池充电容量,降低电池使用寿命。

3. 快速充电

快速充电,是一种较恒流或恒压充电方法更加快速的充电方式,此种方式可以有效缩短电动汽车电池的充电时间,提高充电效率,节约能源。目前公认较为适宜的快速充电方法为脉冲充电、脉冲放电去极化方法,即指在充电过程中采用反复放电、充电的循环充电方式为电池充电。在充电初始阶段,首先以 0.8~1 倍额定容量的大电流方式进行定流充电,使电池在短时间内即充至额定容量的 50%~60%;之后运用电路控制停止充电 25~40 ms,并再次放电或反充电,使电池组反向通过一个较大的脉冲电流,并再次停止充电;后续充电均采用上述“正脉冲充电—停充(前)—负脉冲瞬间放电—停充(后)—再正脉冲充电”的循环方式,直至电池容量充满为止。此种方式大幅缩短了电动汽车动力用电池的充电时间,且适当增加了电池的充电容量,提高了电池启动性能,但与此同时大电流冲击有可能对充电电池的使用寿命产生一定影响。在实际应用过程中,快速充电方式一般仅以应急方式应用,不推荐长期、多次采用快速充电方式。

除上述方式外,电动汽车无线充电也是目前专业研究机构重点投入的研究方向之一,其主要采用电磁感应、电场耦合、磁共振和无线电波等方式实现能量的相互传递。目前为人热议的无线充电方式是将充电设备与行驶道路相结合,通过路面下方铺设供电系统的方式实现电动汽车“边行边充”的高级发展目标。

综上所述，每一种充电方式均有其自身优点（表 3-3）及适用环境，在电动汽车推广应用的实际过程中，前述三种常规充电方式均有不同程度的应用，且部分电动车车型及充电装置能够将多种充电方式的优点加以融合，采用“恒流转恒压”的方式为动力用电池供电，既能满足电池的使用保养需求，也能进一步提升整个充电过程的效率及效益。

表 3-3　电动汽车动力用电池主要充电方式比较

充电方式	主要优点	主要不足
恒流充电	（1）多规格电池可串联充电； （2）满足充电电池的保养需求，易于延长使用寿命	（1）充电时间长； （2）须经常调整充电电流
恒压充电	（1）前期充电速度快； （2）整个充电过程无须调压操作	（1）对充电电压精度及维持度要求高； （2）过压充电可能引起电池自燃
快速充电	（1）显著缩短充电时间； （2）节省充电能源消耗	（1）对电池使用寿命有明显影响； （2）仅适用于应急充电
“恒流转恒压”充电	（1）相较于恒流、恒压充电方式，进一步缩短了充电时间； （2）满足于充电电池的保养需求； （3）节省了充电能源消耗	在一定程度上规避或弱化了其他充电方式的缺点

3.4.3　锂离子电池的主要充放电特性

为满足仿真需求，须进一步了解锂离子电池的充放电特性。具体来说，锂离子电池的实际应用特性主要包含两个方面，即充电特性及放电特性。

1. 充电特性

锂离子电池对充电电压的精度要求较高，误差一般控制在 1%范围以内。锂离子电池的充电方式以恒流转恒压充电方式最为常见，在充电初始阶段，电池充电电压较低，充电电流稳定不变；随着充电的持续进行，电池电压逐渐上升至额定充电电压，此时充电设施立即转入恒压充电方式，与此同时充电电流逐渐减小；当充电电流下降至某一范围时，锂离子电池进入涓流充电阶段，直至最终电池处于充满状态。锂离子电池在整个充电过程中的充电电压、充电电流及电池电量变化情况如图 3-6 所示。

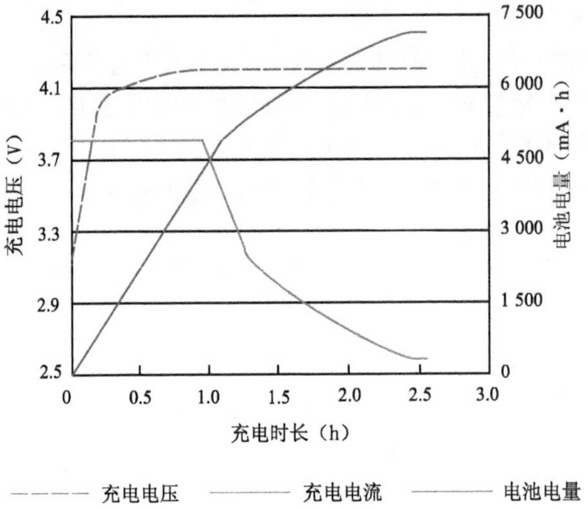

图 3-6　锂离子电池充电过程电压、电流、电量变化情况示意图

2. 放电特性

锂离子电池应着重关注两点：一是放电电流不宜过大，否则将导致电池内部发热，对锂离子电池造成永久性伤害；二是电池电压低于放电终止电压时不可继续放电，长时间过放现象将同样会导致充电电池出现永久损坏。对于锂离子电池而言，不同放电率运行情况下，电池电压的变化情况存在明显区别，放电率越大则电池电压下降越快。以锂离子电池为例，当采用 0.2 *C*（*C* 为电池容量）放电率运行时，充电电池可释放额定电池容量；而当采用 1 *C* 甚至 2 *C* 放电率运行时，电池可释放容量将明显下降。锂离子电池放电特性示意图如图 3-7 所示。

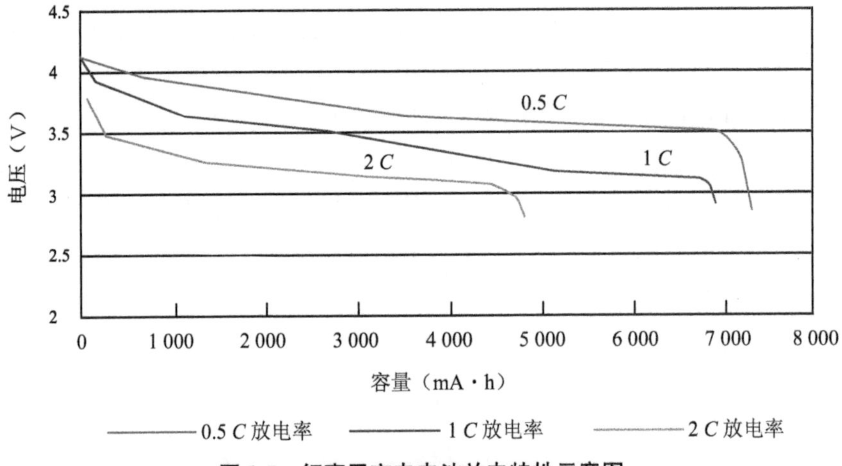

图 3-7　锂离子充电电池放电特性示意图

3.4.4 电动汽车充电装置的主要类型及特性

充电装置是为电动汽车动力用电池直接进行充电活动的核心装置，在前述电池特点及其工作特性分析研究的基础之上,应进一步了解充电装置的应用情况。

1. 充电装置的主要分类

充电装置的核心部件是充电机,充电机可分为直流充电机和交流充电机两种。其中,直流充电机采用直流充电模式为电池总成充电,充电过程中直流充电机的输出电流为可控状态;而交流充电机则采用交流充电模式进行充电,充电电源可选用三相电源也可选用单相交流电源。交流充电模式最为显著的特征是充电机为车载系统,逆变装置位于车载充电机系统内,交直流电流转换过程在车载充电系统内完成。

需要说明的是,直流、交流充电模式的区别仅在于逆变器装置安装位置的不同,其他充电原理、方式等并无明显区别,不会对仿真研究的分析成果产生影响。

2. 主要充电形式及特性

为了满足不同车型功能、不同运行境况下的动力用电池充电需求,多种充电模式应运而生,通过调研总结,主要充电方式分为三类,慢速充电方式、快速充电方式以及更换电池组充电方式。

(1)慢速充电方式主要适用于"日行夜停"等运行时间规律的车种车辆,以保证动力用电池在夜间停运时间有充足的充电时间。慢速充电方式能够充分满足动力用电池的保养需求,且其更为突出的优点在于慢速充电方式对于充电装置的电流、电压要求不高,充电装置可以设立在家庭、居住小区、停车场等普通场所,建造安装成本较低,且电动汽车在一定程度上利用负荷低谷时段(多指夜间低谷)进行充电。

(2)快速充电方式能够有效满足电动汽车的快速蓄能需求,通过短时间为动力用电池充电的方式,延长电动汽车的行驶里程。快速充电模式下大电流的使用需求可能会对公共电网产生冲击,因此快速充电站必须以专业要求建设、运营,但相应的建造、运维成本也明显高于常规充电设施。快速充电方式的出现大幅提升了电动汽车的商业推广价值,使电动汽车的使用体验及续航里程得到了显著的提升,现阶段随着电池技术及充电技术的不断完善,集中式快速充电站的普及水平正在快速提高。

(3)更换电池组充电方式兼顾了慢速充电方式与快速充电方式的优点,既提升了车辆"充电"过程的效率,又满足了电池长期循环使用的需求,而且具备电网调峰等经济价值及社会效益。但更换这种方式对车辆动力用电池组的标准化要求极高,且需要专业的运营场所及操作维护人员,在现阶段电动汽车种类繁多、技术多样化的情况下,更换电池组充电方式更适用于车辆为统一采购、集中运营的公共交通系统,如公交集团、出租车运营企业等。

3.4.5　模拟仿真模型搭建

本次电动汽车接入配电网仿真研究所运用的仿真软件以 PSCAD 及 MATLAB 为主,仿真过程主要为电磁暂态仿真。由于仿真软件对仿真规模有一定的限制,有必要对整个电动汽车充电系统进行等值简化,以确保仿真效率及仿真结果满足研究需求。

模拟仿真模型的构建过程,实际上是整个电动汽车充电系统的等值简化过程。前文已分别对电动汽车动力用电池以及充电装置的主要类型、运行方式及相关特性进行了详细分析说明,在此基础之上进一步考虑区域配电网的网络结构,即形成了完整的电动汽车充电系统。整个模型的详细搭建情况如下。

1. 配电网网络模型的搭建

在整个电动汽车充电系统中，配电网网络是充电装置的电能来源，是整个充电系统正常运行的基础。一般情况下，10 kV 线路经上级变电站配出后架设至充电站或充电桩周边，经由 10 kV 配电变压器，以三相四线制方式接入充电装置，接入电压为 0.4 kV。

在电动汽车充电体系的实际建设过程中，考虑到供电可靠性、非充电用负荷、电能质量整治等诸多需求，整个充电系统还需进一步架设备用线路、保护装置、安装照明系统、配置滤波装置等，以此满足电动汽车充电装置的实际运维需求。但为了直观反映充电装置接入系统所产生的影响，同时尽可能高效地运行仿真软件，本次仿真研究过程中配电网网络将简化为以上级电源变压器（110 kV 主变）、10 kV 三相线路、10 kV 配电变压器、0.4 kV 三相低压线路为主要构成的配电网网络模型，以 PSCAD 软件为例，其简化模型如图 3-8 所示。

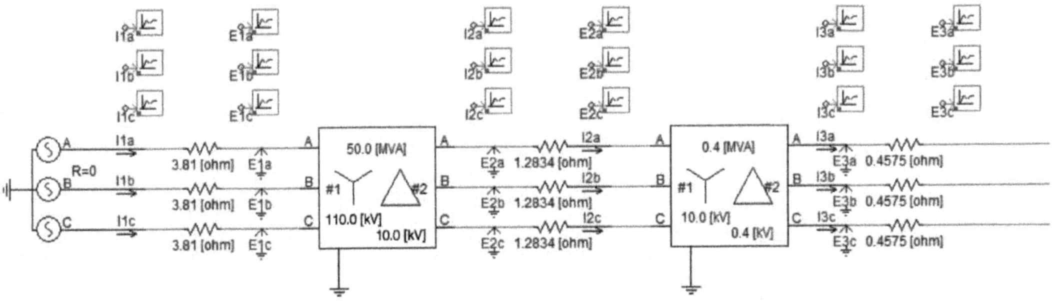

图 3-8　电动汽车充电系统——配电网网络模型（PSCAD 仿真）

上述仿真模型中 110 kV 电源、110 kV 主变、10 kV 配电变压器的主要仿真参数如图 3-9~图 3-11 所示。

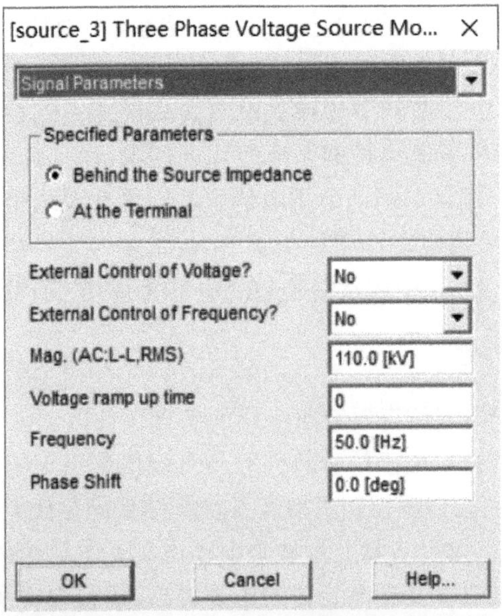

图 3-9　配电网网络模型 110 kV 电源仿真参数（PSCAD 仿真）

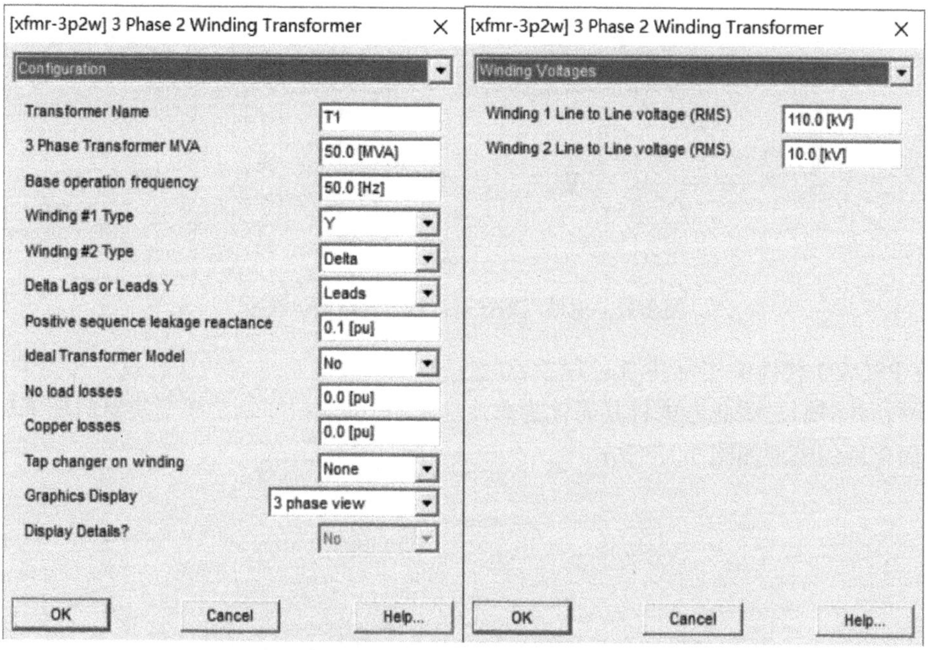

图 3-10　配电网网络模型 110 kV 主变仿真参数(PSCAD 仿真)

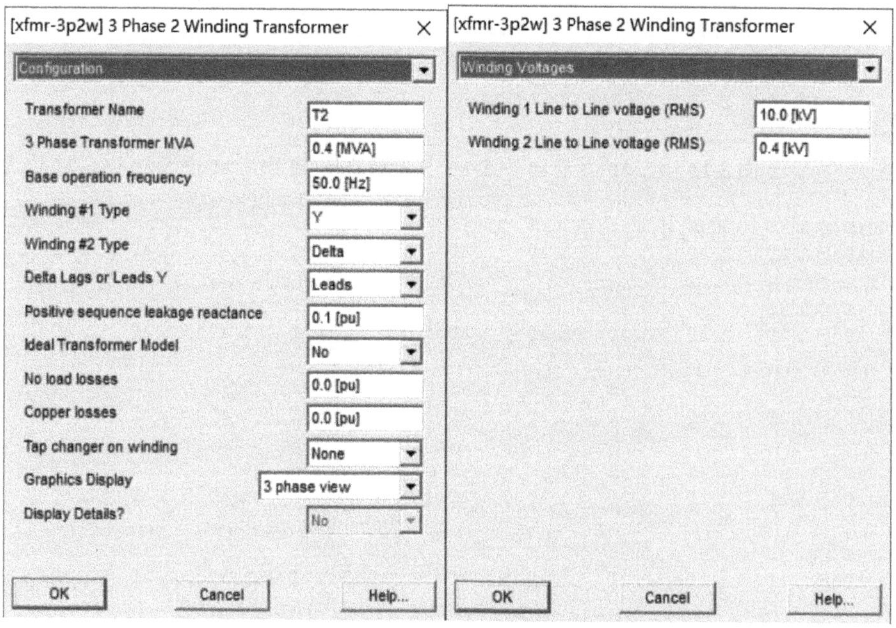

图 3-11　配电网网络模型 10 kV 配电变压器仿真参数(PSCAD 仿真)

2. 充电装置模型的搭建

充电装置是整个充电系统中的核心部件,其工作原理如前文所述,主要由三相交流电作为电源,经过整流装置进行整流,之后通过 *LC* 滤波电路后为高频 DC\DC 功率变换电路提供直流输入,再次经过输出滤波后最终为动力用电池进行充电。整个充电装置结构示意图如图 3-12 所示。

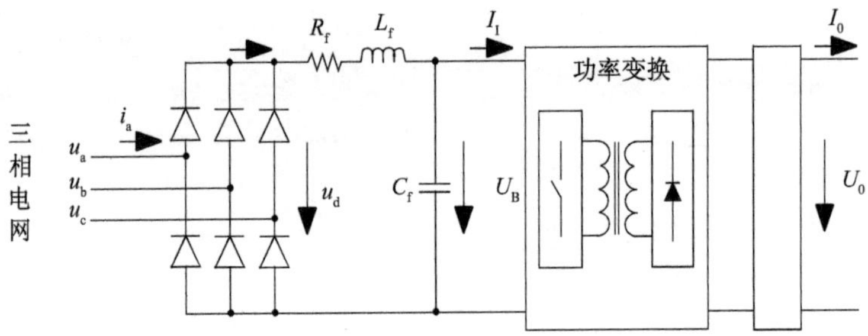

图 3-12　电动汽车充电装置电路结构示意图

在 PSCAD 软件的实际仿真过程中，高频 DC\DC 功率变化器的仿真过程十分复杂，且计算运行时间偏长，因此考虑将其简化为非线性电阻，以模拟高频功率变换器的功率输出情况，其简化后的模型如图 3-13 所示。

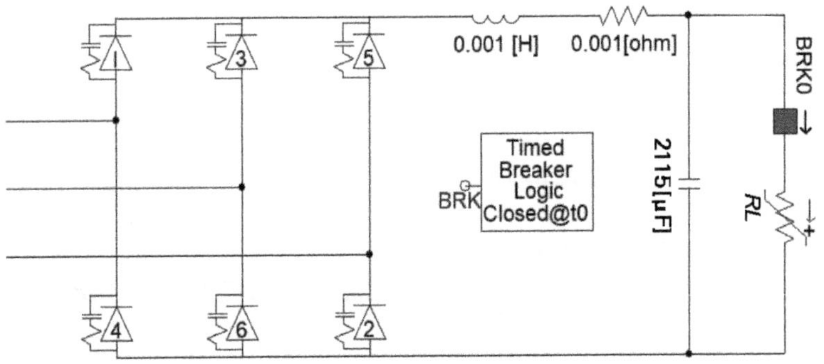

图 3-13　电动汽车充电系统——充电装置模型（PSCAD 仿真）

模型中整流二极管的相关参数如图 3-14 所示。

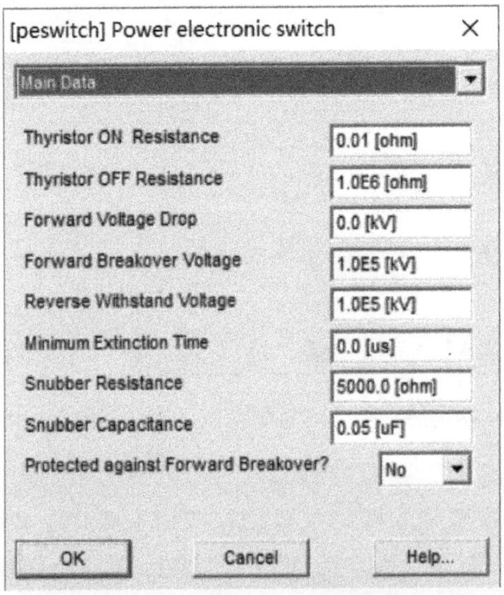
[peswitch] Power electronic switch

Main Data

Thyristor ON Resistance	0.01 [ohm]
Thyristor OFF Resistance	1.0E6 [ohm]
Forward Voltage Drop	0.0 [kV]
Forward Breakover Voltage	1.0E5 [kV]
Reverse Withstand Voltage	1.0E5 [kV]
Minimum Extinction Time	0.0 [us]
Snubber Resistance	5000.0 [ohm]
Snubber Capacitance	0.05 [uF]
Protected against Forward Breakover?	No

OK　Cancel　Help...

图 3-14　充电装置模型中整流二极管仿真参数（PSCAD 仿真）

结合实际充电过程，仿真模型搭建时高频 DC\DC 功率变化器可简化为非线性电阻，即以充电机输出功率变化曲线为依据所确定的非线性阻抗，其在整个充电过程中的变化规律如图 3-15 所示。

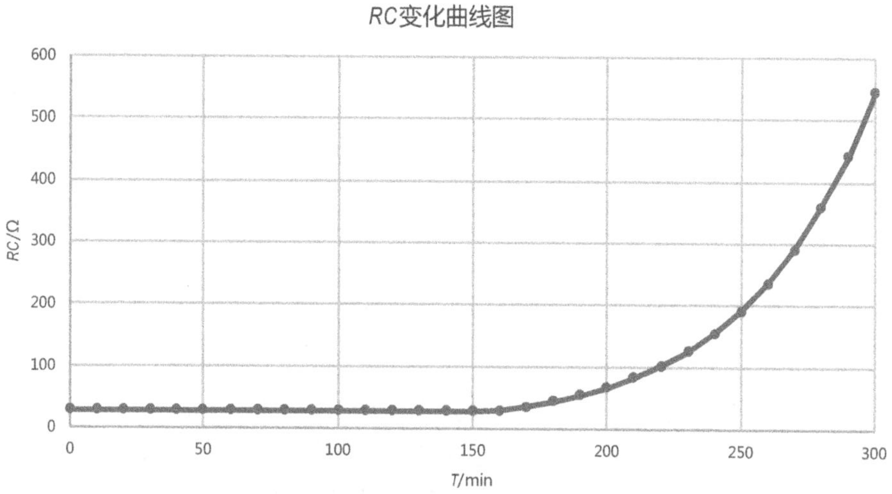

图 3-15　充电机输出功率等效阻抗 *RC* 变化情况示意图

为了实现上述非线性阻抗的变化过程，在 PSCAD 仿真软件中进一步增加了阻抗 *RL* 的变化信号控制模型，具体情况如图 3-16 所示。

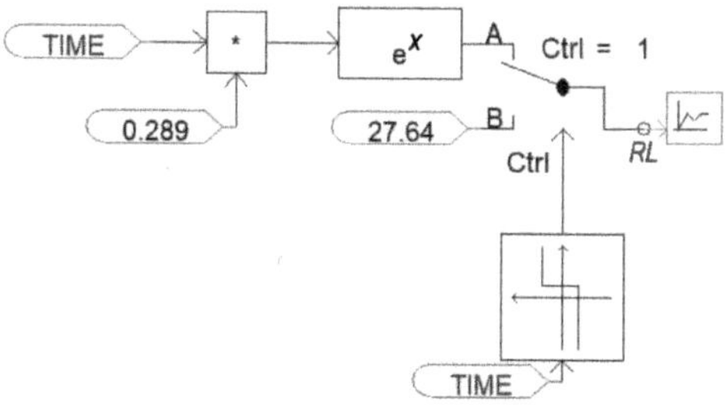

图 3-16　等效阻抗 *RL* 变化控制信号模型示意图（PSCAD 仿真）

考虑到 PSCAD 软件在实际仿真过程中的计算效率，本次仿真将整个充电过程简化至 20 s 完成，在此期间高频功率变换器输出功率等效阻抗 *RL* 的变化情况如图 3-17 所示。

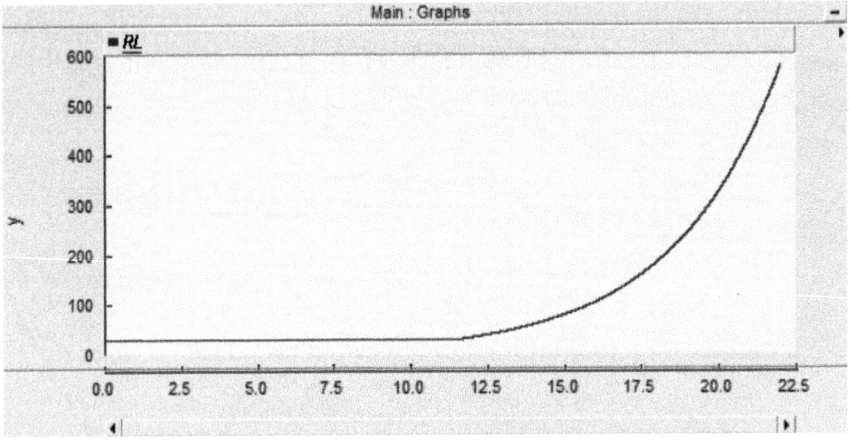

图 3-17 仿真过程中等效阻抗 *RL* 变化曲线示意图(PSCAD 仿真)

3. 电动汽车充电电池模型的搭建

在整个充电系统中,动力用电池相当于用电负荷,其本身不对电网产生影响,因此在仿真模型的搭建过程中,可直接将电动汽车充电电池等效为固定阻抗,其阻抗值与充电电池正常状态下的阻抗值相同,在 PSCAD 软件中直接以阻抗元件的方式构建在仿真模型中。

4. 电动汽车充电系统仿真模型的搭建

综上所述,将上述各部分原件的模型构建情况进行整合,最终形成 PSCAD 运行环境下的电动汽车充电系统仿真模型,其中单台充电装置运行及多台充电装置无序充电的仿真模型分别如图 3-18、图 3-19 所示。

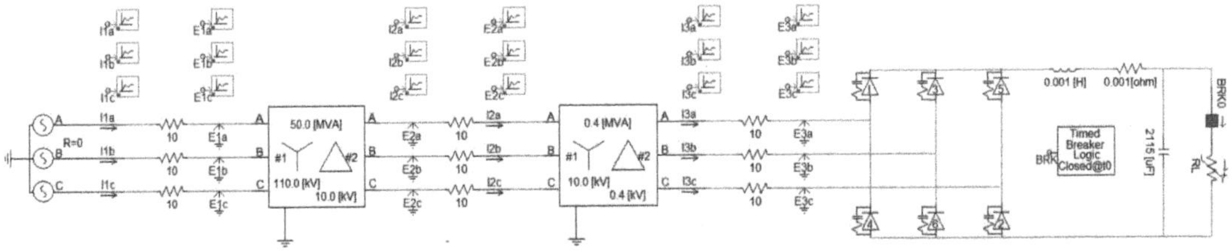

图 3-18 电动汽车充电系统仿真模型搭建情况——单台充电装置运行(PSCAD 仿真)

后续充电系统接入配电网影响的相关仿真研究都将以此模型为基准开展。

5.MATLAB 环境下电动汽车充电系统仿真模型的搭建

本次研究同时采用了两种仿真平台开展工作,在以 PSCDA 软件完成全部仿真工作的同时,进一步运用 MATLAB 仿真结果对研究结论进行支撑。MATLAB 平台的模型搭建思路及方法与 PSCAD 平台相同,不同点主要集中在软件平台操作、预制模块拼装等方面,与整体研究成果不构成因果关系,因此其搭建过程不再进行详细描述。MATLAB 软件所搭建的电动汽车充电系统仿真模型具体情况如图 3-20~图 3-22 所示。

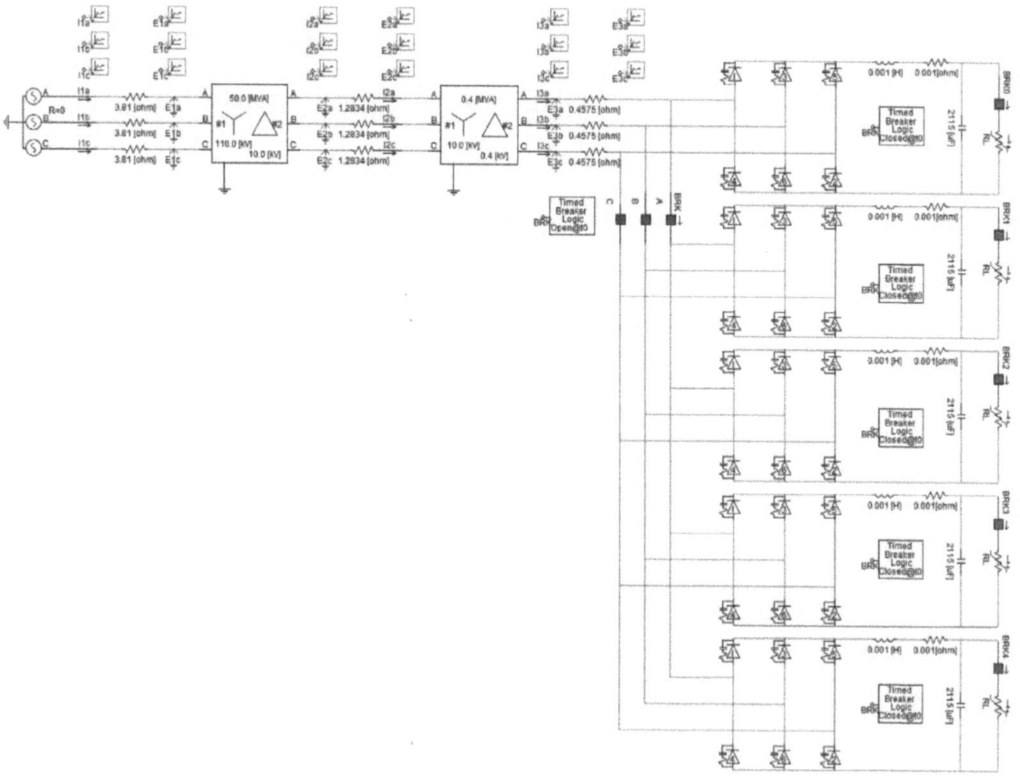

图 3-19 电动汽车充电系统仿真模型搭建情况——多台充电装置运行(PSCAD 仿真)

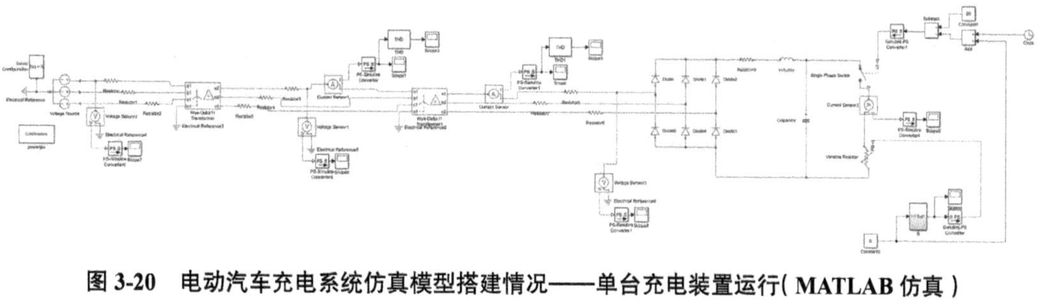

图 3-20 电动汽车充电系统仿真模型搭建情况——单台充电装置运行(MATLAB 仿真)

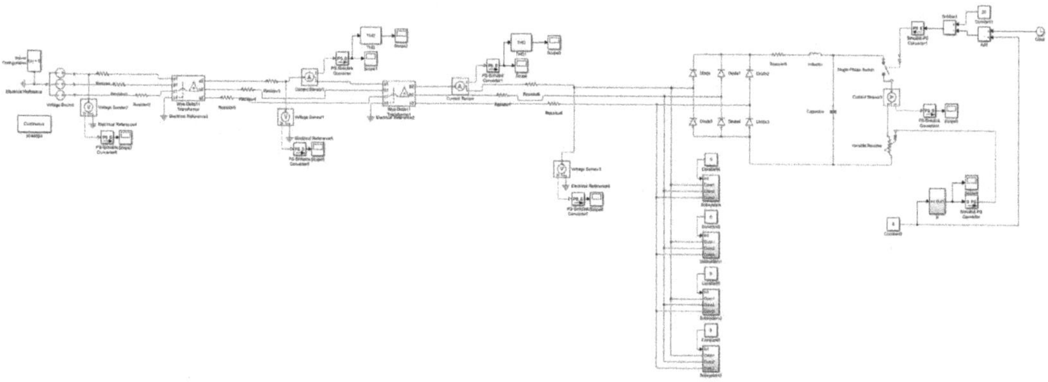

图 3-21 电动汽车充电系统仿真模型搭建情况——多台充电装置运行(MATLAB 仿真)

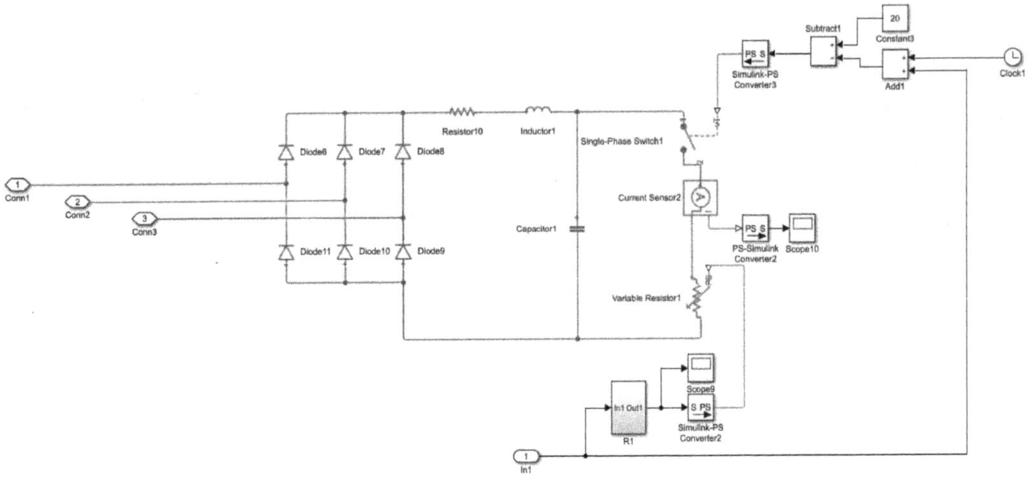

图 3-22 MATLAB 平台电动汽车充电装置仿真模型

3.4.6 电动汽车接入配电网仿真及结果分析

电动汽车充电设施接入电力系统后，最为直观的影响主要体现在配电网层面，除去对电网既有负荷水平产生影响外，接入影响还主要反映在配电网电能质量以及运行经济性两个方面。具体来说，模拟仿真分析工作将重点就电动汽车接入配电网后在电能质量及配电网运行经济性方面所产生的影响进行仿真分析，其中对电能质量的影响主要研究电压和谐波影响，对经济性的影响主要研究网络损耗，具体情况如图 3-23 所示。

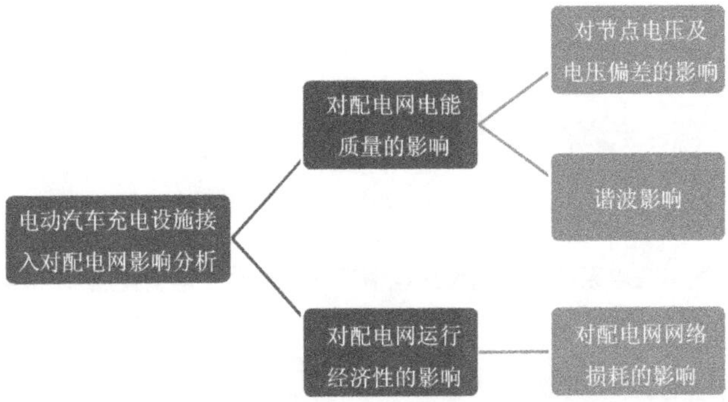

图 3-23 电动汽车充电设施接入配电网影响主要仿真内容说明

电动汽车动力用电池的本质是众多充电电池串、并连形成的电池组，因此在分析其接入配电网所产生的影响时，应分别考虑充电场景及放电场景两种不同的运行环境。当电池处于充电状态时，可直观地将其视为用电负荷，电池本身对配电网运行并不产生影响，仿真分析主要针对充电机装置所产生的运行影响；当电池处于放电状态时，可直观地将电动汽车动力用电池视为储能装置，其影响情况将在 3.5 节加以阐述。

1. 对于节点电压的影响

运用 PSCAD 仿真软件模拟电动汽车充电装置依次接入 10 kV 网络的 5 个节点，其中

N1 节点距上级电源距离最近，N2 节点次之，以此类推，N5 节点距上级电源距离最远，其电压变化情况的仿真结果如图 3-24 所示。

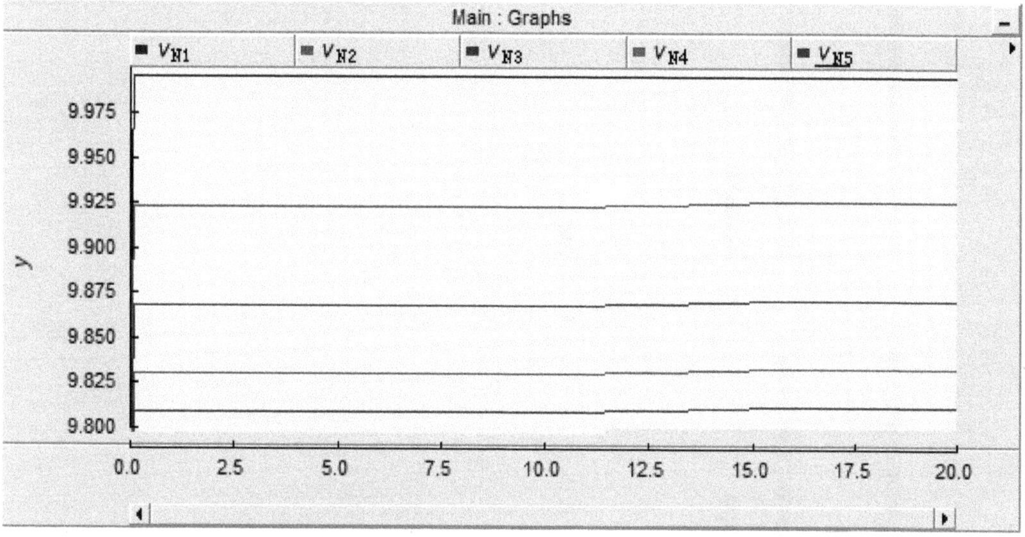

图 3-24　充电装置依次接入配电网不同节点的电压变化仿真结果(PSCAD 仿真)

结合仿真结果，同时借鉴相关研究工作的仿真结论可以确定，电动汽车充电设施在电池充电过程中可近似看待为用电负荷，其用电过程中对配电网节点电压所产生的影响与常规负荷的用电情况完全相同，符合配电网运行的常规规律，故仿真分析不再对此类内容做详细描述。

2. 谐波影响

非线性负载、整流装置是引发谐波产生的主要原因，本次研究运用 PSCAD 软件以及 MATLAB 软件，在单台充电装置运行的情况下，对整个充电过程的谐波情况进行了仿真分析，现分别选取 5 s、10 s 以及 15 s 的仿真结果，其具体情况如图 3-25 所示。

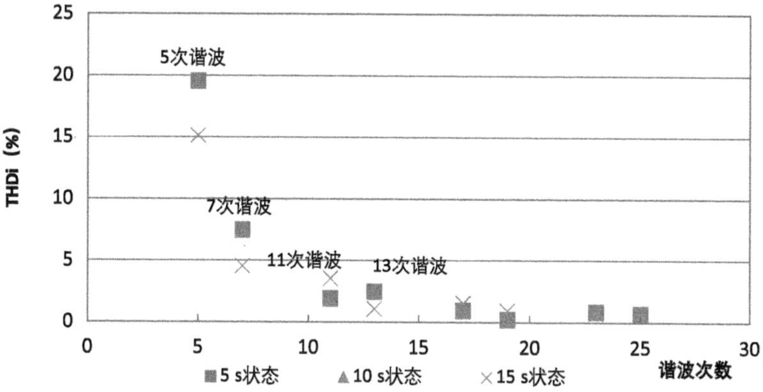

图 3-25　电动汽车充电装置不同时段谐波含量示意图(PSCAD 仿真)

MATLAB 平台的仿真结果与上述情况相似，除去 THDi 具体数值略有不同外，其他结论完全相同。具体仿真结果如图 3-26 所示。

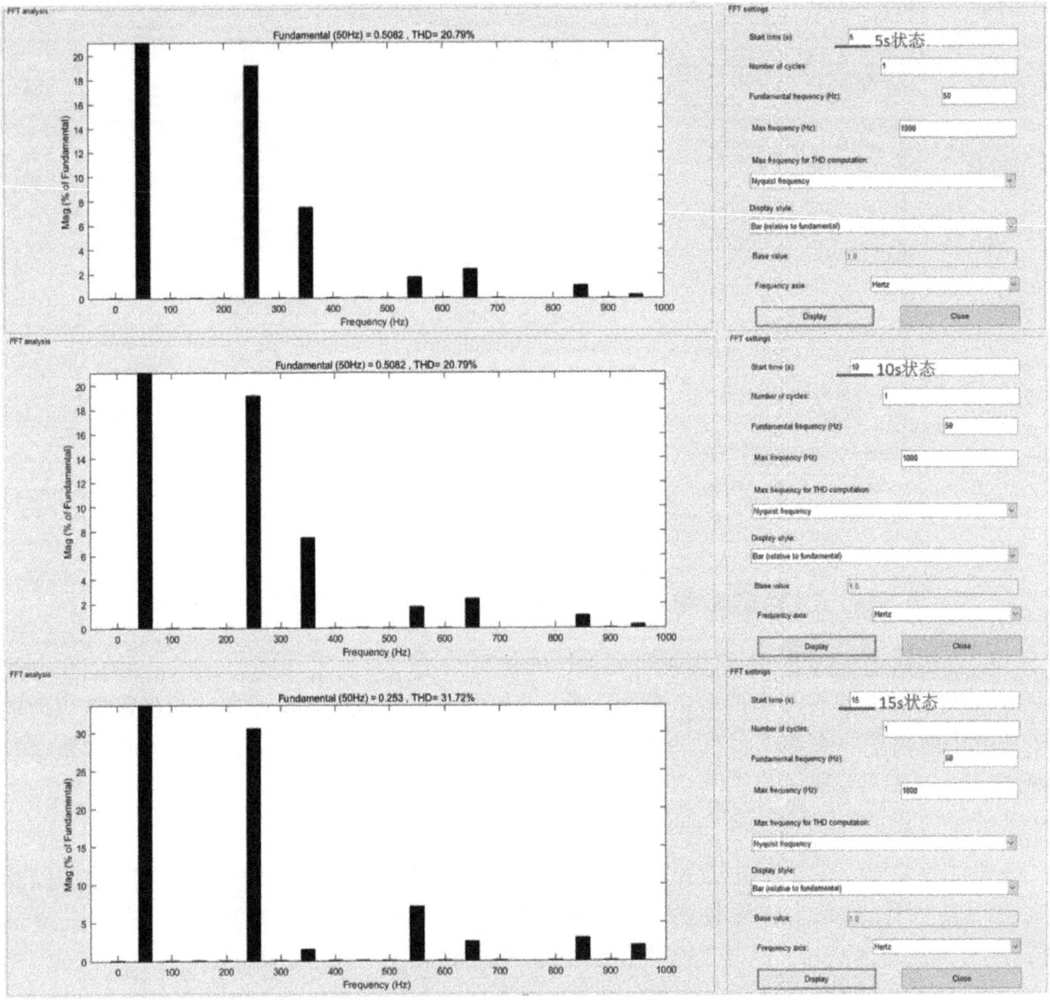

图 3-26　电动汽车充电装置不同时段谐波含量示意图（MATLAB 仿真）

电动汽车充电装置整流器的特征频谱谐波次数为 $n=kp\pm1$ 次，其中 p 为脉冲数。由图 3-26 可以看出，对于本次仿真的 6 脉波不控整流充电机而言，其主要产生 5、7、11、13 次谐波，其中由以 5 次与 7 次谐波最为严重。

我国现行国家标准《电能质量 公用电网谐波》（GB/T 14549—93）中对于谐波电流水平有着明确的控制要求；同时，南方电网公司《电动汽车非车载充电机技术规范》中也明确规定：当输出功率为额定功率的 20%~50%时，充电机总谐波电流含有率不应大于 12%；当输出功率为额定功率的 50%~100%时，充电机总谐波电流含有率不应大于 8%。单台充电装置在整个充电过程中的谐波电流变化情况如图 3-27 所示。

由图 3-27 所示的仿真结果可以看出，单台电动汽车充电装置在运行过程中所产生的谐波问题是十分突出的，直至充电过程接近尾声，THDi 含量才逐步下降至合理水平。

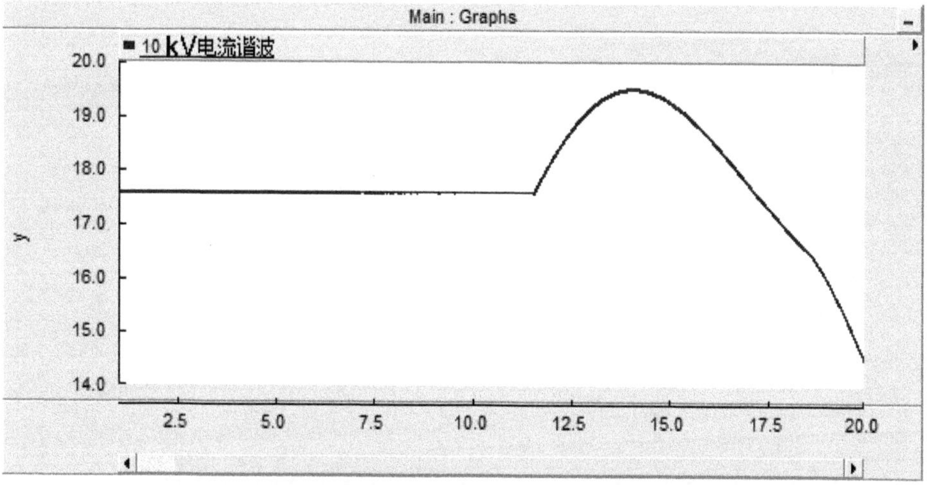

图 3-27　单台充电装置充电全过程 THDi 变化情况（PSCAD 仿真）

与此同时，为了更加真实地反映大型充电站的实际运行情况，本次研究在仿真单台充电装置运行情况的基础之上，进一步对多台充电装置的无序运行情况进行了模拟，以此确定电动汽车在真实充电过程中的谐波影响情况。

仿真模型考虑在 10 kV 配电网中接入 5 台充电装置，在等效非线性电阻不发生变化的情况下，以不同的电池容量分别接入充电装置，即 5 台充电机的非线性电阻所处阶段不同，其具体仿真情况如图 3-28~图 3-31 所示。

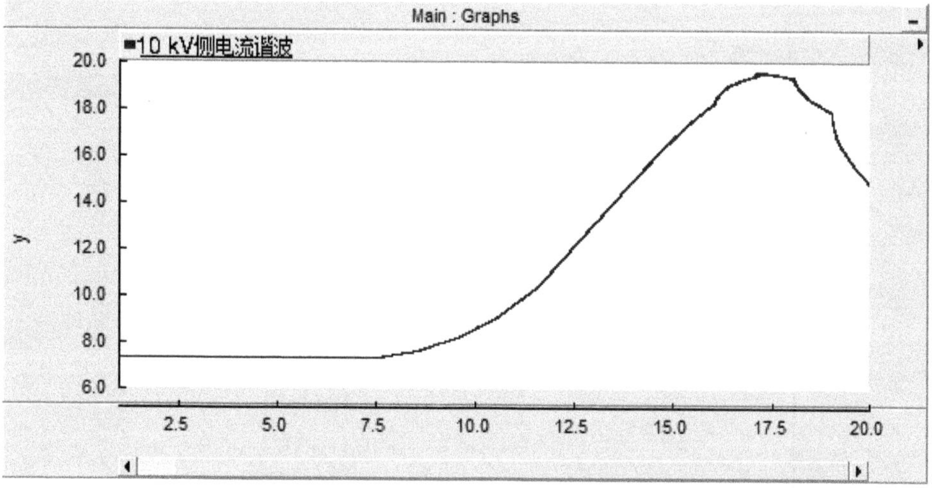

图 3-28　电池容量分别为 0、5%、10%、15%、20%状态的 THDi 变化情况

由以上仿真结果可以看出，在多台充电装置运行的状态下，虽然谐波电流相量之间能够相互抵消，且 THDi 峰值的出现时间也将随之发生变化，但总的谐波含量仍非常突出，明显高于相关标准所规定的接入要求，此种状态下如电动汽车充电站或充电装置不采取相应的谐波处理措施，则势必对区域配电网电能质量产生严重影响。

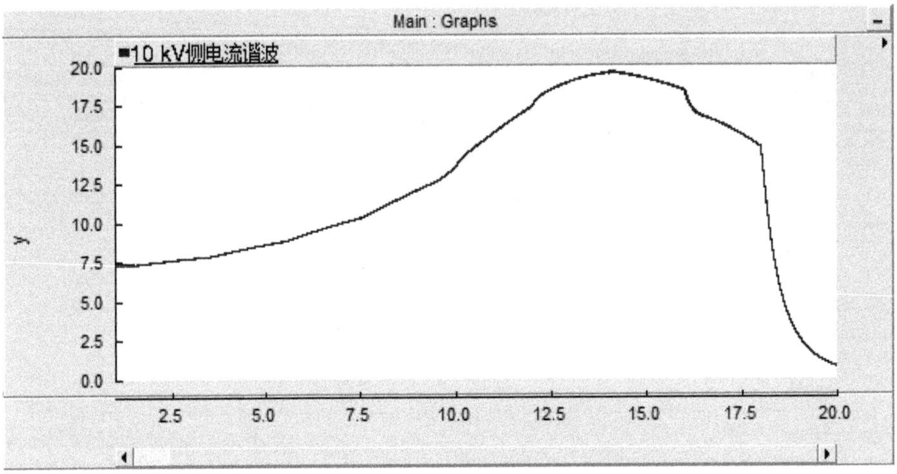

图 3-29　电池容量分别为 10%、20%、30%、40%、50%状态的 THDi 变化情况

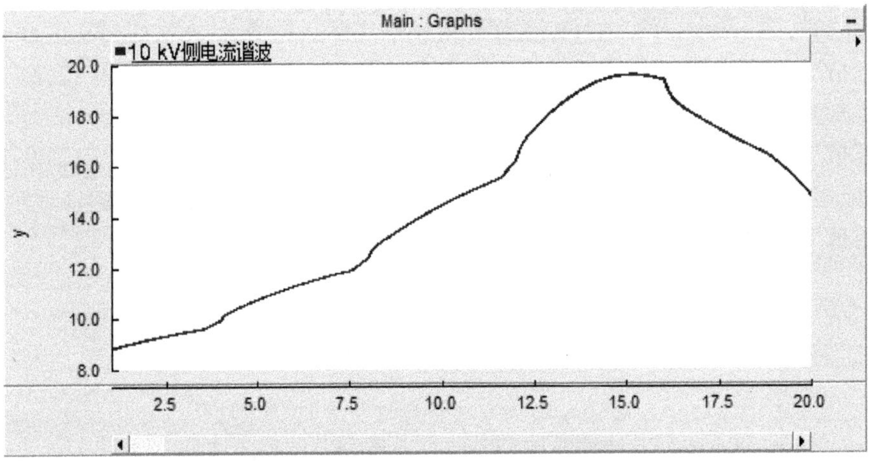

图 3-30　电池容量分别为 0、20%、40%、60%、80%状态的 THDi 变化情况

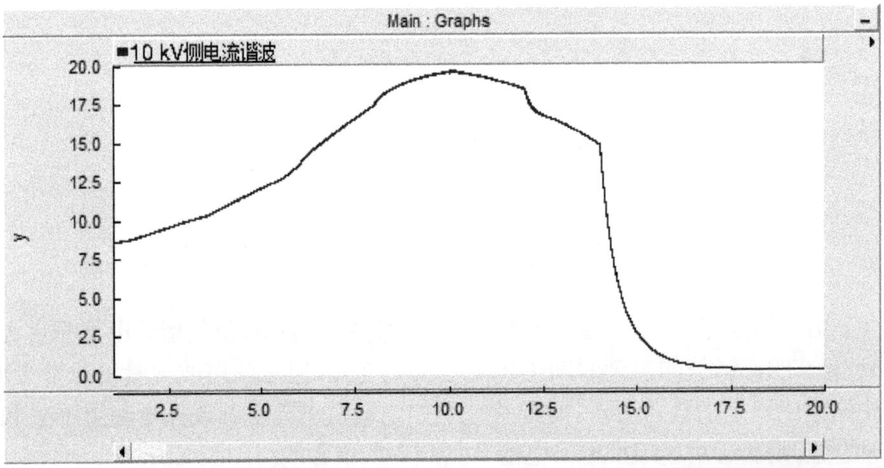

图 3-31　电池容量分别为 40%、50%、60%、70%、80%状态的 THDi 变化情况

本次研究中同样运用 MATLAB 软件对充电装置的谐波情况进行了分析，具体仿真结果如图 3-32 所示。

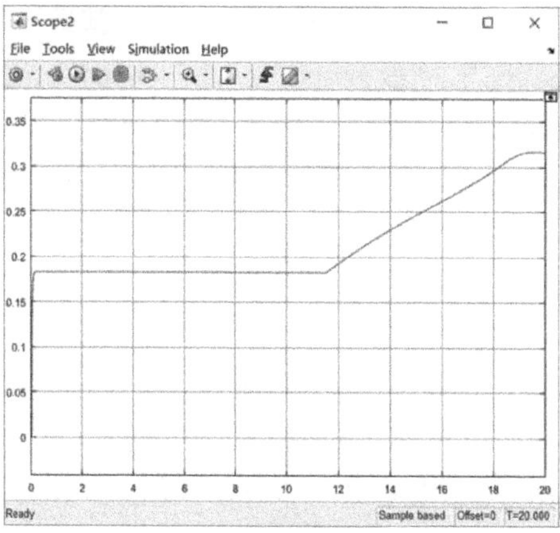

(a)

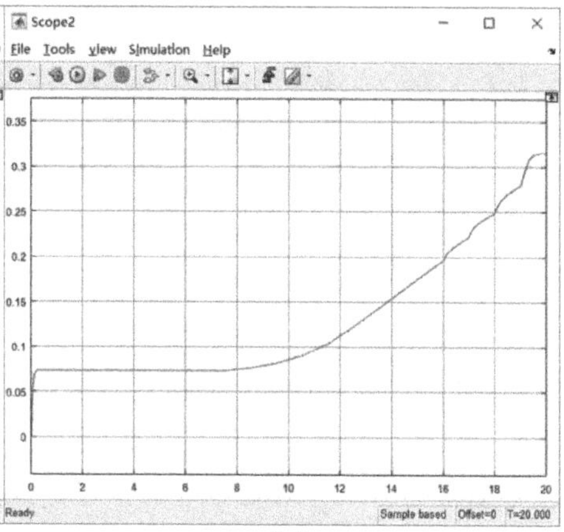

(b)

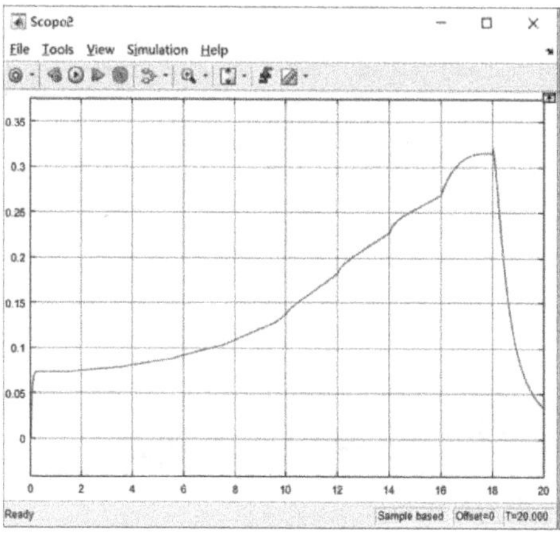

(c)

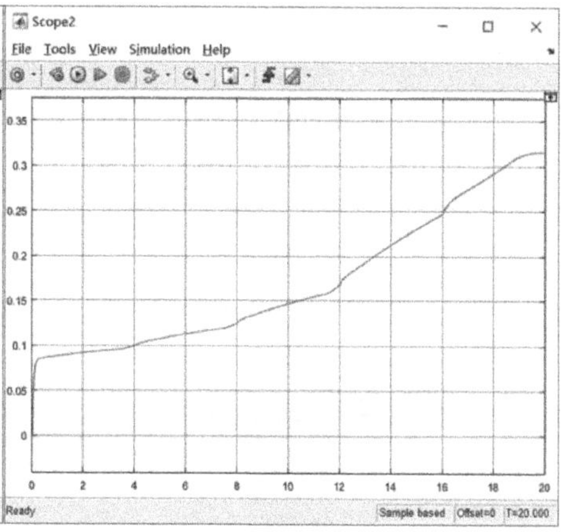

(d)

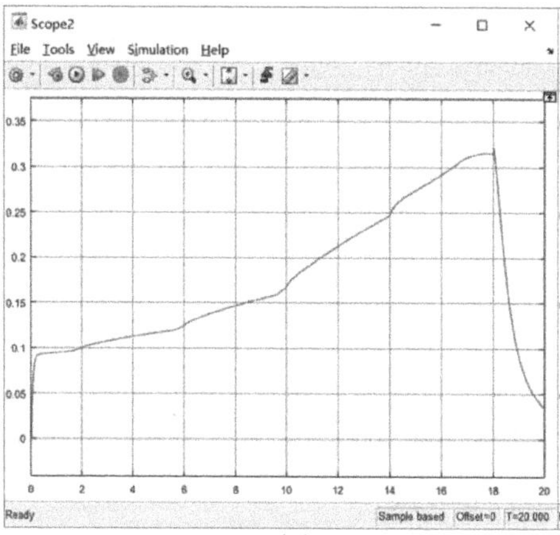

(e)

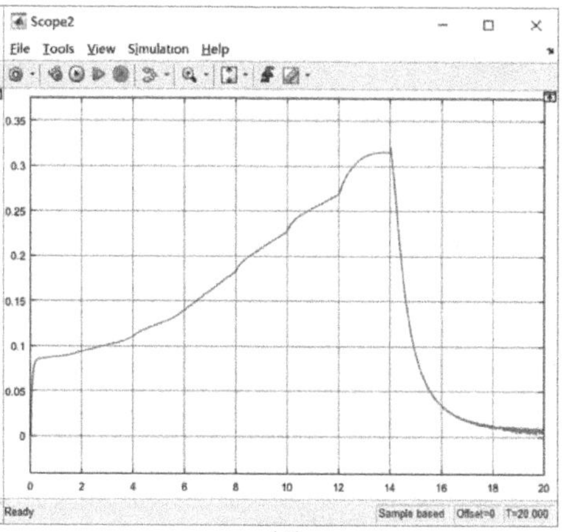

(f)

图 3-32　单台及多台充电装置无序充电过程的 THDi 变化曲线（MATLAB 仿真）

(a)单台充电装置；(b)充电装置容量分别为 0、5%、10%、15%、20%；(c)充电装置容量分别为 10%、20%、30%、40%、50%；(d)充电装置容量分别为 0、20%、40%、60%、80%；(e)充电装置容量分别为 10%、30%、50%、70%、90%；(f)充电装置容量分别为 40%、50%、60%、70%、80%

通过对比可以看出，MATLAB 平台的仿真结果与 PSCAD 平台结果基本一致，这再次验证了电动汽车充电设施在实际运行过程中所产生的谐波问题。

由此可以确定，电动汽车充电设施在大规模建设并接入配电网的情况下，其运行过程中所产生的谐波污染问题是十分突出的，如果治理不当，则极有可能对区域电网的安全稳定运行造成严重影响。因此，电动汽车充电装置的建设运营单位应秉承“就地治理”的原则，在充电站或充电装置内部完成谐波的治理工作，确保将电动汽车接入配电网所产生的影响降至最低水平。

3. 对于网络损耗的影响

在“恒流转恒压”充电模式下，配电网 10 kV 侧电流在充电初期阶段保持不变，随着电池充电进程的推进，在充电机输出功率保持恒定的情况下，线路电流将逐渐变小，与此同时线路损耗也将进一步降低。结合 PSCAD 仿真结果，可进一步验证 10 kV 侧线路电流的变化情况，即随着电动汽车充电过程的推进，10 kV 侧电流呈现下降趋势，直至充电过程结束，充电装置与充电电池自动断开，10 kV 侧线路电流恢复为 0 值。PSCAD 仿真 10 kV 侧电流变化情况示意图如图 3-33 所示。

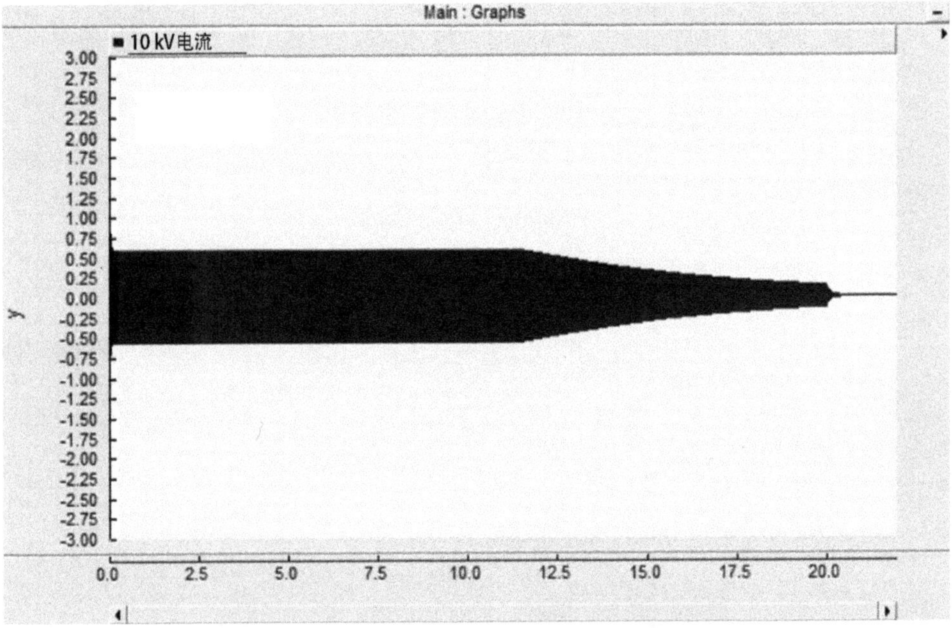

图 3-33　PSCAD 仿真 10 kV 侧电流变化情况示意图

结合仿真结果可知，电动汽车充电设施接入配电网后，在电池充电状态下，10 kV 配电网的网络损耗会增大，随着电池逐步充满，网络损耗将逐步下降，直至最终电池充电完成，10 kV 侧线路损耗恢复为充电前的损耗水平。

MATLAB 软件的仿真结果与上述结论相似，故不再进行详细描述，其 10 kV 侧电流变化情况如图 3-34 所示。

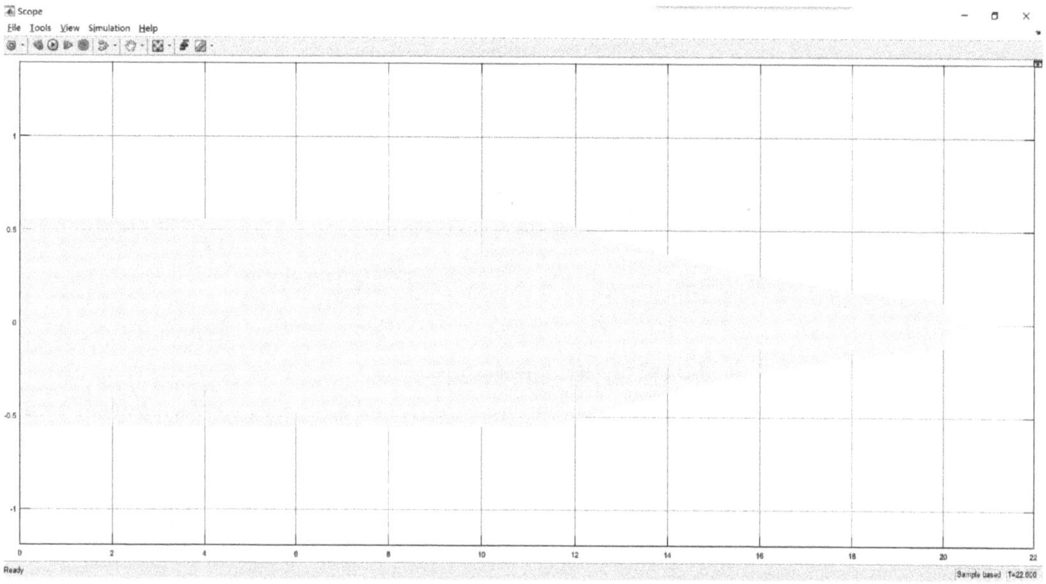

图 3-34　MATLAB 仿真 10 kV 侧电流变化情况示意图

4. 其他影响

除去节点电压变化、谐波污染、网络损耗变化等影响外，基于充电设施规模化发展背景，区域配电网实际运行过程中应同时关注如下几类问题（图 3-35）。

1）电动汽车接入对电源发展的影响

电动汽车的规模化接入可能引起区域电网负荷水平的显著提升，如果充电行为以无序、无管理的方式进行，则一旦电动汽车充电负荷形成规模，则势必对区域配电网电源建设产生影响。

2）电动汽车接入对输电网络的影响

与上文所述情况类似，电动汽车充电负荷在时空特性方面的不确定性，同样会对区域电网输电网络造成影响，特别是输电网络设备的过载问题可能导致极为严重的停电事故。

3）对电网可靠性的影响

电动汽车在处于充电过程时可视为用电负荷，与电网常规运行方式相同，当电动汽车向电网放电时，则相当于电源接入电网，潮流流向发生改变，原有的保护配置将受到干扰，从而整个电网的可靠性水平受到影响。因此一旦电动汽车有接入配电网的放电行为，则整个充电设施的设计、建设、管理工作都需要配套开展专业化、体系化的专项研究工作。

4）对电网规划工作的影响

电动汽车规模化接入将导致区域电网既有负荷规模及特性水平发生明显变化，特别是大规模电动汽车在无序充电状态下的影响将更为突出。受此影响，区域配电网规划中负荷预测、电力设施布局、规划项目库编制等技术思路及规划方法也要进一步优化完善。

图 3-35 电动汽车充电设施接入配电网所产生的其他影响

3.5 储能装置接入配电网影响分析

储能装置接入配电网影响研究的总体思路与前述电动汽车充电设施接入影响分析基本相同，即运用 PSCAD 等仿真软件，通过搭建储能装置模型及区域配电网模型，分别对单台设备接入、多台设备接入（有序、无序放电）等边界条件下的接入影响进行模拟仿真及分析研究。

3.5.1 储能装置运行特性说明

近年来我国储能技术应用呈现出了多元化发展的良好态势，其中抽水储能方式发展迅速；压缩空气储能、飞轮储能、超导储能和超级电容、铅蓄电池、锂离子电池、钠离子电池、液流电池等储能技术研发应用也在不断加速；储热、储冷、储氢技术也取得了一定进展。具体来说，每种储能方式均有其主要特点及运行特性，为不同环境下的储能应用需求提供了多种选择。

1. 储能装置的主要类型及特点

通过分析总结可知，按照能量的转化方式来区分，目前具有应用价值的储能方式主要分为五大类型，依次为：物理储能、电化学储能、电磁储能、热储能以及化学类储能，其中物理储能的主要代表方式为抽水储能、压缩空气储能以及飞轮储能；电磁储能的代表方式为超导磁储能及超级电容器储能；电化学储能即常见的电池储能方式；热储能主要是指冰蓄冷及热蓄能方式；化学类储能则主要是指电解水、合成天然气方式储能。下面对现阶段应用较为广泛或符合储能技术发展方向的几种储能方式进行简要介绍。

1）物理储能

（1）抽水储能。

抽水储能（也称抽水蓄能）方式对实现场地的要求较高，储能电站应同时配备上、下游两个水库，负荷低谷时通过电动机工作，将下游水库存水抽移至上游水库保存；负荷高峰时则利用上游水库的势能实现发电。抽水储能电站的使用寿命可长达 40 年之久，综合效率一般在 75%左右，具有明显的经济效益优势。但由于建站选址要求高、建设周期长、动态调节响应速度慢等影响，抽水储能技术的应用场景具有一定局限性。

（2）压缩空气储能。

压缩空气储能是指利用电网负荷低谷时的冗余供电能力压缩空气，将空气高压密封在储气空洞之中，例如废弃矿井、地道、海底沉降储气罐等存储空间；在电网负荷高峰期时，释放压缩空气以推动汽轮机实现发电。其燃料消耗比调峰用燃气轮机组低三成，所消耗的燃气要比常规燃气轮机低 40%，建设投资和发电成本均低于抽水储能电站；但缺点在于压缩空气存储装置对于应用场景有较高要求，且此种储能方式的能量密度偏低。

（3）飞轮储能

飞轮储能是指利用电动机驱动飞轮高速旋转，将电能转化为动能存储在高速旋转的飞轮体中，在需要时利用高速旋转的飞轮驱动发电机发电的储能方式。整个储能系统由储存能量用的转子系统、支撑转子的轴承系统以及转换能量和功率的发电机系统三部分组成。飞轮储能方式的功率密度大于 5 kW/kg，效率大于 90%，使用寿命长达 20 年，且具有工作温区宽泛、无污染无排放、维护简单、可连续工作等优点；但其缺点在于能量密度偏低，保证系统安全运行的维护费用较高。

2）电磁储能

（1）超导磁储能。

超导磁储能是利用超导体将电磁能直接储存起来，需要时再将电磁能返还电网或负载的储能方式，其优点在于功率输送时无须能源形式转换，且响应速度快（毫秒级）、综合效率高（95%左右）、功率密度高（10~100 MW/kg）；但从当前应用情况来看，造价及综合运维成本制约了超导磁储能方式的大规模商业化应用。

（2）超级电容器储能。

超级电容器根据电化学双电层原理研制而成，相比常规电容器，其脉冲功率强大，特殊电极结构下巨大的电极表面积使得电容量显著增加；不足之处在于超级电容器技术目前尚在发展阶段，部分关键技术仍受到垄断，因此其价格仍较高，难以实现大规模推广应用。

3）电化学储能

电化学储能即常见的电池储能方式。电池储能是目前最成熟、最可靠、应用最广泛的储能技术，根据化学成分不同，电池可分为铅酸电池、镍镉电池、镍氢电池、钠离子电池、液流电池和锂离子电池等类型。其中液流电池具有能量转换效率高、运行维护费用低等显著优点，是现阶段大规模并网发电储能和调节储能的首选技术之一，但其能量密度水平及单位造价还不够理想；而相比之下，钠离子电池能量密度高、循环寿命长，目前在美国、日本等国家已有实际工程应用，同时也是目前国内电池厂商重点实现技术突破的主要方向之一。

4）热储能

热储能是相变储能中应用较为广泛的一种，顾名思义，此种方式是利用材料在相变时吸热或放热的方式来储存或释放能量，具有储能装置简单、使用方便、易于管理的优点，代表方式有冰蓄冷及热蓄能方式。冰蓄冷储能是指夜间采用电动制冷机制冷，使蓄冷介质结成冰储存能量，在负荷较高的白天使蓄冷介质融化，把储存的能量释放出来；热蓄能则主要应用太阳能高温加热热能存储介质，如利用水作为储热介质，或利用熔融盐作为储热介质。需要说明的是，并非所有蓄热设备都会发生相变过程，如在清洁取暖改造中应用的固体蓄热式电锅炉，主要通过镁铁材质蓄热砖蓄热，其过程并不发生相变。

5）化学类储能

化学类储能也是一种较为典型的储能方式，以电解水制氢为例，其主要是通过电解水的方式获取氢气，并根据应用需要进一步利用氢气合成甲烷，以此实现能量介质的转化与二次存储。此种方式的突出优点在于能够实现能量的大量存储，且存储时间较长，储能的介质既能用于二次发电，又能用于工业生产、居民生活、交通能源等；其缺点在于能量转换效率偏低，从发电到用电全流程的效率一般在 30%~40%。

综上所述，不同的储能方式均有其优点与不足（表 3-4），具体的适用场景也各不相同，多元化储能技术的研究与发展，为以新能源为主体的新型电力系统建设，以及多个领域中用能结构的优化及节能减排目标的实现奠定了基础。

表 3-4 八种类型储能方式应用情况比较

储能方式	主要优点	主要缺点	发展态势
抽水储能	综合效率高、使用寿命长	站址要求高、建设周期长、响应速度慢	现阶段应用最为广泛，仍具有发展潜力
压缩空气储能	发电成本优于抽水储能	建设场景要求高、能量密度低	应用场景有限
飞轮储能	综合效率优秀、寿命长、维护便捷、可连续工作	功率密度低、运维成本高	具有一定推广应用前景
超导磁储能	响应速度极快、综合效率高、功率密度高	造价高、综合运维成本高	整体应用成本是主要制约因素
超级电容器储能	脉冲功率大、充电容量高	受技术垄断影响，售价偏高	价格偏高，影响大规模应用
电化学储能	技术成熟、运行可靠	以电池自身的技术缺点为主	在今后较长一段时间内仍具有一定的应用前景
热储能	储能装置简单、便于运维管理	应用场景有限	主要作为补充储能方式应用
化学类储能	储存量大、储存时间长、可用于多种用途	能量转换效率偏低	此种储能方式同时兼顾发电及其他能源需求

2. 储能装置的运行特性

对于电力系统而言，储能方式的不同仅仅是电源产生电能的形式不同而已，其在电力系统中电能供给与传输的方式没有明显区别，因此为确保模拟仿真效率，本章节主要选取具有典型代表性的储能方式进行分析，明确其运行特性以支撑后续储能装置接入配电网仿真研究工作的开展。

结合前文所述，八类储能方式从接入电网的形式来看，可粗略归纳为两种类型，一种是以多种形式的能量带动发电轮机运行，以交流电形式接入电网，其典型代表为抽水储能发电方式；另一种方式则是需要对直流电进行逆变后接入电网，其典型代表为电池储能方式。结合目前已有的多项研究成果可知，相较于抽水储能以交流电形式接入电网的方式而言，以直流电经过逆变接入电网的方式对配电网的影响更为显著；另一方面，结合应用场景来看，电池储能方式也明显较抽水储能等方式应用更为广泛，因此基于上述因素，本次仿真分析考虑将电池储能方式作为典型代表，对其接入配电网后所产生的影响进行分析论述。

目前阶段，钠离子电池因其优秀的比能量、高功率放电、高充电效率，以及原材料储备丰富、成本低等特点，成为电池类储能的主要发展方向。以钠硫电池为例，其主要结构是以 Na-beta-氧化铝（Al_2O_3）为电解质和隔膜，并分别以金属钠和多硫化钠为负极和正极。与铅酸电池或液体电池等常规电池不同的是，钠硫电池的电极为熔融液态，而电解质则为固体，其主要运行特性为通过钠与硫发生化学反应的方式，将电能储存于电池内部，当电网需要时，再次以化学能转化成电能进行释放。钠硫电池的“蓄洪”性能非常优异，即使输入的电流突然超过额定功率 5~10 倍，电池也能承受，之后再以稳定的功率释放到电网，这一特性为太阳能、风能等功率不稳定发电设备的并网与规模化应用提供了有力支撑。钠硫电池的运行特性示意图如图 3-36 所示。

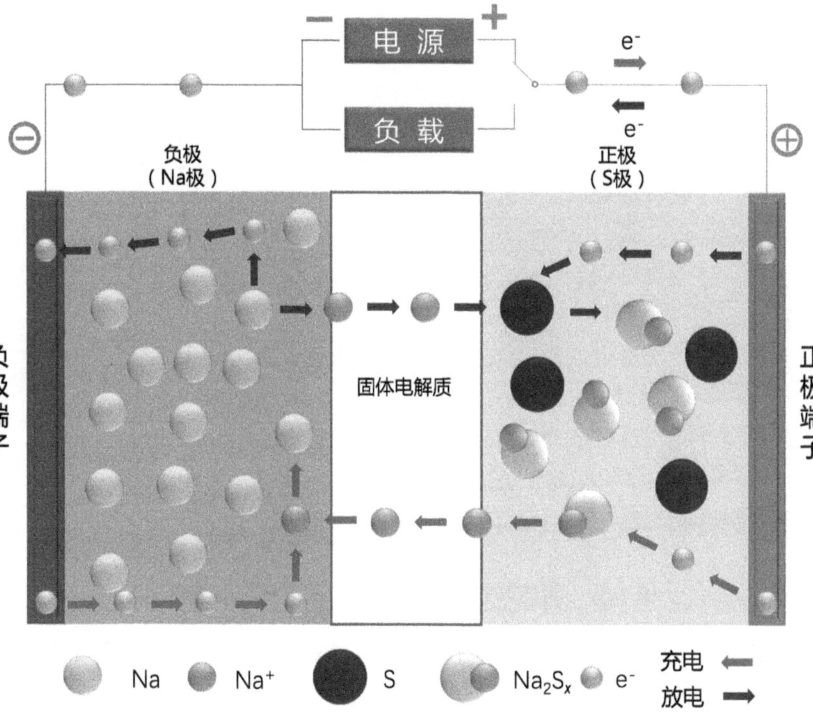

图 3-36　钠硫电池运行特性示意图

3.5.2　模拟仿真模型搭建

与前文相同，本部分的仿真研究主要以 PSCAD 软件完成主体工作，条件具备的情况下以 MATLAB 平台的仿真结果作为补充和校验。同时，为确保仿真效率，对整个模型进行适度、合理简化。

1. 储能装置模型的搭建

以 PSCAD 软件为仿真平台，将电化学储能电池及其运行特性作为搭建模型的主要依据，确定储能装置模型的具体搭建情况如表 3-5、图 3-37 所示。

表 3-5　储能装置仿真模型主要参数

项目	参数明细
储能装置主要参数	10 kV 恒压源,50 Hz,以 0.5 MW 为步长依需调整容量
储能装置内部阻抗值	电容 50 μF、电感 0.15 H、电阻 5 Ω
逆变装置	6 脉冲 igbt

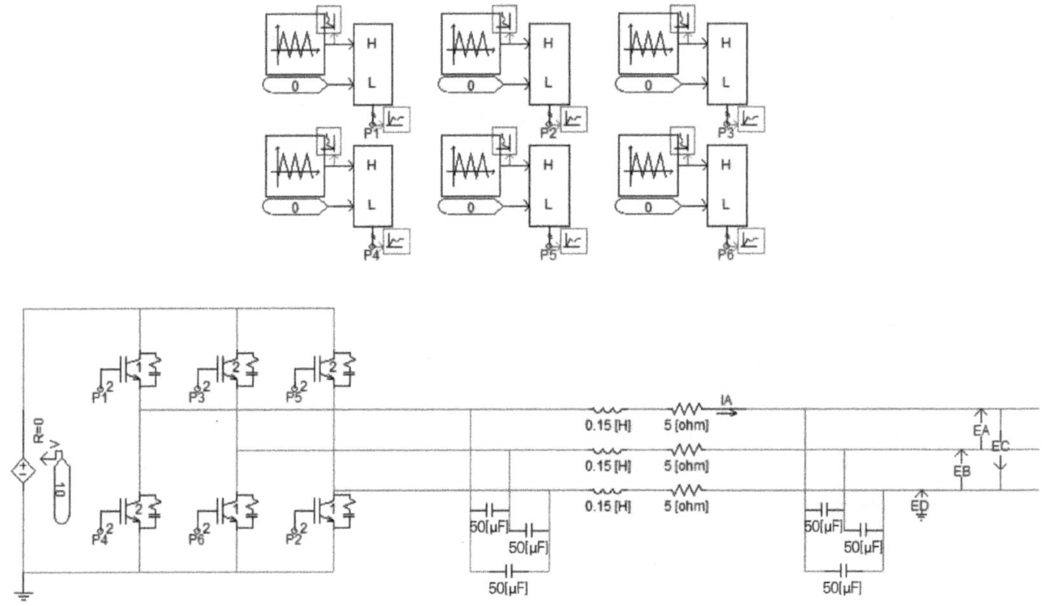

图 3-37　储能装置仿真模型示意图(PSCAD 仿真)

该模型的构建过程包含了储能电池接入配电网前的逆变及滤波过程,能够较为真实地反映储能电池接入配电网时的运行特性。

2. 储能装置接入配电网模型的搭建

考虑到仿真效率等问题,用于实际仿真研究的系统模型对储能模块的内部结构进行了适当简化,以恒压电源作为代替,储能装置接入配电网系统仿真模型主要参数如表 3-6 所示,具体模型构建结果如图 3-38 所示。

表 3-6　储能装置接入配电网系统仿真模型主要参数

项目	参数明细
110 kV 电源	110 kV,50 Hz,相位偏移 0
110 kV 变压器	110 kV,50 Hz,50 MV·A;变比为 110/10 kV; 高压侧 Y 型接线,低压侧△型接线
10 kV 线路	10 kV,ZR-YJV$_{22}$-3 × 300 mm² 电缆; 正序电阻 0.125 Ω,正序电抗 0.220 Ω; 每段线路长度 0.6 km;

续表

项目	参数明细
储能装置	10 kV 恒压源,50 Hz; 以 0.5 MW 为步长依需调整容量
节点负荷	共设 5 个节点负荷,每个负荷 1 MW

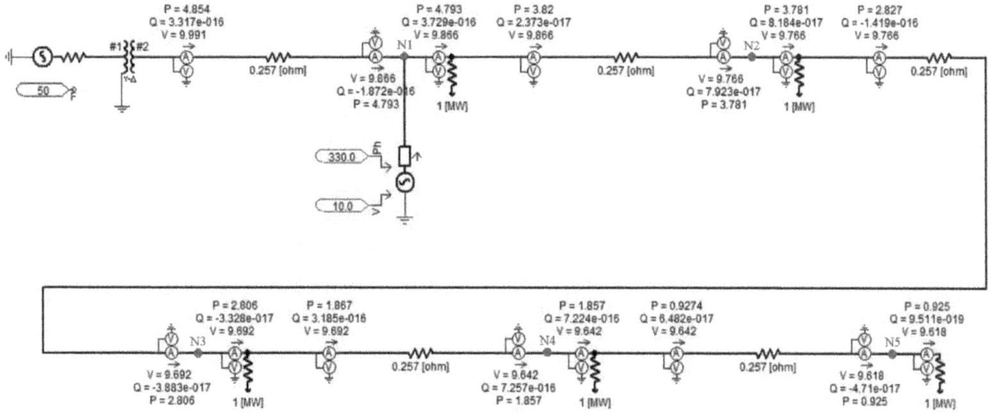

图 3-38　储能装置接入配电网模拟仿真模型构建(PSCAD 仿真)

与此同时,研究过程进一步搭建了 MATLAB 平台的储能装置接入配电网系统仿真模型,以期将 MATLAB 平台的仿真结果作为补充与验证,进一步支撑仿真结果的合理性。MATLAB 平台的模型搭建结果如图 3-39 所示。

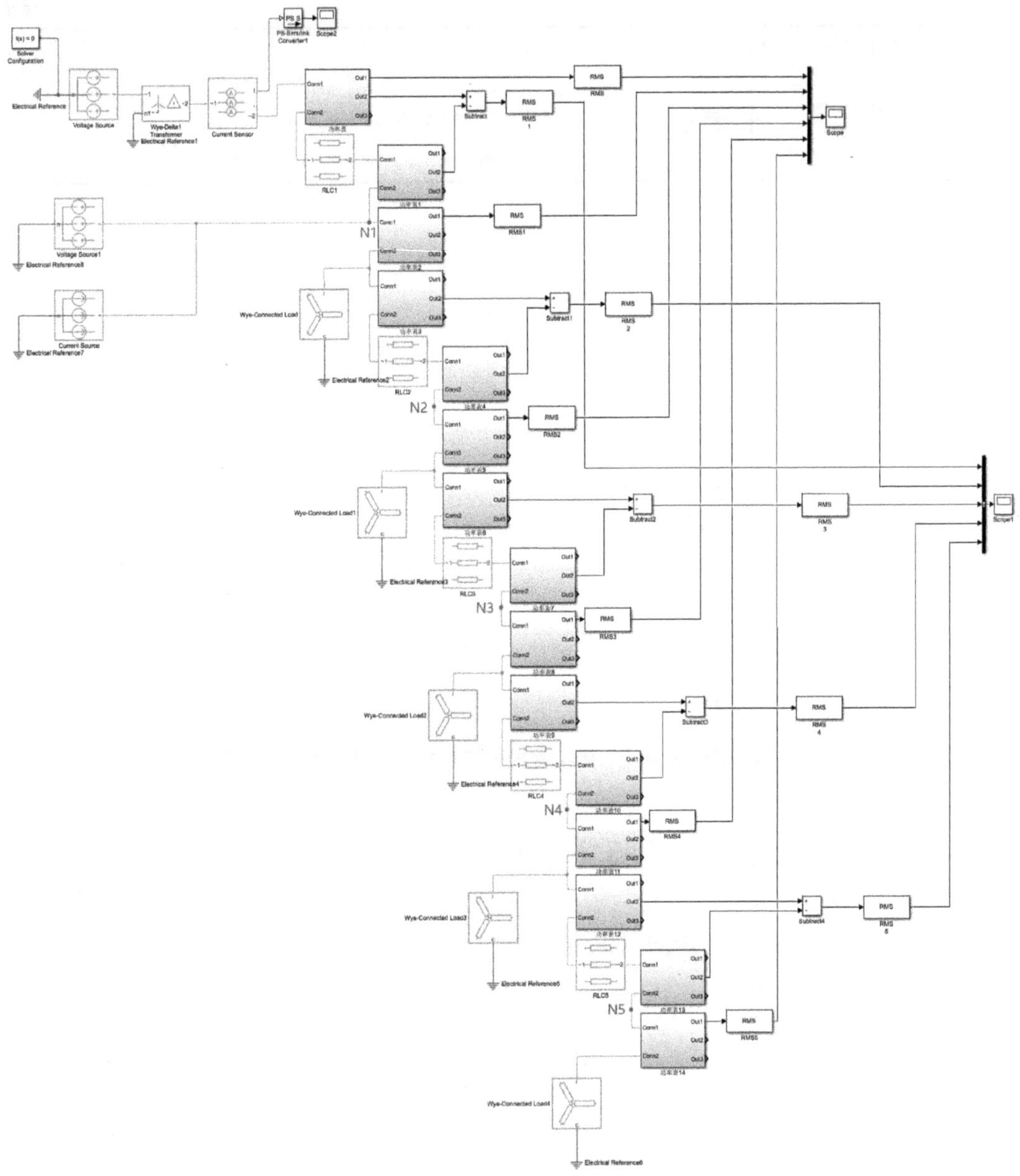

图 3-39　储能装置接入配电网模拟仿真模型构建(MATLAB 仿真)

模型中用于监测电流、电压、功率的表记封装在固定模块中,其内容结构如图 3-40 所示。

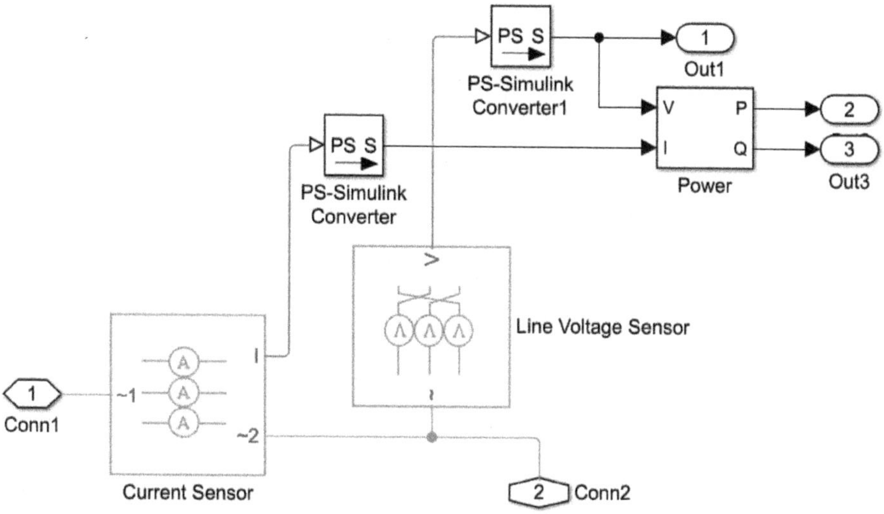

图 3-40　MATLAB 仿真模型监测模块内部结构明细图

将上述两种模型作为本次仿真的基础性模型，在实际仿真过程中，只需根据仿真需要，对储能装置接入的容量、接入的节点位置进行调整即可，无须反复重新构建模型。

3.5.3　储能装置接入配电网仿真及结果分析

本部分模拟仿真内容主要分为两个方面，一是储能装置接入配电网后在电能质量方面所产生的影响，另一方面则是对运行经济性所产生的影响，其中电能质量主要包括对电压分布的影响及谐波影响，运行经济性方面则主要指对网络损耗影响，具体情况如图 3-41 所示。

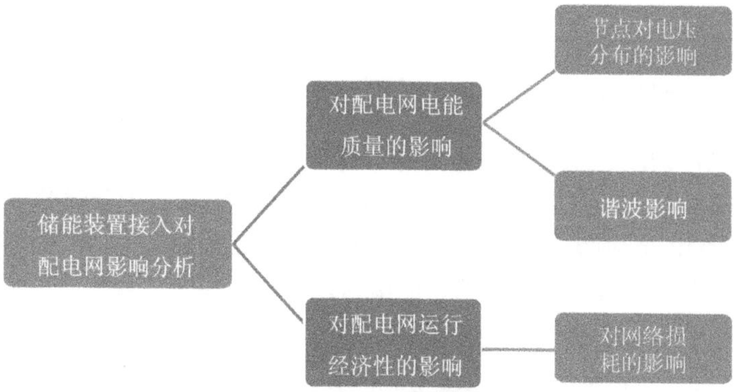

图 3-41　储能装置接入配电网影响主要仿真内容说明

1. 对电压分布的影响

1）储能装置以不同节点接入对系统电压的影响

首先仿真储能装置容量保持不变的情况下，以不同的位置接入系统节点所产生的电压影响不同。仿真过程中储能装置依次接入模型构建中所列明的 N1~N5 节点，储能装置接入后分别对 5 个节点的电压水平进行监测，其具体仿真结果如表 3-7、图 3-42 所示。

表 3-7 储能装置以不同节点接入系统后各节点电压水平仿真结果表（PSCAD 仿真）

节点位置	节点电压（kV）				
	V_{N1}	V_{N2}	V_{N3}	V_{N4}	V_{N5}
未接入	9.966	9.946	9.931	9.921	9.916
N1 节点	9.999	9.979	9.964	9.954	9.949
N2 节点	9.997	9.999	9.984	9.974	9.97
N3 节点	9.991	9.993	10	9.99	9.985
N4 节点	9.984	9.984	9.99	10.001	9.996
N5 节点	9.976	9.975	9.979	9.988	10.001

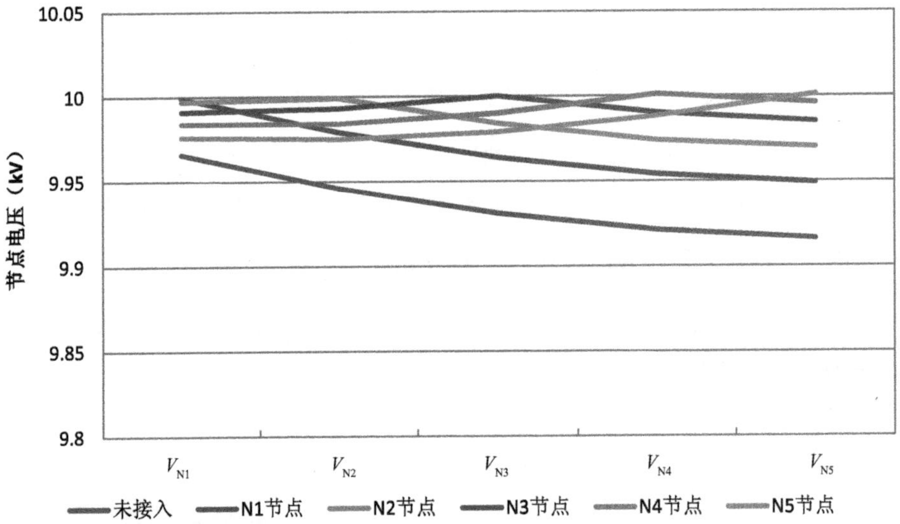

图 3-42 储能装置以不同节点接入系统后各节点电压曲线示意图（PSCAD 仿真）

从上述仿真结果可以看出，储能装置接入节点不同，其对整个网络节点的电压抬升作用也各不相同：首先，储能装置接入的节点，其电压提升效果最为明显；其次，储能装置接入的节点越靠近电源点位置，则线路末端的电压抬升效果越不明显，而如果将储能装置接入的节点靠近线路末端，则对于整个线路各节点的电压均有较为明显的提升，甚至当储能装置接入容量过大时，线路末端电压水平将超过线路出口电压。

2）储能装置以不同容量接入对系统电压的影响

第二种仿真场景主要分析不同容量储能装置接入后对系统电压产生的影响，本次仿真结合系统内负荷接入情况，以 0.5 MW 为步长，依次接入 0.5~3 MW 的储能装置；同时为了尽可能全面地反映仿真结果，分析过程也分别在 N1~N5 节点进行了仿真与监测，其具体仿真结果如表 3-8 所示。

表 3-8 储能装置以不同容量接入对系统电压影响仿真结果

储能装置接入位置		接入节点电压(kV)				
		V_{N1}	V_{N2}	V_{N3}	V_{N4}	V_{N5}
未接入储能装置状态		9.966	9.946	9.931	9.921	9.916
N1 节点接入	0.5 MW	9.995	9.975	9.96	9.95	9.945
	1 MW	9.998	9.978	9.963	9.953	9.948
	1.5 MW	9.999	9.979	9.964	9.954	9.949
	2 MW	9.999	9.979	9.964	9.954	9.949
	2.5 MW	9.999	9.979	9.964	9.955	9.95
	3 MW	9.999	9.98	9.965	9.955	9.95
N2 节点接入	0.5 MW	9.997	9.995	9.98	9.97	9.965
	1 MW	9.997	9.998	9.983	9.973	9.968
	1.5 MW	9.997	9.999	9.984	9.974	9.969
	2 MW	9.997	9.999	9.984	9.974	9.97
	2.5 W	9.997	10.00	9.985	9.975	9.97
	3 MW	9.996	10.00	9.985	9.975	9.97
N3 节点接入	0.5 MW	9.995	9.993	9.996	9.986	9.981
	1 MW	9.993	9.994	9.999	9.989	9.981
	1.5 MW	9.992	9.993	10.00	9.99	9.985
	2 MW	9.991	9.993	10.00	9.99	9.985
	2.5 MW	9.99	9.993	10.00	9.99	9.985
	3 MW	9.99	9.993	10.00	9.99	9.985
N4 节点接入	0.5 MW	9.991	9.988	9.990	9.998	9.993
	1 MW	9.987	9.986	9.991	10.00	9.995
	1.5 MW	9.985	9.985	9.99	10.001	9.996
	2 MW	9.984	9.984	9.99	10.001	9.996
	2.5 MW	9.983	9.984	9.99	10.001	9.996
	3 MW	9.982	9.984	9.99	10.001	9.996
N5 节点接入	0.5 MW	9.984	9.981	9.982	9.989	10.00
	1 MW	9.98	9.978	9.981	9.989	10.002
	1.5 MW	9.977	9.976	9.98	9.988	10.002
	2 MW	9.976	9.975	9.979	9.988	10.001
	2.5 MW	9.975	9.974	9.978	9.987	10.001
	3 MW	9.975	9.974	9.978	9.987	10.001

为了直观反映系统电压在储能装置接入后的变化情况，分别选取 N1、N3、N5 为储能装置接入节点的仿真结果，以曲线图模拟其变化情况，具体示意图如图 3-43~图 3-45 所示。

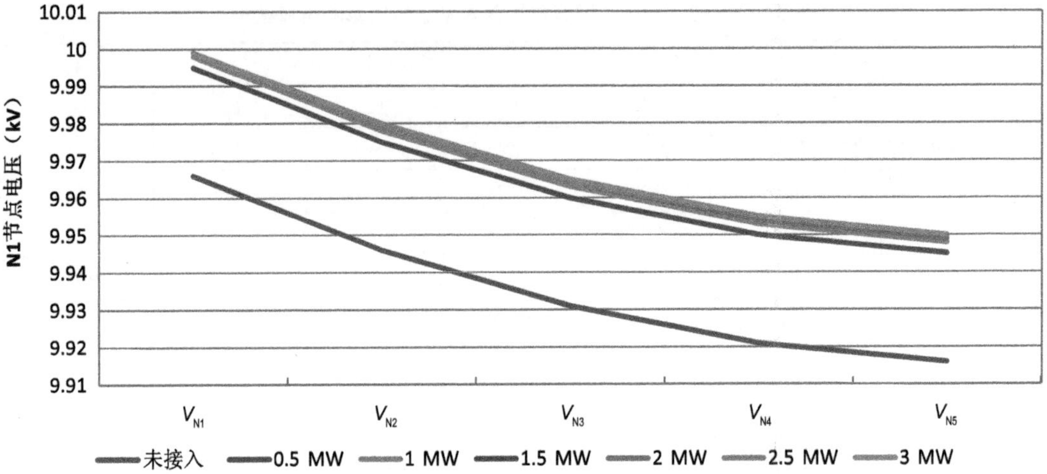

图 3-43　不同容量储能装置接入 N1 节点后的系统电压变化情况

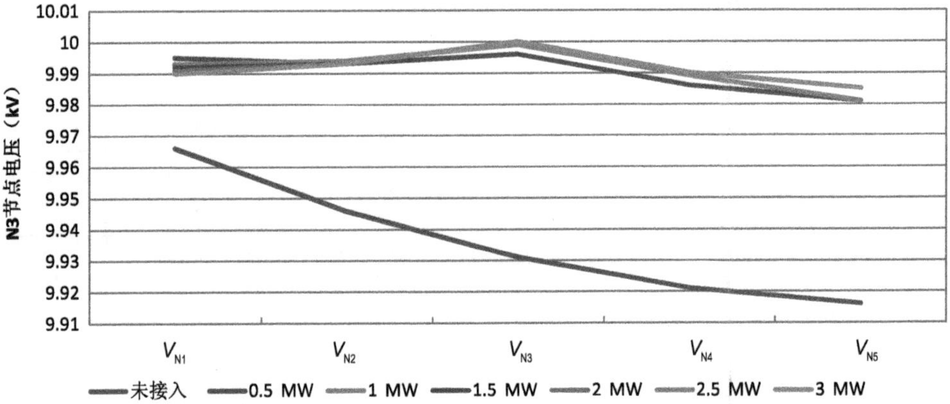

图 3-44　不同容量储能装置接入 N3 节点后的系统电压变化情况

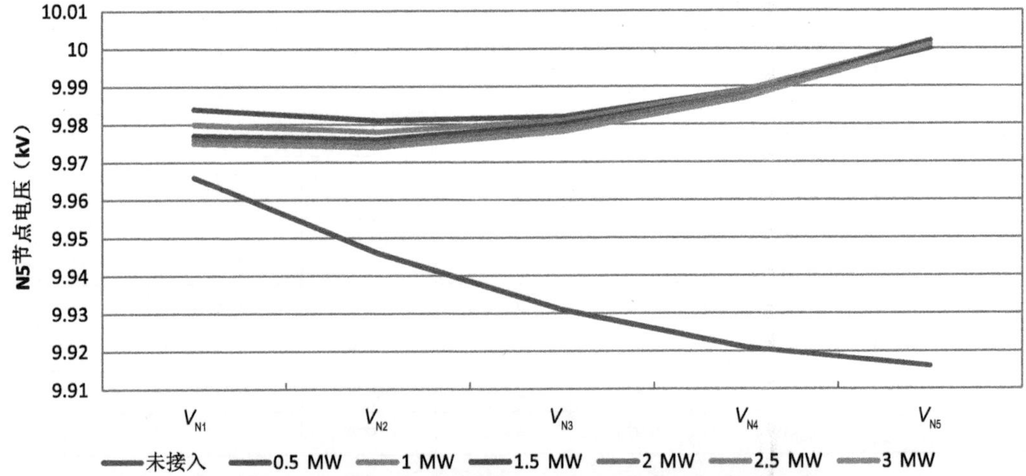

图 3-45　不同容量储能装置接入 N5 节点后的系统电压变化情况

结合上述仿真结果，首先可以看出储能装置接入配电网相当于电源接入系统，在何节点接入则该节点的电压即会得到抬升，这一结果再次验证了前述仿真结论；其次，接入容量的大小对于整个配电网潮流的影响情况也各不相同，当接入较小容量的储能装置时，与接入点最近的负荷由储能供电，节点电压随之升高；当储能容量不断增大时，储能接入点上游及下游的节点电压也将得到提升，使得接入点及周边节点的电压呈现出不同的抬升幅度。

总结上述两种场景下的仿真结果可知，储能装置接入配电网对网络电压分布情况有明显的影响，储能装置接入节点的电压有明显提升，如果接入的储能装置容量较大且未做合理分布的话，则可能导致配电网络中某些节点的电压过高，甚至出现越限，则此种情况下储能装置的接入将对配电网运行安全性及稳定性产生不良影响。

MATLAB 平台的仿真结果与上述结论高度相似，且 MATLAB 仿真结果中，不同容量接入对系统整体电压抬升的变化情况更为明显，下文以 N3 节点的接入情况作为展示，其他仿真内容不做赘述（图 3-46）。

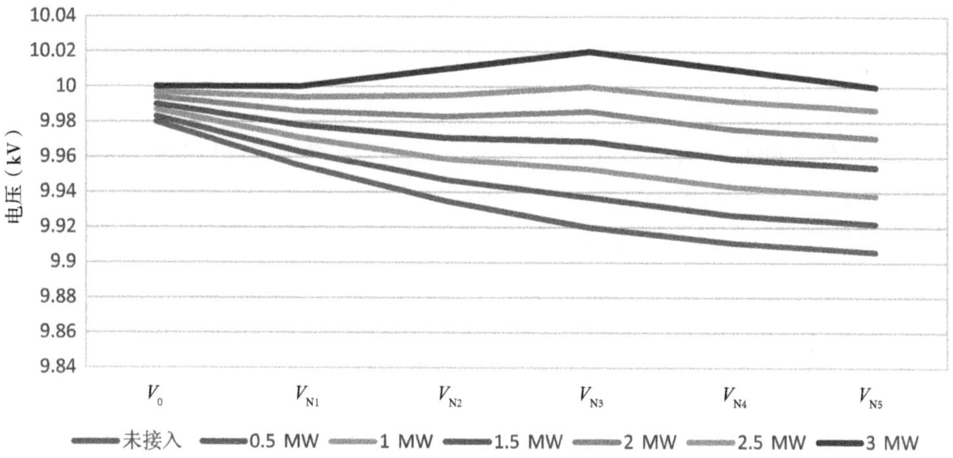

图 3-46　不同容量储能装置接入 N3 节点的系统电压仿真结果（MATLAB 仿真）

2. 谐波影响

电网中谐波产生的原因大致分为三种，一是发电电源的质量不高，发电电机三相绕组、铁芯不对称，导致电源产生谐波；二是输配电系统中变压器产生的谐波；三是晶闸管整流装置等用电设备所产生的谐波。三种方式进行比较，以整流设备所产生的谐波最为严重。

化学电池类储能装置作为一种直流电源，在接入配电网前必须经过逆变过程，其逆变后的电压波形仿真情况如图 3-47 所示。

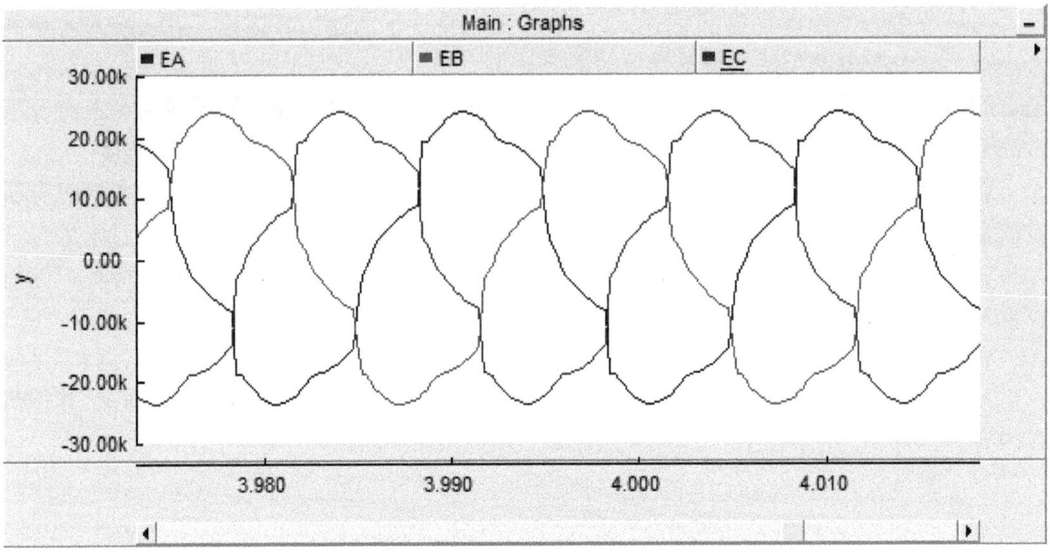

图 3-47　储能电池逆变后输出电压波形仿真结果（PSCAD 仿真）

在储能电池实际并网前，逆变及滤波是必须完成的技术操作，以现有技术手段来看，借助专业的逆变、滤波设备，能够将储能装置接入配电网系统所产生的谐波污染降至极低水平，因此尽管仿真软件能够对储能装置的谐波影响进行详细模拟，但其分析结论对于实际工程应用的价值并不突出，故本章节不再对储能谐波影响的相关内容进行详细阐述。

3. 对网络损耗的影响

1）储能装置以不同节点接入对网络损耗的影响

储能装置接入配电网后，影响了配电网的潮流分布情况，也必然对电网的网络损耗产生影响。本书对储能装置以不同节点接入系统后的网络损耗情况进行仿真，具体仿真结果如以表 3-9、图 3-48 所示。

表 3-9　储能装置以不同节点接入后网络损耗变化情况仿真结果

接入位置	损耗（kW）				
	P_{N1}	P_{N2}	P_{N3}	P_{N4}	P_{N5}
未接入	12.34	7.886	4.431	1.968	0.492
N1 节点	10.073	7.886	4.42	1.963	0.49
N2 节点	9.441	5.668	4.425	1.965	0.491
N3 节点	9.05	5.36	2.665	1.967	0.492
N4 节点	8.858	5.208	2.553	0.887	0.492
N5 节点	8.839	5.19	2.535	0.871	0.193

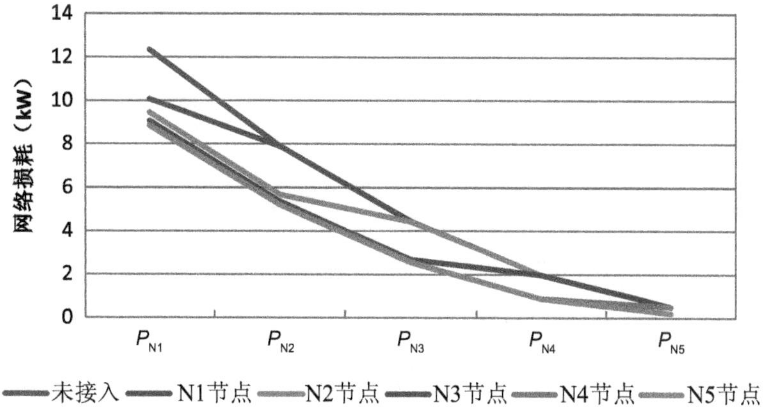

图 3-48　储能装置以不同节点接入后网络损耗变化情况仿真结果示意图

可以看出，储能装置的接入影响了接入点的潮流情况，接入点部分的网络损耗呈现出明显的下降趋势；另一方面，储能装置的接入对整个网络的损耗情况都有一定程度的改善，当储能装置接入靠近电源点的位置时，接入点及其前端的线路损耗降低，随着接入点的后移，损耗降低的线路长度也将逐步延长，当储能装置接入线路末端时，整个 10 kV 线路的网损水平都将降低。

2）储能装置以不同容量接入对网络损耗的影响

当储能装置以不同容量接入系统后，其对网络损耗的影响程度也各不相同，下文逐一罗列了 N1~N5 共计 5 个节点，以 0.5 MW 步长，依次接入 0.5~3 MW 储能装置后，整个系统的网络损耗变化情况。具体结果如图 3-49 所示。

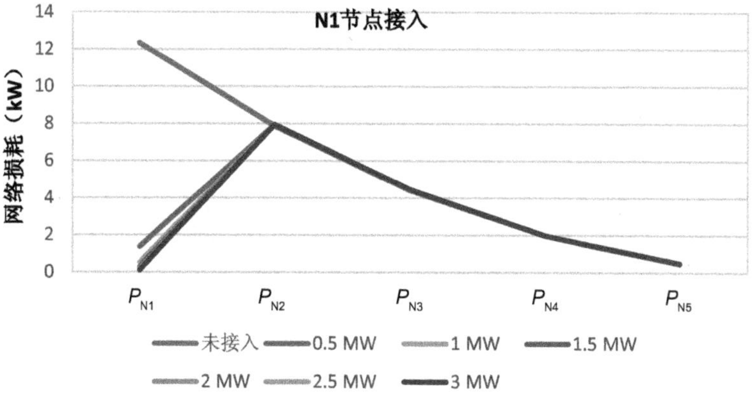

（a）

图 3-49　储能装置以不同容量在 N1~N5 节点接入的网损仿真示意图

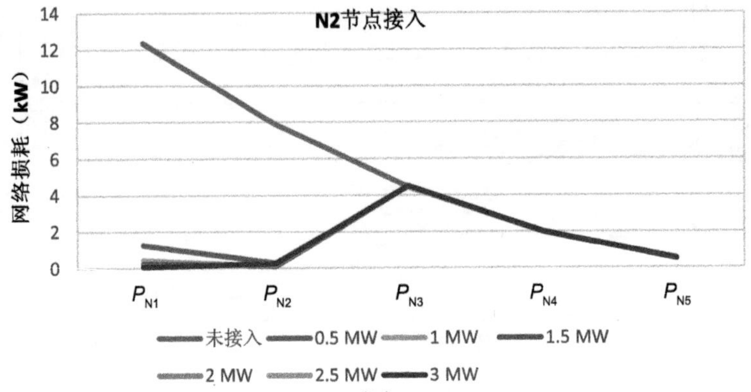

（b）

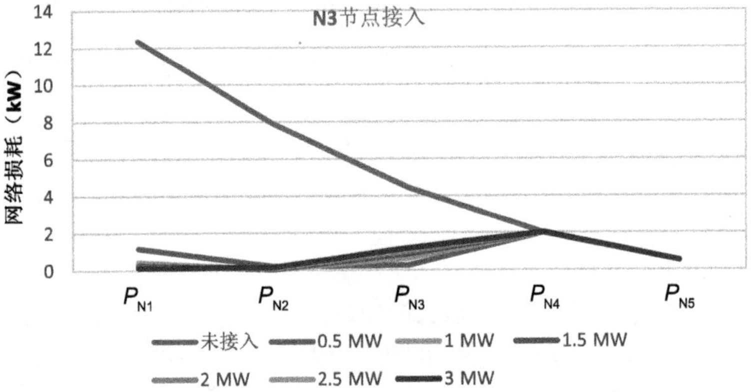

（c）

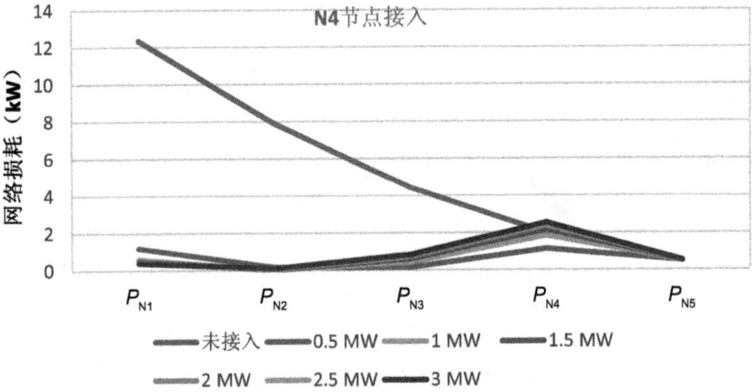

（d）

图 3-49 储能装置以不同容量在 N1~N5 节点接入的网损仿真示意图（续）

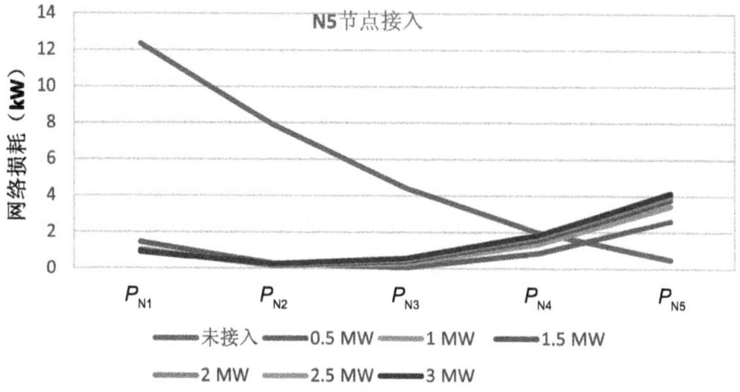

（e）

图 3-49　储能装置以不同容量在 N1~N5 节点接入的网损仿真示意图（续）

（a）N1 节点接入；（b）N2 节点接入；（c）N3 节点接入；（d）N4 节点接入；（e）N5 节点接入

从上述仿真结果可以看出，当储能装置以不同的容量在同一节点接入时，储能装置的容量越大，对于网络损耗的降低作用越明显，但随着接入容量的不断增大，当系统负荷无法完全消纳时，储能装置反而会导致节点附近的网络损耗升高，且随着接入点逐步向线路末端移动，这种影响变化情况越明显。

总结上述两种场景下的仿真结果可知，适度容量储能装置接入对配电网网络的损耗情况有明显的降低作用，且越接近接入点，损耗降低幅度越明显；但当储能装置接入容量超过负荷消纳水平时，网络损耗反而会明显升高，且接入点越靠近线路末端时储能容量对于网损抬升的作用越敏感。

MATLAB 平台的仿真结果与上述结论高度相似，且 MATLAB 仿真结果中，不同容量储能装置对于损耗抬升作用的仿真结论更为明显，以 N5 节点的接入情况作为展示（图 3-50），其他仿真内容不再赘述。

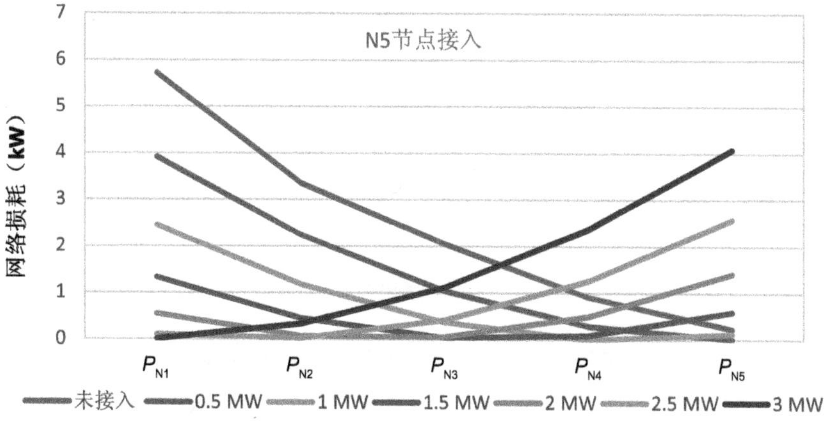

图 3-50　储能装置以不同容量接入 N5 节点的网损仿真示意图（MATLAB 仿真）

4. 其他影响

除去上述能够通过仿真分析反映出的影响外，储能装置的接入还将对区域配电网建设规模、可靠性水平、保护配置以及配电网规划等方面产生影响（图 3-51）。

1)储能装置接入对电网建设规模的影响

储能装置接入配电网后,能够在一定程度上延缓配电网规模升级,一旦储能技术发展成熟,在区域配电网中得到规模化应用,则其在延缓配电网建设规模及建设投资方面将有较为明显的影响作用。

2)储能装置接入对配电网可靠性水平的影响

储能装置接入可能提升局部配电网的可靠性水平,但同时也可能增加配电网的可靠性风险,即当储能装置为接入点负荷供电时,配电网供电压力降低,系统裕度得到一定程度的提升,且一旦出现线路故障停电,储能装置也能够维持一段时间的供电,局部配电网的可靠性水平得到了提升;但与此同时,储能装置的接入也影响了系统的保护配置,且不适当的容量接入还将导致诸如电压越限等问题的出现,配电网中影响可靠性水平的风险反而增加。

3)储能装置接入对继电保护配置的影响

现状电网的继电保护配置以功率单向流动的传统方式配置,储能装置接入后,功率流向发生改变,如果故障点与继电保护装置间有储能装置接入,则故障电流可能在储能装置的作用下变小,从而导致保护拒动;如果储能装置后端的线路出现故障,则可能导致储能装置电流与故障电流叠加后引起保护误动,因此储能装置接入系统后,配电网的继电保护配置有必要重新进行设定。

4)储能装置接入对配电网规划的影响

储能装置接入配电网的主要功能之一是实现对区域负荷的“削峰填谷”作用,而负荷水平及负荷特性的变化也将进一步对区域配电网规划工作的开展产生影响。区域配电网规划中现状电网诊断分析、负荷预测、电力设施布局、规划项目库编制等工作的技术思路及规划方法也需逐步优化完善。

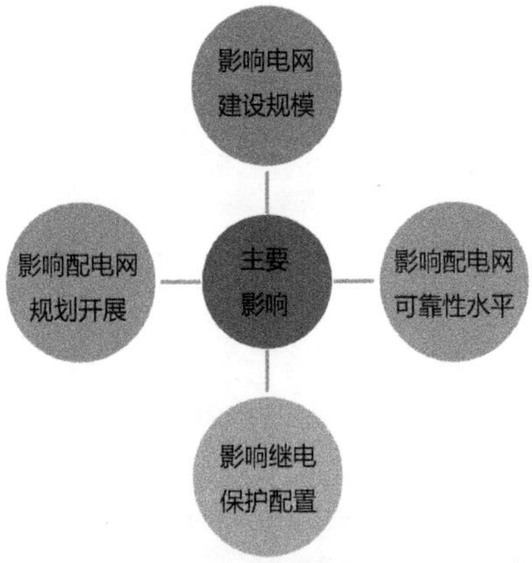

图 3-51　储能装置接入配电网所产生的其他影响

3.6　电动汽车充电设施及储能装置接入配电网影响分析总结

综上所述,本章节仿真分析工作逐一对电动汽车充电设施及储能装置接入配电网的影响情况进行了仿真,通过对整个仿真过程及仿真结果的总结,可以明确如下四点结论。

(1)电动汽车充电设施或储能装置接入配电网的位置不同,则接入后对节点电压、网络损耗等产生的影响也各不相同,适宜的接入节点选择,在保证网络稳定性的同时,甚至能够在一定程度上改善配电网网络电能质量;而未经分析论证情况下的无序接入,则可能导致电压越限等影响配电网安全性、稳定性的问题。

(2)谐波污染是电动汽车充电设施或储能装置在接入配电网过程中必须充分考虑和严格治理的问题。交直流转换元件、设备在整个接入系统中的应用,导致谐波问题成了充电设施及储能装置接入配电网影响中最为突出的问题,如果谐波问题得不到有效整治,则电动汽车及储能技术将很难在今后的配电网建设中形成规模化发展。

(3)充电设施及储能装置接入都将对配电网的运行经济性产生影响,当电动汽车动力用电池或储能装置接入配电网充电时,线路损耗均有一定程度的上升;当电动汽车动力用电池或储能装置向配电网放电时,线路的损耗将有所降低,但需要说明的是线路损耗是否降低以及降低的程度与接入配电网电池的容量密切相关,当接入容量过大时,线路损耗反而会呈现出上升趋势,因此储能装置接入或考虑电动汽车充电电池参与电网调峰时,应对不同接入地区的接入容量进行严格的分析测算。

(4)将对区域配电网规划产生明显影响,主要体现在三个方面:一是规模化接入对区域配电网的负荷水平及负荷特性产生了影响,由此导致上级电网及配电网自身建设规模发生改变;二是充电设施及储能装置的接入将导致配电网规划建设项目的改变,这种变动甚至影响到区域配电网的远景目标网架;三是无论充电设施还是储能装置接入配电网,一旦接入形成规模,则势必将对配电网规划投资的整体经济性水平造成影响,在新一轮电力体制改革等宏观政策影响下,更加有必要对这种经济性变化所产生的深远影响进行详细的分析、解读。

前文所述详细仿真结论总结如表 3-10 所示。

表 3-10　电动汽车充电设施及储能装置接入配电网模拟仿真分析结果汇总表

仿真方向		序号	仿真场景	仿真过程	仿真结论
电动汽车充电设施接入配电网仿真	对配电网电能质量的影响	1	对于节点电压的影响	电动汽车充电设施依次接入配电网模型中的 N1~N5 节点	电动汽车充电设施在电池充电过程中可近似看作用电负荷,其用电过程中对配电网节点电压所产生的影响与常规负荷的用电情况完全相同
		2	谐波影响	(1)单台充电装置接入配电网; (2)多台充电装置无序接入配电网	(1)单台充电,以 6 脉波不控整流充电机为例,其主要产生 5、7、11、13 次谐波,其中尤以 5 次与 7 次谐波最为严重,谐波畸变率近 20%; (2)多台无序充电,谐波影响不会发生本质改变,仍无法满足电能质量要求
	对配电网运行经济性的影响	3	对于网络损耗的影响	充电装置接入配电网仿真模型	在电池充电状态下,10 kV 配电网的网络损耗会增大,随着电池逐步充满,网络损耗将逐步下降,直至最终电池充电完成,10 kV 侧线路损耗恢复为充电前的损耗水平

续表

仿真方向		序号	仿真场景	仿真过程	仿真结论
储能装置接入配电网仿真	对配电网电能质量的影响	1	储能装置以不同节点接入对系统电压的影响	同容量储能装置依次接入模型中N1~N5节点	（1）储能装置接入的节点，其电压提升效果最为明显； （2）接入节点越靠近线路末端，整回线路的电压提升越明显； （3）当储能装置接入容量偏大时，线路末端电压水平将超过线路出口电压
		2	储能装置以不同容量接入对系统电压的影响	以0.5 MW步长，依次在N1~N5节点接入0.5~3 MW容量的储能装置	（1）接入较小容量的储能装置时，与接入点最近的负荷由储能装置供电，节点电压随之升高； （2）当储能装置容量不断增大时，储能接入点上游及下游的节点电压也将得到提升
		3	谐波影响仿真	—	储能电池接入配电网的逆变过程必然发生谐波污染，但谐波处理装置是储能系统中的必备装置，能够有效消除谐波影响
	对配电网运行经济性的影响	4	储能装置以不同节点接入对网络损耗的影响	同容量储能装置依次接入配电网模型中N1~N5节点	（1）储能装置接入点的网络损耗呈现明显下降趋势； （2）储能装置的接入对整个网络的损耗情况都有一定程度的改善； （3）储能装置接入点靠近线路末端时，整回10 kV线路的网损情况都将降低
		5	储能装置以不同容量接入对网络损耗的影响	以0.5 MW步长，依次在N1~N5节点接入0.5~3 MW容量的储能装置	储能装置的容量越大，对于网络损耗的降低作用越明显，但随着接入容量的不断增大，当系统负荷无法完全消纳时，储能装置反而会导致节点附近的网络损耗升高，且随着接入点逐步向线路末端移动，这种影响变化情况越明显

第 4 章 电动汽车充电负荷预测方法优化研究

对于区域配电网规划工作而言，电力需求预测是其最为核心的基础工作之一，其预测结果是指导、支撑区域配电网电力平衡、变电站选址定容、高中压配电网规划、投资分配等工作的基础，对区域配电网规划年期间的供电能力、供电质量、建设经济性等具有重要的决策支撑作用。因此，电力需求预测方法的科学性及合理性、预测结果的准确性及适用性，对区域配电网规划、建设工作的开展具有极为重要的指导意义。

在以新能源为主体的新型电力系统建设背景下，电动汽车及充电设施的规模化发展改变了传统配电网的用能结构及负荷特性，现有负荷预测方法在合理性及适用性方面存在偏差，有可能导致区域配电网规划方案脱离发展实际，甚至造成巨大经济损失。因此，本着"规划指导发展、规划引领建设"的基本原则，有必要开展基于电动汽车规模化发展需求的配电网负荷预测方法优化研究，从区域配电网规划、管理的实际需求出发，研究论述高效、便捷、易用的电动汽车充电负荷预测方法。

4.1 传统负荷预测方法调研分析

4.1.1 现有电力需求预测方法简述

电力需求预测主要分为负荷预测及电量预测两个方向，其中对于区域配电网规划建设工作而言，负荷预测结果对于配电网建设规模以及资产投资水平的确定具有更为明确的支撑作用。为了适应不同规划边界条件下的预测需求，经过长期的摸索、完善，目前应用较为广泛的配电网规划负荷预测方法主要有以下四种（图 4-1）。

1. 利用历史数据进行模型外推（趋势外推法）

历史年的负荷、电量变化情况，能够直观反映区域配电网在较长一段时间内的发展变化趋势，在区域社会经济结构及生产生活方式未发生明显变化的情况下，利用历史数据的变化规律，能够有效支撑配电网负荷及电量预测工作的开展。

具体来说，此种方法主要是以规划区历史年的负荷、电量水平值作为参照蓝本，利用大量的数学模型对规划区配电网负荷、电量的变化情况进行拟合，并进一步在历史年数据的基础之上，通过趋势外推的方法，获得目标时间段内负荷、电量总量的发展规律及变化水平，以此实现电力需求预测的目的。其优点在于预测结果可以清晰反映目标时间段内逐年的负荷、电量发展情况，为配电网逐年建设项目的制定提供充分依据；但其缺点在于预测结果只能反映总量水平，对规划区域变电站选址定容、目标网架构建等缺乏支撑，且趋势外推法本身存在着预测精度随预测年份延长而下降的特性，因此此种方法仅适用于近期年份的负荷预测工作。

在电动汽车充电负荷规模化并网的影响下，区域配电网的负荷水平及负荷特性曲线均可能发生改变，但历史年数据在拟合过程中并未包含此种变化，因此基于历史数据的趋势外推结果无法反映区域电动汽车充电负荷的发展变化情况。

2. 利用负荷密度指标进行负荷分布预测（负荷密度指标法）

电力用户的负荷性质是反映其用电水平的一项重要因素，不同的用户特性，其单位面积情况下的用电水平也各不相同，基于这一特点，将各行业电力用户的单位负荷密度指标与用电面积、同时率水平、负荷特性曲线等主要数据结合，即可形成基于负荷密度指标的空间负荷分布预测方法。

具体来说，此种方法主要以规划区当地的城市总体规划（控制性详细规划）及各类负荷的负荷密度指标为基础数据，对目标年的负荷总量及空间分布情况进行预测。其优点在于预测过程能够与城市发展建设等市政规划紧密结合，且负荷的空间分布情况一目了然，为变电站选址、目标网架构建等研究提供了翔实的分析依据。但受到预测方法本身的限制，该预测结果一般只能表征目标年份的负荷水平，对中间年逐年的变化情况无法进行预测，而且该预测方法涉及大量数据计算，仅靠人工很难完成，须借助专业的计算机辅助软件确保其预测效率及准确度水平。

对于此种预测方法而言，通过对充电设施建设情况进行详细梳理，或直接引用电动汽车充电设施布局规划成果，即可确定充电负荷的具体规模及分布情况，因此此种预测方法在充电设施规模化发展背景下仍然具有较强的适用性。但需求明确的是，此种预测方法对充电设施布局等规划、建设结果的依赖度较强，如基础数据存疑，则预测结果可能出现明显偏差。

3. 将经济、人口等数据作为主要参数进行预测（经济、人口外推法）

电力系统建设的根本作用是为区域社会经济及人民生产生活水平提升提供电力支撑，因此电力电量水平的发展规模与区域社会经济及人口规模水平也具有十分密切的内在联系，将区域负荷、电量变化情况与社会经济、人口规模之间的普遍规律作为预测系数，亦可实现对区域电网电力需求水平的预测。

这种以经济、人口等非电力系统数据作为主要参数进行预测的方法，出现在早期的电力电量预测工作中，该方法能够与规划区社会发展水平相结合，通过非电力系统的数据来反映用电需求的变化情况。然而从预测方法严谨性及预测结果准确程度来看，应用该方法的前提是规划区社会发展水平处于相对规律的发展态势，区域社会经济结构、人口规模等在短时间内不会出现明显的波动。以现阶段国内优化产业结构、加快推进新型城镇化及乡村振兴建设的宏观背景来看，该预测方法的科学性及严谨性有待提升，特别是对于经济、人口快速发展的新城、新区，或者规模化发展的新态势负荷而言，此种预测方法在适用性方面表现出了明显不足。

4. 以用户报装为主要依据“自下而上”进行预测（报装容量预测法）

相较前述几种预测方法，以用户报装数据为预测依据，能够有效提升预测结果的精准度水平，亦可同时实现负荷水平的总量预测与分布预测，此种预测方法在配电网规划中具有广泛应用，尤其对于大型报装用户的系统接入工作，其预测结果具有良好的指导意义。但在此方法的实际应用过程中发现，可收集的报装数据有限（一般只能收集到未来三年的用户报装情况，且时间越推移数据越失真），且收集过程烦琐，因此该方法很少单独作为一种预测手段在配电网规划工作中加以应用，而多与趋势外推法或负荷分布预测法相结合，以提升预测结果的准确度及适用性。

从电动汽车规模化发展的角度出发，此种方法是最有可能准确预测充电负荷总量水平的预测手段之一，但其预测结果缺乏对于区域电网负荷特性及相关指标的描述，且由于预测周期较短，在配电网实际建设与管理过程中，其预测结果的支撑、决策作用并不明显。

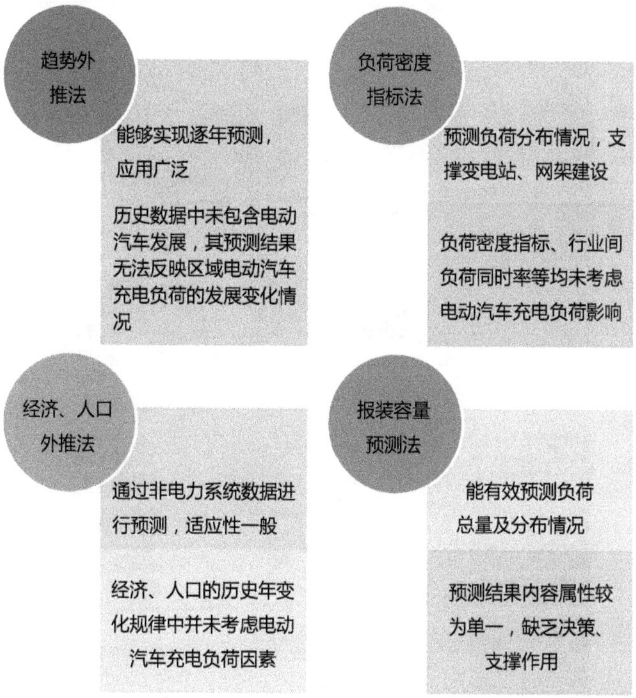

图 4-1　主要电力需求预测方法对储能及电动汽车发展的适应性说明

综上所述，通过现有电力需求预测方法进行分析梳理可知：第一，在诸多预测方法中，能够充分适应区域配电网规划需求的预测方法，主要以趋势外推法及负荷分布预测法为主；第二，电动汽车充电设施规模化并网所产生的负荷变化影响，可在现有预测方法的基础之上，通过独立的分析、预测方法进行补充完善，而无须对原有预测方法进行整体创新。因此，适应电动汽车发展的配电网负荷预测方法优化，应首先开展充电负荷预测的分析研究，明确其具体预测方法及指标参数，之后再将研究成果与现有预测方法进行融合，实现电动汽车规模化发展背景下区域配电网整体负荷预测方法优化的研究目的。

4.1.2　现有电动汽车充电负荷预测方法调研分析

通过对现有研究成果进行归纳总结，目前较为常见的电动汽车充电负荷预测方法主要包含两种类型。

第一类，基于蒙特卡洛模拟方法，对电动汽车的充电需求进行建模，之后以电动汽车保有量、车辆类型及动力用电池容量等作为参数，对一定规模的电动汽车充电负荷进行预测。该种预测方法的核心在于蒙特卡洛模拟方法的应用，有多种预测方式脱胎于此，如电池 Soc

状态模拟、充电行为模拟等。此类预测方法的优势在于，充分考虑了影响电动汽车充电行为的多种因素，包括电动汽车的保有量情况、车辆参数、续航里程、充电行为习惯等，其预测结果能够较为全面地反映区域电动汽车的充电负荷需求；但该种预测方法的缺点在于预测参数众多，预测方法复杂，且很多预测参数难以通过电力系统信息平台获取，一旦与电动汽车充电行为相关的预测参数出现偏差，则预测结果的准确性将受到明显影响。从区域配电网的实际规划、管理需求出发，此种预测方法在日常工作中的应用难度较大，不易于推广，且某些预测参数的变化调整，可能导致整个预测过程的重新开展。较为常见的电动汽车充电负荷蒙特卡洛模拟预测流程如图 4-2 所示。

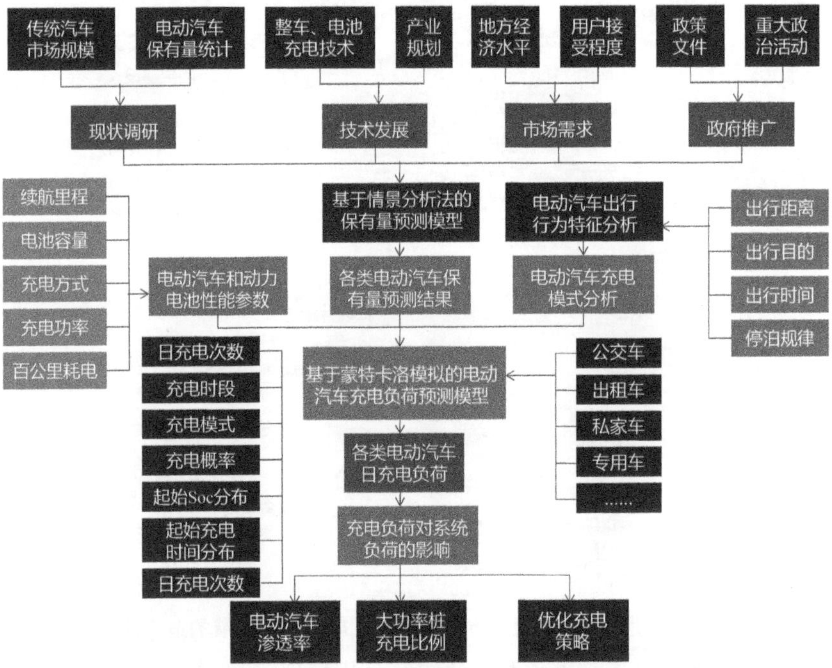

图 4-2　基于蒙特卡洛模拟方法的电动汽车充电负荷预测流程示意图

第二类预测方法则以大量实际数据为基础，充分运用统计学分析方法，对预测充电负荷的关键参数进行研究。此种预测方法的特点在于能够从大量真实数据的统计分析过程中摸索出某种不确定行为的发生概率，从而为预测工作提供理论支撑。运用此种预测方法能够有效规避烦琐的预测过程，仅对直接参与预测的参数进行研究即可，但缺点在于整个研究过程需要大量实际数据的支撑，样本数据的真实度及规模量都将对预测结果产生影响，且研究过程中数据统计分析的工作量较为繁重。

通过对上述两种方法进行分析总结可知，运用蒙特卡洛不确定性因素模拟技术的预测方法，主要应用于电动汽车初期推广阶段的探索性研究，此时电动汽车保有量、充电行为特征等尚未形成具有参考价值的真实数据，从提前布局、开展战略性研究的角度出发，运用此种方法将不确定性因素模拟为已知的预测边界条件，能够从宏观层面对电动汽车发展的态势及影响程度进行预测，为相关工作的决策部署提供一定程度参考依据；而从配电网日常管理、应用的角度出发，运用统计学方法所确定的负荷预测参数则具有更为明显的易用性及推广价值，使得日常配电网规划工作在规避烦琐预测方法的同时，能够有效应对电动汽车及充电设施的规模化发展需求，进一步提升区域配电网规划负荷预测工作的整体水平及预测精准度。

4.1.3　电动汽车充电负荷预测方法优化研究思路

电动汽车发展会对区域配电网规划产生影响，其原因在于充电设施的规模化并网影响了区域配电网原有的负荷特性，使得传统配电网运行方式下的负荷变化规律发生了“突变”，而这种“突变”未能在现有的预测方法中进行系统性的认知与归纳总结，由此预测结果与实际负荷水平产生了偏差。

因此，导致传统负荷预测方法在电动汽车发展背景下适应性水平下降的根本原因并非预测方法本身的科学性及严谨性出现了偏差，而是充电负荷所具有的特性变化规律未被充分认知。所以负荷预测方法优化研究的侧重点在于体系化、定量化的分析论证电动汽车充电负荷的特性情况及其对区域负荷的影响程度，并将研究结论与成熟的既有配电网负荷预测方法进行融合，从而构建形成适用于电动汽车规模化发展背景的负荷预测优化方法。

综上所述，通过对问题本质的深入剖析，最终确定电动汽车规模化发展背景下的负荷预测方法优化研究思路应包含四部分内容：一是对各类既有预测方法的主要技术路线进行分析，明确其在电动汽车规模化并网后的适应性水平，以及导致预测结果产生偏差的主要原因；二是对充电设施自身的运行特性进行梳理分析，明确其主要负荷特性，为负荷预测方法优化完善提供研究基础；三是开展电动汽车充电负荷预测方法研究，明确技术路线及预测方法，构建形成适用于电动汽车规模化发展的负荷预测参数指标体系及预测流程；四是将充电负荷预测方法与配电网总量预测相结合，优化提升区域配电网整体负荷预测工作的合理性及适用性水平，并进一步研究确定充电负荷并网后所产生的影响及影响程度，明确配电网系统负荷总量及负荷特性的变化情况，形成可量化应用的分析研究结论，为后续配电网布局规划、项目库编制等提供支撑。电动汽车充电负荷预测方法优化研究总体思路如图 4-3 所示。

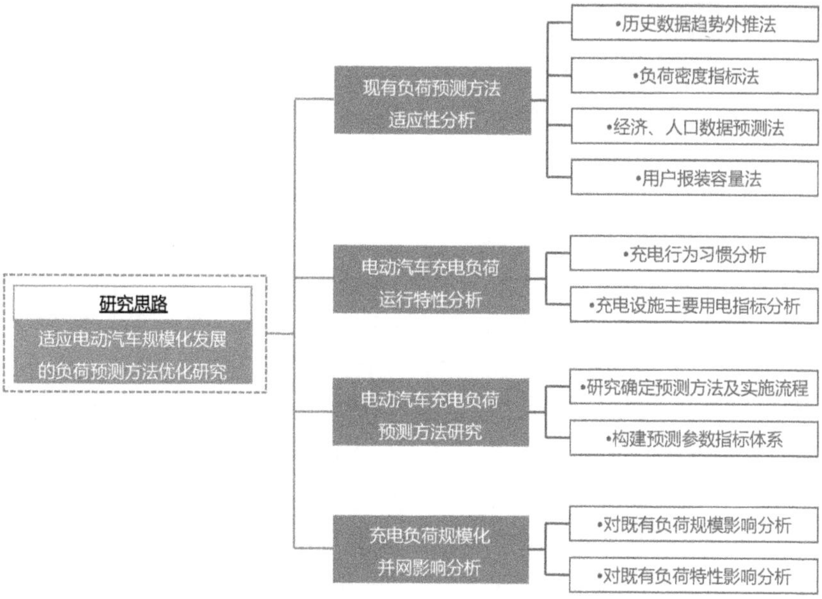

图 4-3　电动汽车充电负荷预测方法优化研究总体思路示意图

4.2 电动汽车充电负荷特性分析

一般来说,研究电力用户的负荷特性,主要从负荷的发生时刻及负荷的持续时间两个层面分析其变化规律,相对传统配电网用电负荷而言,电动汽车的移动属性在一定程度上增加了其负荷特性的复杂程度。

4.2.1 各类电动汽车充电行为特征分析

不同类型电动汽车其充电行为也存在着一定的差异,为了研究电动汽车充电负荷的特性情况,有必要对各类电动汽车的充电行为特征进行分析。

结合国内外诸多相关研究结论可知,电动汽车根据其车辆类型、使用用途、行驶方式等因素,可大致划分为六种类型,分别为私人乘用车辆、公共交通车辆、出租运营车辆、专用作业车辆、物流运输车辆以及通勤巴士车辆,各类车辆的具体充电行为特征如下(图 4-4)。

(1)私人乘用车辆。私人乘用车辆的行驶行为与车主的行动轨迹高度吻合,其行驶目的以抵达工作、学习、娱乐、购物、用餐目的地及返程为主,且行驶时段较为规律,工作日以早 7:00—10:00、16:00—22:00 为主,而节假日则主要分布在 8:00—23:00 时段。一般情况下私家车的单次出行距离均相对较短,现有电动汽车电池容量在完全充满的情况下,能够满足私家车在一天内的使用需求,其单日充电频率一般等于或小于 1 次,充电方式以车主居所的慢充充电桩为主。

(2)公共交通车辆。公交车是现阶段各城市地上公共交通网络的主要交通工具之一,其行驶路线及行驶里程均具有相对固定的特点,但公交车在 6:00—22:00 时段内处于持续运营的状态,因此其总行驶里程较长,单日内需通过 2 次及以上的充电行为才能满足整日的运营需求。以南方某典型城市公交车的实际运营情况来看,一般夜间充电 1 次,经过上午的行驶运营之后,午间或午后再充电 1~2 次,充电方式以快速充电为主。

(3)出租车。出租车同样具有单日内多次充电的行为特征,以南方某典型城市现状出租车运营情况来看,一辆出租车一般有 2 位司机分时段运营,其运营时间接近 24 h,在此期间出租车长期处于行驶状态,且行驶路线及目的地均具有较强的随机性。通过实地调研可知,该典型城市的出租车在一天内至少要保证 2 次快速充电才能满足实际的运营需求。

(4)专用作业车辆。专用作业车辆主要为环卫清洁车辆(简称环卫车),该类车型除去行驶用能外,作业用能也全部由动力电池提供,虽然电池容量较大,但在作业情况下的续航里程相对较短。环卫清洁车的作业范围及运行次数相对固定,因此一般情况下单次充电能够满足整日的运行需求,充电方式以快速充电为主。

(5)物流运输车辆(简称物流车)。根据南方某典型城市电动汽车推行的相关措施可知,在公交车全部完成纯电动化更换后,物流车辆将成为新的推广重点。物流车与出租车在行驶行为方面具有一定的相似性,其行驶里程长、行驶路线随机性强的特点十分突出,为了满足运营需求,纯电动物流车也需要 2 次以上快速充电行为才能满足全天的行驶需求。需要说明的是,近年来服务于城市建设的电动重卡(电动泥头车)也在逐步实现市场化应用,其行驶特性与项目建设地点、建设需求等高度关联,不同项目间的差别较为明显,此类车型的充电功率普遍较大，但整体用电规模还需结合城市建设项目及运输需求等进行具体分析。

（6）通勤巴士。通勤车辆也是相对容易实现纯电动化改造的一类车型，其运行特点具有出行次数、行驶路线及目的地均较为明确的特点，结合其运行过程中的用电需求以及出行频率，一般需要 2 次充电才能满足整日的行驶需求，充电方式以快速充电为主。

图 4-4　南方某典型城市各类电动汽车充电行为特征分析

4.2.2　影响电动汽车充电负荷特性的主要因素分析

由前文可知，电动汽车充电设施的负荷特性是受到多重影响因素综合作用的，但通过梳理总结，各类因素可归纳为两个方面，即电动汽车的类型及电动汽车的充电方式。

电动汽车的类型影响了充电负荷的发生时刻。电动汽车在其用途、起止地点、行驶里程、使用频率、运行工况等多个方面均具有较强的随机性，所以每一辆电动汽车的充电需求各不相同，但通过聚类分析，将所有电动汽车以车辆类型作为研究维度，同类车型的充电行为表现出了明显的相似性及规律性，因此在分析电动汽车充电负荷的发生时刻时，电动汽车车辆类型可以作为研究切入点。

而电动汽车的充电方式则反映了整个充电负荷的持续时间，以国内主要品牌电动汽车的实际充电时长来看，快速充电方式的充电持续时间在 0.5~2.5 h 之间，而慢充方式的充电时长主要集中在 5~10 h 之间，因此在研究电动汽车充电负荷特性时，充电方式也是影响负荷特性曲线变化的一项重要因素。

表 4-1　主要品牌电动汽车充电时间统计表

序号	品牌及车型	电池容量（kW·h）	慢充时长（h）	快充时长（h）	续航里程（km）
1	比亚迪-秦 PLUS	57	—	0.5	500
2	比亚迪-唐新能源	108.8	—	0.5	635
3	比亚迪-汉	85.4	—	0.5	715
4	比亚迪-海豚	44.9	—	0.5	405

续表

序号	品牌及车型	电池容量(kW·h)	慢充时长(h)	快充时长(h)	续航里程(km)
5	特斯拉中国-Model 3	60	10	1	556
6	特斯拉中国-Model Y	60	10	1	545
7	广汽埃安-AION S Plus	58.8	—	0.7	510
8	吉利-帝豪新能源	52.7	9	0.5	421
9	大众-ID.3	57.3	8.5	0.67	450
10	上汽大众-ID.4 X	83.4	12.5	0.67	607
11	丰田奕泽	54.3	6.5	0.83	400
12	小鹏汽车 G3	55.9	4.3	0.58	460
13	小鹏汽车 P7	83.1	6.5	0.55	670
14	蔚来 ES6	100	14	0.8	600
15	蔚来 EC6	100	14	0.8	605
16	哪吒 U	68.7	7	0.5	400
17	上汽通用五菱-宏光 MINIEV	26.5	8.5	—	300
18	长城汽车-欧拉好猫	47.8	8	0.5	401
19	奇瑞-无界	40.29	7	0.5	408
20	北汽极狐阿尔法 T	93.6	15.5	0.6	653
21	威马 EX5	69	8.4	0.5	520
22	岚图	88	8.5	0.75	475

综上所述,虽然在电动汽车的实际运行过程中有诸多因素影响着充电行为的发生,但归纳总结来看,其充电负荷的特性变化情况仍然具有较为明显的规律特征,以汽车类型及其充电方式作为分析维度,能够较为直观地反映一类车型的整体充电负荷特性情况。

4.2.3 典型地区电动汽车充电负荷特性分析

为了更加清晰、直观地论述各类电动汽车充电负荷的特性情况,以南方某典型城市为例,将其现状充电负荷的实际发生数据作为分析依据,在大规模数据统计、汇总的基础之上,对不同类型电动汽车的充电负荷特性进行研究。

需要说明的是,插电混合式电动汽车虽然在汽车动力总成方面与纯电动汽车有明显的区别,但结合国内在售的主流车型来看,其电池容量及续航里程则明显小于纯电动汽车,以比亚迪“秦”车型为例,其纯电动车型(EV300)的电池容量为 47.5 kW · h,标称续航里程为 300 km,而同款车型的插电混合式版本(1.5T)电池容量为 13 kW·h,在纯电动运行模式下的续航里程仅为 80 km,因此其充电频率并未与纯电动汽车产生明显的区别,且考虑到插电混合式电动汽车以私家车为主,其充电行为特征与纯电动私家车具有高度的相似性,因此两者在充电过程中对区域配电网负荷特性的影响可认为是相同的。

具体研究分析过程广泛采集了典型城市电动汽车充电设施的负荷数据,即通过供电公司现有计量自动化系统、配电 GIS 系统、配网调度运行管理系统等信息化平台，对 236 台充电设施专用变压器进行了数据分析，充分掌握了多个集中式充电站、充电桩专用配电变压器的负荷运行数据，为各类电动汽车充电负荷特性研究提供了丰富、翔实的数据支撑。所调研典型充电设施专用配电变压器明细（节选）如表 4-2 所示。

表 4-2　南方某典型城市电动汽车充电设施专用配电变压器调研明细（节选）

序号	用户名称	配变客户号	所属区局	配变容量（kV·A）	投运时间
1	××林公交车站充电站	094　300 004 875×××	F 区局	250	2011 年 7 月 11 日
2	××公交车站充电站	094　300 004 875×××	F 区局	250	2011 年 7 月 10 日
3	××公交枢纽充电站	094　300 004 779×××	F 区局	1 250	2010 年 6 月 22 日
4	××公交充电站	094　300 004 875×××	F 区局	1 600	2011 年 1 月 1 日
5	××公交总站充电站	094　500 004 881×××	Y 区局	800	2016 年 1 月 30 日
6	××路公交总站	094　400 004 882×××	N 区局	2 500	2016 年 3 月 31 日
7	××政府大院充电桩	09　440 005 263×××	F 区局	800	2016 年 6 月 22 日
8	××区政府充电站	094　500 004 883×××	Y 区局	1 600	2017 年 1 月 9 日
9	××村委充电站	094　700 004 865×××	L 区局	800	2015 年 12 月 12 日
10	××文化园充电桩	094　200 004 878×××	H 区局	800	2016 年 1 月 28 日
11	××商城充电站	094　700 004 865×××	L 区局	800	2015 年 10 月 30 日
12	××公园充电站	094　301 000 351×××	F 区局	800	2017 年 6 月 8 日
13	体育场充电站	094　300 004 875×××	F 区局	1 250	2012 年 5 月 11 日
14	××世界汽车充电站	094　401 000 679×××	N 区局	800	2017 年 3 月 18 日
15	××嘉园充电桩	094　200 004 813×××	H 区局	630	2017 年 10 月 25 日
16	××社区充电桩	094　400 004 887×××	N 区局	2 500	2016 年 3 月 30 日
17	××居比亚迪充电站	094　200 004 869×××	H 区局	1 600	2016 年 1 月 28 日
18	××林充电站	094　300 004 873×××	F 区局	800	2016 年 1 月 20 日
19	××阁充电站	094　300 004 897×××	F 区局	1 000	2016 年 5 月 5 日
20	西门充电站	094　301 000 398×××	F 区局	800	2017 年 6 月 5 日
21	比亚迪充电站 1	094　700 004 875×××	L 区局	800	2015 年 11 月 20 日
22	比亚迪充电站 2	094　200 004 812×××	H 区局	1 250	2013 年 8 月 31 日
23	比亚迪充电桩 3	099　903 000 727×××	D 区局	800	2017 年 8 月 30 日
24	××大厦充电站	094　401 000 717×××	N 区局	1 250	2017 年 6 月 20 日
25	××汽车站充电站	094　400 004 889×××	N 区局	800	2015 年 4 月 20 日
26	××大巴充电站	094　200 004 880×××	H 区局	1 600	2016 年 4 月 26 日
27	奥特莱斯充电站	094　502 000 371×××	Y 区局	1 000	2012 年 4 月 1 日
28	车港城充电站	094　301 000 371×××	F 区局	2 500	2017 年 7 月 17 日
29	高新区充电站	094　400 004 877×××	N 区局	400	2011 年 7 月 1 日
30	××工业园充电站	094　500 004 883×××	Y 区局	800	2016 年 1 月 20 日

在调研对象的选择方面,充分考虑了充电设施主要的充电车辆类型,通过对充电设施专用变压器负荷特性情况进行分析,即可反映该充电站所对应电动汽车类型在规模化应用情况下的充电负荷特性。此种方法虽然无法反映一辆电动汽车的充电行为特征,但结合负荷预测方法优化的研究目的,同一类车型规模化充电负荷的特性情况更加利于电动汽车整体充电负荷的预测,在实际研究过程中更加具有支撑作用及应用价值。

以公交充电站为例,作为纯电动公交车的专用充电站,其充电负荷变化情况能充分反映公交车类型纯电动汽车的负荷特性;再以 ×× 山充电站为例,其良好的地理位置使其成为纯电动出租车充电的首要选择。因此,在难以全面分析各类因素对充电负荷特性的影响时,以充电设施作为研究切入点,通过分析其专用配电变压器运行情况的方式,能够有效简化问题的复杂程度,且其分析结果能够真实地反映该地区电动汽车的充电行为特征及充电负荷特性。上述充电设施调研对象与主要充电车辆类型的对应情况如图 4-5 所示。

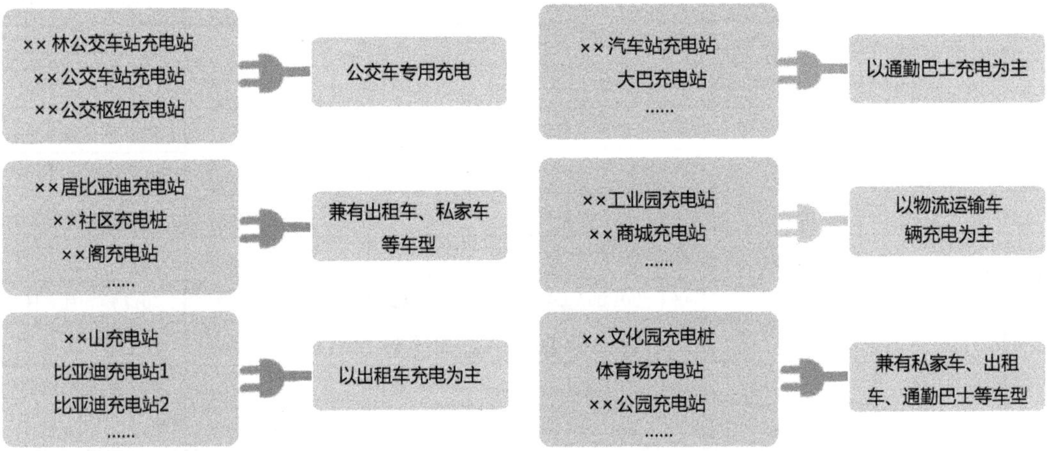

图 4-5　典型城市充电设施调研对象与主要充电车辆类型对应情况说明

考虑到区域配电网既有负荷以“夏大”为主的典型特性,研究过程重点对地区夏季典型日的充电负荷特性情况进行了梳理分析。同时,所调研配变的容量规模各有不同,因此为了直观反映各类车型充电曲线的特性情况,同时为了各车型间充电特性横向比较及后续研究奠定基础,具体分析过程对不同负荷水平的电动汽车充电曲线进行了归一化处理,故下述各图中的负荷水平仅表示负荷变化程度,不代表典型充电曲线的具体负荷数值。

1. 私家车典型充电负荷特性分析

研究过程对典型城市大型居民小区周边的集中式充电站专用配电变压器运行负荷情况进行了详细的统计分析,其具体充电负荷特性曲线如图 4-6、图 4-7 所示。

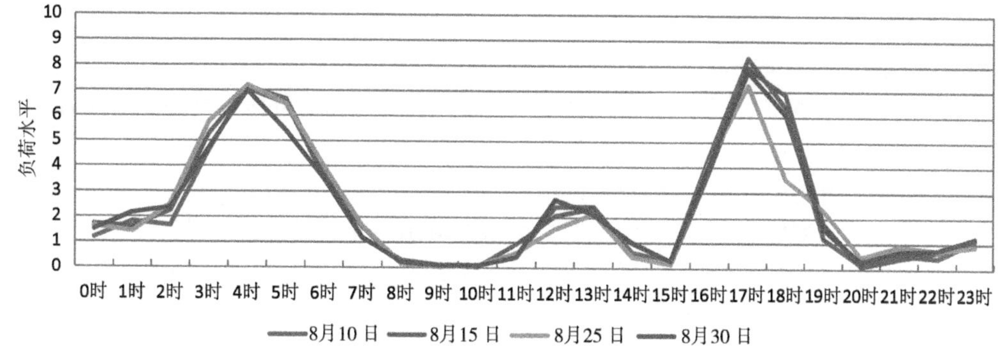

图 4-6　典型城市居民小区集中式充电站负荷特性典型曲线（工作日）

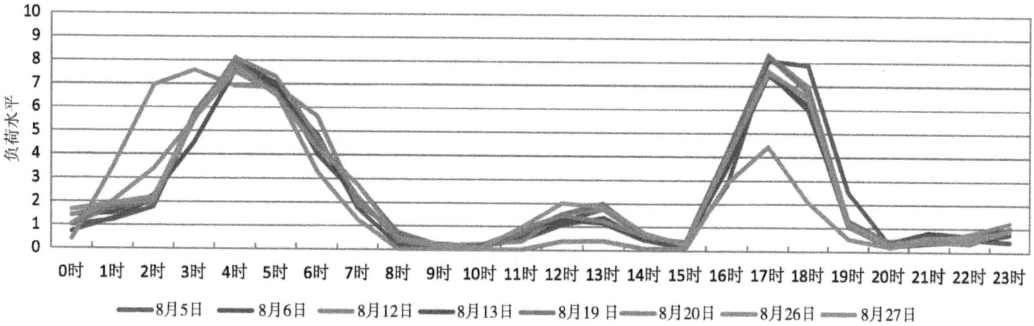

图 4-7　典型城市居民小区集中式充电站负荷特性典型曲线（周末）

通过对上述曲线进行分析可以看出，其充电负荷的变化情况与私家车实际的出行习惯具有较大的出入，其主要原因在于现实情况中私家车的充电方式以居住场所慢速充电为主，以日间公共充电设施快速充电方式为辅，因此虽然调研的典型充电设施位于大型居民小区周边，但实际参与充电的车辆类型则以出租车、物流车等为主。考虑到私人充电桩的充电负荷数据很难被直接监测，且难以从其他充电负荷数据中单独剥离，因此为了满足分析需求，分析过程直接引用已经过研究确认并获得公众认可的研究结论作为电动私家车充电负荷特性的分析依据，其具体情况如图 4-8 所示。

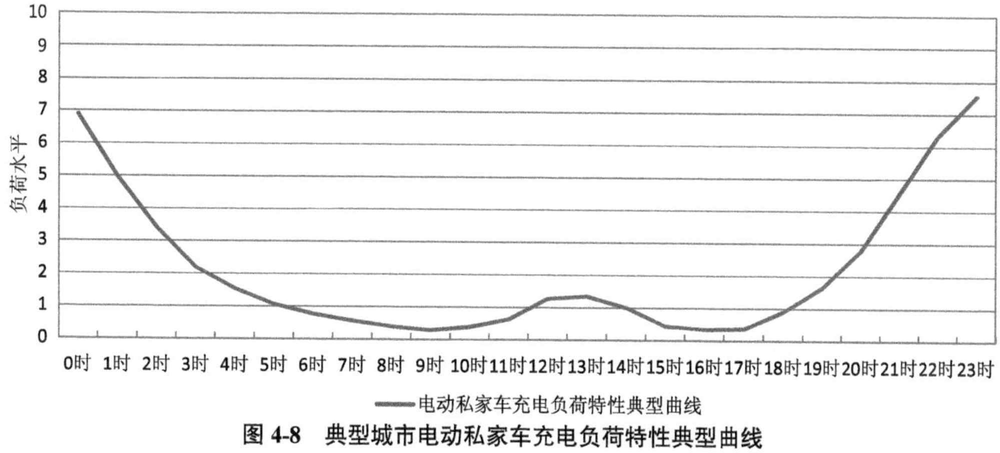

图 4-8　典型城市电动私家车充电负荷特性典型曲线

从充电负荷特性典型曲线可以看出，私人乘用电动汽车的充电特征与车辆的行驶习惯有着密切联系，一天中的充电负荷高峰主要集中在车辆返回住所且长时间停泊的时段，即晚18时至次日清晨6时许，这期间随着返回住所车辆的增多，充电负荷也开始逐步攀升，至23时到次日凌晨1时许这一时段，私家车充电负荷达到高峰。

2. 公交车典型充电负荷特性分析

研究过程对典型城市17座大型电动公交车充电站的充电负荷情况进行了调研分析，通过数据整理，在去除施工、检修、投运时间不足等不合格数据后，最终确定纯电动公交车的充电负荷曲线如图4-9、图4-10所示。

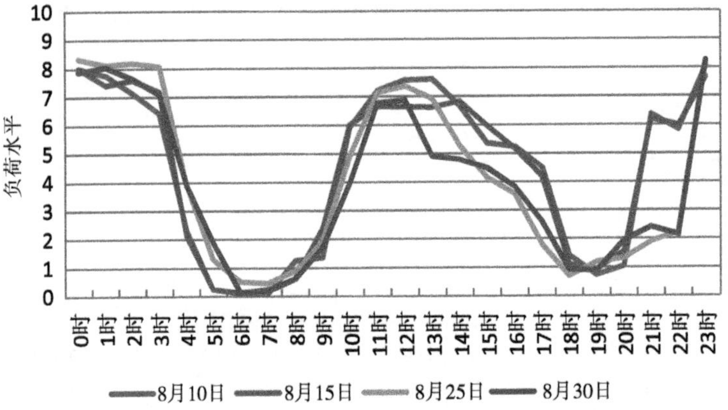

图4-9　典型城市纯电动公交车充电负荷特性典型曲线(工作日)

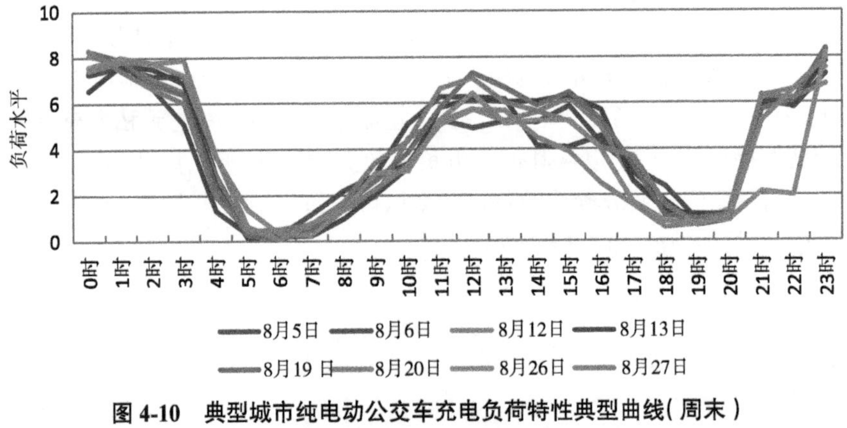

图4-10　典型城市纯电动公交车充电负荷特性典型曲线(周末)

由图4-9、图4-10可以看出，纯电动公交车规模化充电行为一天内发生两次，第一次时间为早7时至晚19时之间，其中正午12时为充电负荷峰值期，第二个充电负荷发生时段出现在深夜，23时是一天中第二个充电高峰时段。纯电动公交车充电行为的发生与其运营高峰期有较为密切的关系，当早高峰时段开始后，公交车发车班次增加，留站车辆减少，因此充电负荷有所下降，至晚高峰时段，再次出现充电负荷下降情况；而早晚高峰之前及之后的时段，为了保证高峰时段的用车需求，均会出现较为明显的集中充电行为，因此充电负荷再次升高。

3. 出租车典型充电负荷特性分析

研究过程对典型城市纯电动出租车的运行情况进行了实地调研，其中 ×× 山充电站及部分比亚迪公司建设的集中式充电站是出租车主要的充电场所。为此，研究过程选取了较为典型的纯电动出租车充电站负荷情况进行了数据分析，其负荷特性曲线情况如图 4-11、图 4-12 所示。

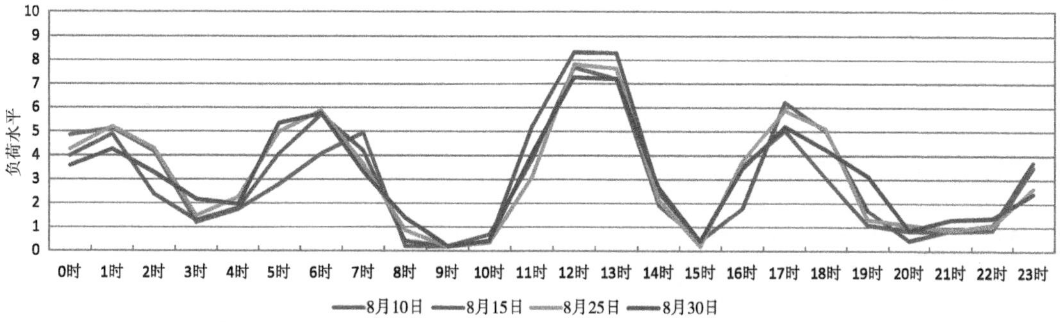

图 4-11　典型城市纯电动出租车充电负荷特性典型曲线(工作日)

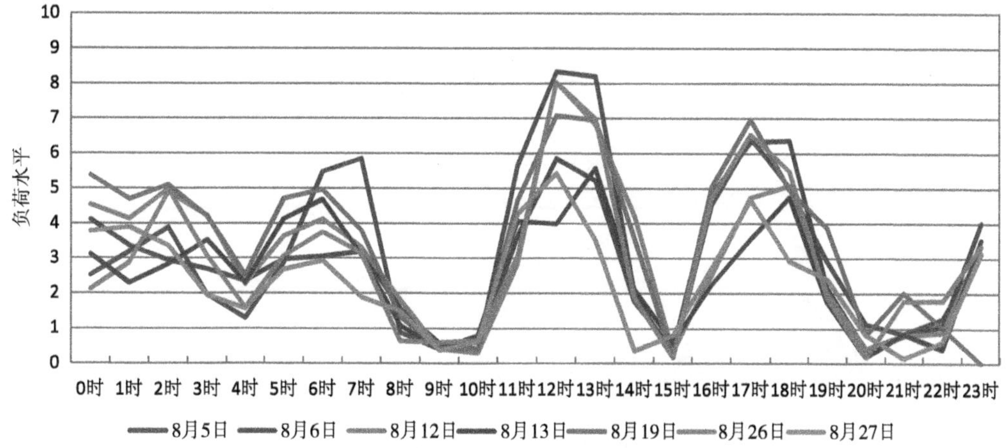

图 4-12　典型城市纯电动出租车充电负荷特性典型曲线(周末)

由上述曲线图可以看出，出租车充电行为主要集中在四个阶段，分别为 5 时至 7 时，11 时至 15 时，16 时至 18 时，以及 22 时至次日 2 时，其充电行为与典型城市现行的峰平谷电价以及出租车的运行习惯有关，“谷”电价及“平”电价时段恰好是出租车充电行为集中发生的时段，且与出租车运营修整时段相吻合，在凌晨 3 时至 5 时阶段，电动出租车的充电行为也有明显下降。

4. 环卫车典型充电负荷特性分析

研究过程对典型充电设施专用台区的台账信息进行了详细梳理，并未确定与环卫车充电行为相关的台账数据，因此无法对其充电特性曲线进行详细的描述；在广泛调研国内外相关研究成果的过程中同样未见针对纯电动环卫车充电行为的研究内容，因此亦无法引用相关成果。但正如前文所述，考虑到环卫车的运行作业特性，其充电行为应与私家车的充电负荷特性具有较高的相似性，且考虑到纯电动环卫车在现实环境电动汽车保有量中的占比情况，故本次研究将以私家车充电负荷特性曲线作为参考，对环卫车充电负荷的特性情况进行研究。

5. 物流车典型充电负荷特性分析

物流车类型是继纯电动公交车普及后的重点推广方向，物流车在运营特点及运行特性上与出租车具有较高的相似性，其充电行为的发生必然要考虑充电时段的电价情况以及自身的运营需求。结合样例城市调研数据的分析结果，可确定纯电动物流车充电负荷特性曲线如图 4-13、图 4-14 所示。

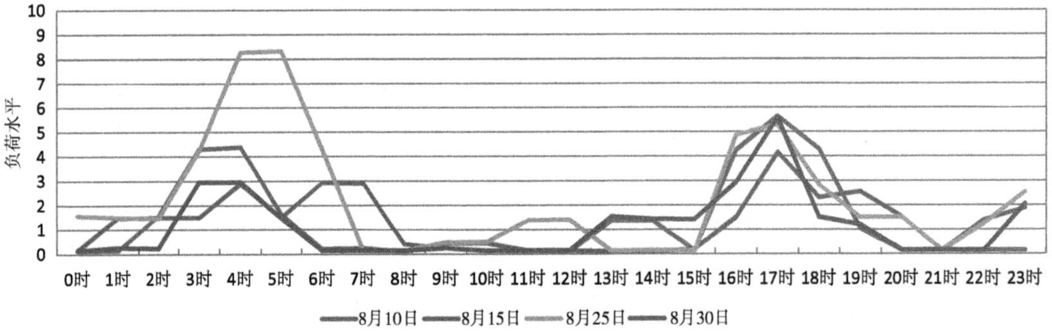

图 4-13　典型城市纯电动物流车充电负荷特性典型曲线（工作日）

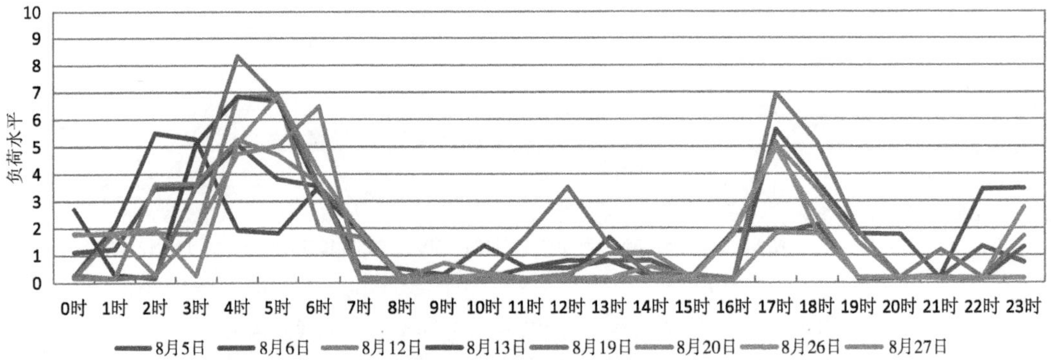

图 4-14　典型城市纯电动物流车充电负荷特性典型曲线（周末）

物流车充电负荷主要发生在 4 时至 7 时以及 17 时至 19 时两个时段，11 时至 14 时这一时段，也有一定的充电负荷。从曲线整体变化情况来看，物流车充电负荷的峰值发生时刻与出租车同时段的负荷特性基本吻合，区别在于，物流车的运营时间及充电需求小于出租车，因此物流车一天内只有两个充电负荷高峰，且主要集中在一天中车辆开始运营之前及车辆停止运营之后的空闲时段。

6. 通勤巴士典型充电负荷特性分析

通勤巴士充电负荷特性的基础研究数据主要采集自大巴车站、区域性汽车场站等通勤巴士集中充电的区域，其负荷特性典型曲线情况如图 4-15、图 4-16 所示。

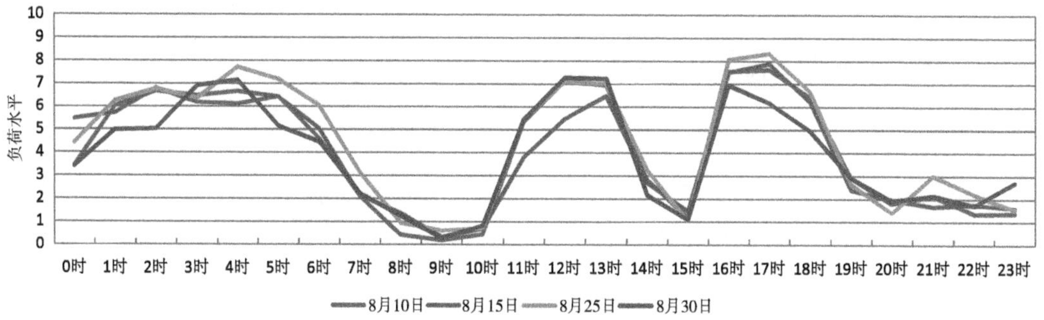

图 4-15　典型城市纯电动巴士充电负荷特性典型曲线(工作日)

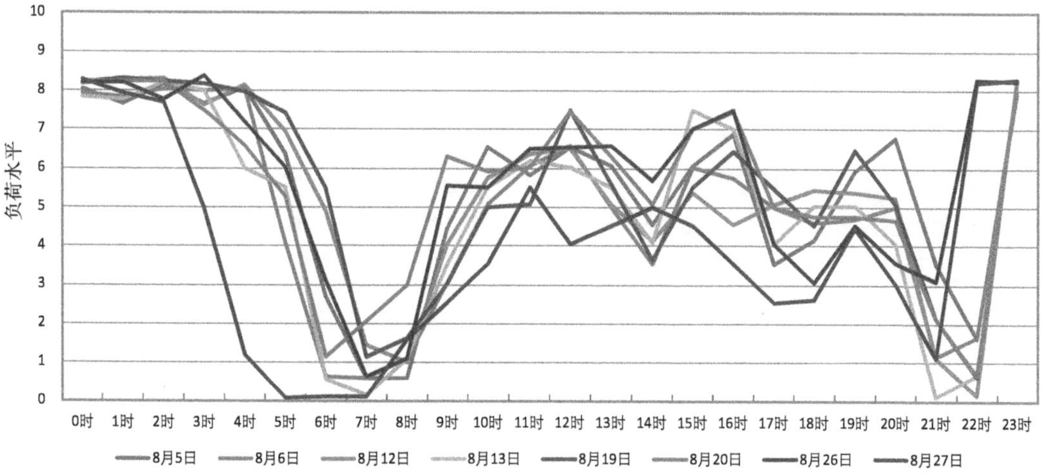

图 4-16　典型城市纯电动巴士充电负荷特性典型曲线(周末)

以典型城市的实采数据来看,纯电动巴士的充电行为较为规律,充分利用峰平谷电价降低充电成本,夜间为其主要充电时段,充电过程中的第一个峰值出现在夜间,之后在白天经过一段时间的运营后,分别于中午及傍晚再次进行充电。

综合上述分析可以看出:对于私家车而言,采用居所自有慢充装置的充电方式最为常见,虽然电动私家车的保有量明显高于其他车型,但其充电负荷主要发生在夜间,即区域配电网既有负荷特性曲线的波谷阶段,且慢充装置的充电功率明显小于其他快充类设备功率;而对于以运营为主的车辆而言,现有技术条件下的电池容量很难满足其整日的运营需求,因此必须通过 2 次或多次充电的方式提升车辆的单日续航里程,但考虑到自身的运营成本,峰平谷电价也是影响其充电行为的重要因素之一,其充电时间与“谷”“平”电价的实行时段高度吻合;对于纯电动公交车而言,通过快充方式能够实现大容量车载电池在一天内多次充电的需求,其充电行为主要与公交车辆的发车频率有关,当早晚高峰时段时,其充电负荷有明显下降。

4.3 电动汽车充电负荷预测方法优化研究

在前述各类电动汽车充电行为及其充电负荷特性研究成果的基础之上，基于“利用统计学分析方法确定充电负荷预测指标参数”的技术思路，研究提出适用于区域电动汽车规模化发展背景的充电负荷预测优化方法。

4.3.1 电动汽车充电负荷总量预测方法研究

大量研究表明，当参与充电行为的电动汽车样本达到一定规模时，其充电负荷总量随时间变化的情况与一段高斯分布曲线或多段高斯曲线叠加的结果高度相似，其曲线拟合过程满足如下高斯分布概率密度函数方程：

$$f(x)_n = a_1\exp\left(-\left(\frac{x-b_1}{c_1}\right)^2\right) + a_2\exp\left(-\left(\frac{x-b_2}{c_2}\right)^2\right) + \boxtimes + a_n\exp\left(-\left(\frac{x\text{-}b_n}{c_n}\right)^2\right)$$

基于这一结论，研究过程将以前文各类车型典型充电负荷特性曲线为依据，通过高斯曲线模拟，确定各类电动汽车具有时序特征的总体充电负荷规律。其具体情况如下。

1. 私家车充电负荷高斯分布曲线模拟

电动私家车充电习惯以夜间充电、一日一充为主，其充电负荷可依据整点时刻划分为 24 个时段，假设每段负荷值恒定，其高斯分布曲线拟合结果如图 4-17 所示。

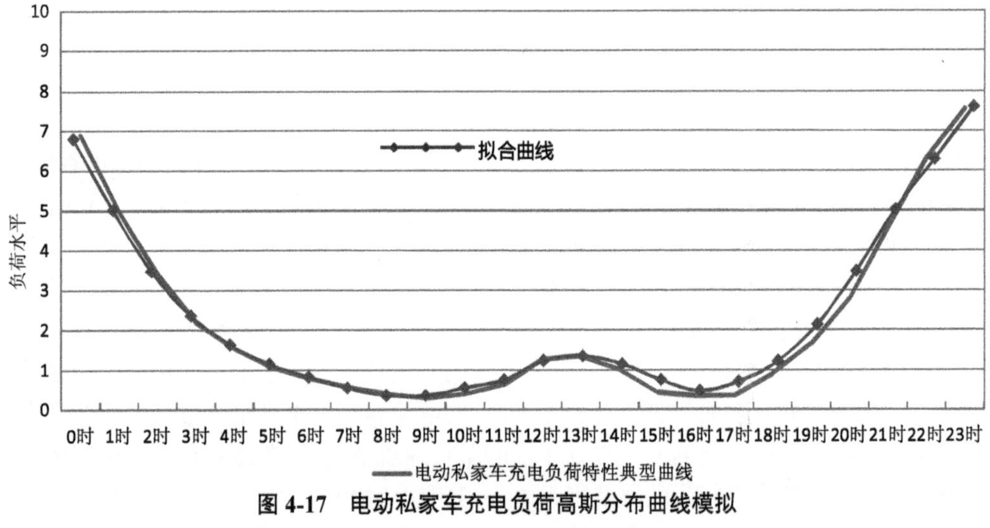

图 4-17　电动私家车充电负荷高斯分布曲线模拟

对拟合方程进行求解，能够得到 24 个时刻充电负荷发生的分布概率，通过对解值做适当修正，确定其具体结果如表 4-3 所示。

表 4-3　电动私家车 24 个时刻充电概率统计表

时刻	0 时	1 时	2 时	3 时	4 时	5 时	6 时	7 时	8 时	9 时	10 时	11 时
概率	0.16	0.12	0.08	0.05	0.03	0.02	0.01	0.01	0.01	0.01	0.01	0.01

续表

时刻	0 时	1 时	2 时	3 时	4 时	5 时	6 时	7 时	8 时	9 时	10 时	11 时
时刻	12 时	13 时	14 时	15 时	16 时	17 时	18 时	19 时	20 时	21 时	22 时	23 时
概率	0.02	0.03	0.02	0.01	0.01	0.01	0.02	0.04	0.08	0.12	0.15	0.18

从方程求解结果可以看出，样例城市电动私家车最大充电概率发生在 23 时，其发生概率为 0.18，13 时充电概率略有提升，其余时段按高斯曲线分布情况，概率值逐渐降低。

2. 公交车充电负荷高斯分布曲线模拟

纯电动公交车为满足运营需求，通常采用“一日两充”的方式为动力用电池供电，其充电时段与运营高峰期有较为密切的联系，充电行为主要集中在正午及午夜前后，依照其充电负荷曲线按照 24 个时刻分段，拟合后的高斯分布曲线结果如图 4-18 所示。

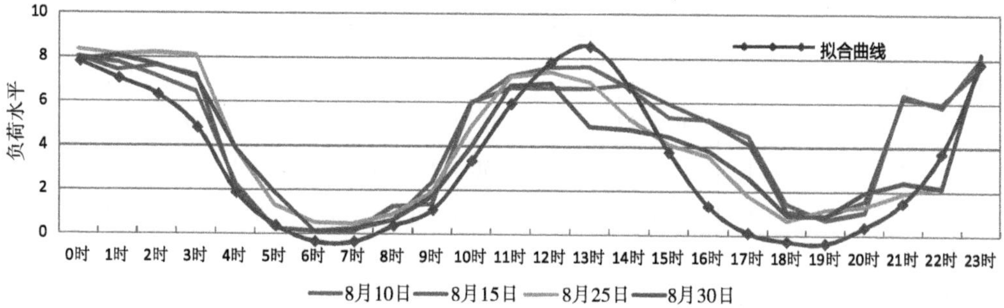

图 4-18　纯电动公交车充电负荷高斯分布曲线模拟

对拟合曲线进行求解，能够得到纯电动公交车 24 个时刻充电负荷的发生概率，通过对解值做适当修正，确定其具体结果如表 4-4 所示。

表 4-4　纯电动公交车 24 个时刻充电概率统计表

时刻	0 时	1 时	2 时	3 时	4 时	5 时	6 时	7 时	8 时	9 时	10 时	11 时
概率	0.11	0.10	0.09	0.07	0.03	0.01	0.01	0.01	0.01	0.02	0.05	0.09
时刻	12 时	13 时	14 时	15 时	16 时	17 时	18 时	19 时	20 时	21 时	22 时	23 时
概率	0.11	0.12	0.10	0.06	0.02	0.01	0.01	0.01	0.01	0.03	0.06	0.11

从拟合求解结果来看，纯电动公交车的充电发生概率最大值发生在 13 时，概率为 0.12，此时刻之前及之后的概率都呈下降趋势，至 18 时后，充电行为发生概率提升，至 23 时达到 0.11 这一水平。

3. 出租车充电负荷高斯分布曲线模拟

结合电动出租车实际运营情况，为满足其行驶需求，一般采用“一日两充”的方式为动力用电池供电，受到峰平谷电价的影响，结合充电负荷特性情况来看，电动出租车的充电负荷高峰分布在一天中的 4 个时段，其高斯分布曲线拟合结果如图 4-19 所示。

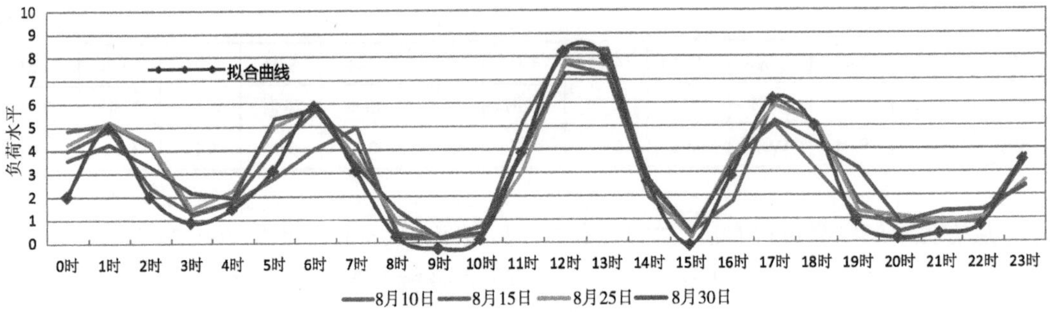

图 4-19 电动出租车充电负荷高斯分布曲线模拟

对拟合曲线进行求解，能够得到电动出租车 24 个时刻充电负荷发生的分布概率，通过对解值做适当修正，确定其具体结果如表 4-5 所示。

表 4-5 电动出租车 24 个时刻充电概率统计表

时刻	0 时	1 时	2 时	3 时	4 时	5 时	6 时	7 时	8 时	9 时	10 时	11 时
概率	0.08	0.18	0.08	0.04	0.06	0.12	0.21	0.12	0.02	0.01	0.01	0.14
时刻	12 时	13 时	14 时	15 时	16 时	17 时	18 时	19 时	20 时	21 时	22 时	23 时
概率	0.29	0.28	0.1	0.01	0.11	0.22	0.18	0.04	0.02	0.02	0.03	0.13

从拟合求解结果可以看出，电动出租车充电发生概率的最大值发生在 12 时，概率水平为 0.29，其余大概率时刻依次为 13 时 0.28，17 时 0.22，6 时 0.21 以及 1 时 0.18。

4. 环卫车充电负荷高斯分布曲线模拟

如前文所述，在未能收集到环卫车充电相关资料的情况下，考虑其充电行为与私家车的高度相似性，采用私家车的高斯分布曲线模拟结果作为环卫车充电负荷分析的支撑依据，其具体 24 个时刻概率分布情况如表 4-6 所示。

表 4-6 电动环卫车 24 个时刻充电概率统计表

时刻	0 时	1 时	2 时	3 时	4 时	5 时	6 时	7 时	8 时	9 时	10 时	11 时
概率	0.16	0.12	0.08	0.05	0.03	0.02	0.01	0.01	0.01	0.01	0.01	0.01
时刻	12 时	13 时	14 时	15 时	16 时	17 时	18 时	19 时	20 时	21 时	22 时	23 时
概率	0.02	0.03	0.02	0.01	0.01	0.01	0.02	0.04	0.08	0.12	0.15	0.18

5. 物流车充电负荷高斯分布曲线模拟

物流车的运营情况与出租车具有相似性，须通过“一日两充”方式满足运营需求，对其一天 24 个时刻的实测负荷发生情况进行高斯分布曲线拟合，具体情况如图 4-20 所示。

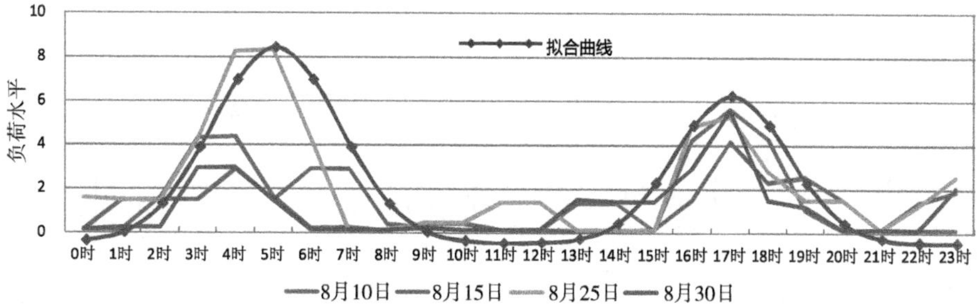

图 4-20　电动物流车充电负荷高斯分布曲线模拟

对拟合曲线进行求解,能够得到纯电动物流车 24 个时刻充电负荷发生的分布概率,通过对解值做适当修正,确定其具体结果如表 4-7 所示。

表 4-7　电动物流车 24 个时刻充电概率统计表

时刻	0 时	1 时	2 时	3 时	4 时	5 时	6 时	7 时	8 时	9 时	10 时	11 时
概率	0.01	0.02	0.03	0.07	0.12	0.14	0.12	0.07	0.03	0.01	0.02	0.04
时刻	12 时	13 时	14 时	15 时	16 时	17 时	18 时	19 时	20 时	21 时	22 时	23 时
概率	0.06	0.04	0.02	0.04	0.09	0.11	0.09	0.04	0.03	0.02	0.01	0.03

纯电动物流车的充电行为最大概率发生时刻为 5 时,概率值为 0.14,之后经过白天的运营,至 17 时达到第二大发生概率时刻,其概率值为 0.11。

6. 通勤巴士充电负荷高斯分布曲线模拟

通勤巴士一天内需通过两次充电来满足运营需求,对其一天 24 个时刻的实测负荷发生情况进行高斯分布曲线拟合,具体情况如图 4-21 所示。

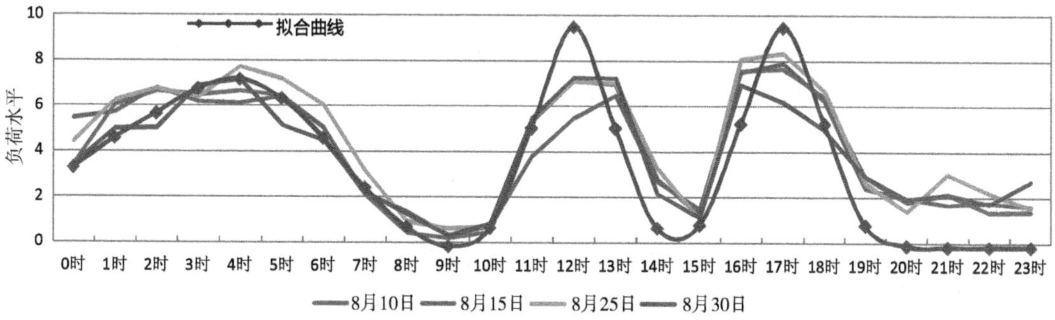

图 4-21　电动通勤巴士充电负荷高斯分布曲线模拟

对拟合曲线方程进行求解,并对解值做适当修正,确定其具体充电负荷发生概率分布情况如表 4-8 所示。

表 4-8 纯电动通勤巴士 24 个时刻充电概率统计表

时刻	0 时	1 时	2 时	3 时	4 时	5 时	6 时	7 时	8 时	9 时	10 时	11 时
概率	0.08	0.11	0.135	0.16	0.17	0.15	0.11	0.06	0.02	0.1	0.02	0.12
时刻	12 时	13 时	14 时	15 时	16 时	17 时	18 时	19 时	20 时	21 时	22 时	23 时
概率	0.23	0.12	0.02	0.02	0.13	0.22	0.13	0.02	0.02	0.02	0.02	0.02

纯电动巴士在 12 时的充电行为发生概率最大，其概率值为 0.23，其后依次为 17 时 0.22，以及 4 时 0.17。

通过对各类电动汽车充电行为的发生情况进行高斯分布曲线拟合，能够得到一天 24 个时刻各类电动汽车充电行为的发生概率，这一研究结果是电动汽车各类影响因素综合作用后充电行为的直观体现，能够直接应用于区域配电网电动汽车充电负荷的总量预测工作；且在区域峰平谷电价、电动汽车动力用电池等重要边界条件不发生变化的情况下，该研究结果可作为预测常数应用于各个年份的充电负荷预测工作，换言之，即用户充电行为不发生明显改变的情况下，此种预测方法的变量仅仅是汽车保有量的增加而已。

在前述研究成果的基础之上，进一步确定地区电动汽车 24 个时刻充电负荷的预测公式如下。

$$P_i = \sum_{j=1}^{n} \alpha_{ij} N_j p_j$$

式中 j——电动汽车的种类；

P_i——第 i 时刻各类电动汽车充电总负荷；

a_{ij}——第 j 种电动汽车在第 i 时刻充电负荷的发生概率；

N_j——第 j 种电动汽车的总保有量；

p_j——第 j 种电动汽车的充电功率。

假设该典型城市至某规划年的电动汽车保有量为 115 871 辆，各类车型的具体数量及其对应充电桩功率如表 4-9 所示，则可以前述研究成果为基础，对规划年各类电动汽车充电负荷的用电需求进行预测。表 4-10 为典型城市规划各类电动汽车 24 个时刻充电负荷预测结果。

表 4-9 典型城市规划年电动汽车保有量情况及对应充电桩功率参数

电动车类型	汽车保有量（辆）	充电桩功率（kW）
私家车	50 692	慢充 3.5/快充 42
公交车	16 419	120
出租车	25 000	42
环卫车	760	84
物流车	20 000	84
通勤巴士	3 000	120

注：私家车 7:00—16:00 充电考虑采用快充方式。

表 4-10　典型城市规划年各类电动汽车 24 个时刻充电负荷预测结果

时刻	车辆充电总负荷（MW）						合计（MW）
	私家车	公交车	出租车	环卫车	物流车	通勤巴士	
0 时	28.39	216.73	84.00	10.21	16.80	28.80	384.93
1 时	21.29	197.03	189.00	7.66	33.60	39.60	488.18
2 时	14.19	177.33	84.00	5.11	50.40	48.60	379.63
3 时	8.87	137.92	42.00	3.19	117.60	57.60	367.18
4 时	5.32	59.11	63.00	1.92	201.60	61.20	392.15
5 时	3.55	19.70	126.00	1.28	235.20	54.00	439.73
6 时	1.77	19.70	220.50	0.64	201.60	39.60	483.82
7 时	21.29	19.70	126.00	0.64	117.60	21.60	306.83
8 时	21.29	19.70	21.00	0.64	50.40	7.20	120.23
9 时	21.29	39.41	10.50	0.64	16.80	36.00	124.63
10 时	21.29	98.51	10.50	0.64	33.60	7.20	171.74
11 时	42.58	177.33	147.00	1.92	67.20	43.20	479.22
12 时	85.16	354.65	325.50	3.19	100.80	90.00	959.30
13 时	63.87	315.24	304.50	1.92	67.20	43.20	795.93
14 时	63.87	236.43	126.00	1.28	33.60	32.40	493.58
15 时	21.29	118.22	10.50	0.64	67.20	7.20	225.05
16 时	21.29	39.41	115.50	0.64	151.20	46.80	374.83
17 时	1.77	19.70	231.00	0.64	184.80	79.20	517.12
18 时	3.55	19.70	189.00	1.28	151.20	46.80	411.53
19 时	7.10	19.70	42.00	2.55	67.20	7.20	145.75
20 时	14.19	19.70	21.00	5.11	50.40	7.20	117.60
21 时	21.29	59.11	21.00	7.66	33.60	7.20	149.86
22 时	26.61	118.22	31.50	9.58	16.80	7.20	209.91
23 时	31.94	216.73	136.50	11.49	50.40	7.20	454.26

将各类电动汽车同时刻充电负荷进行叠加，可确定其规划年夏季典型日的充电负荷变化情况如图 4-22 所示。

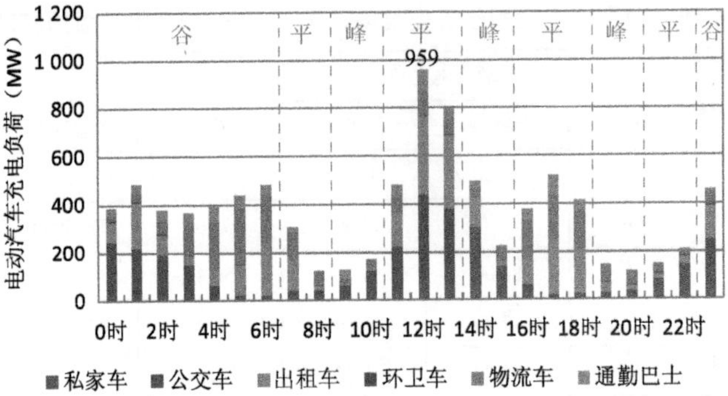

图 4-22　典型城市规划年夏季典型日 24 时刻电动汽车充电负荷示意图

通过预测结果可知，该典型城市规划年电动汽车充电总负荷预计将达到 959 MW，其负荷高峰出现在正午 12 时，其中公交车充电负荷为 355 MW，出租车充电负荷为 325 MW，两类车型占到充电总负荷的 71%；另一方面，从充电负荷的时间分布情况来看，该城市现行峰平谷电价政策对电动汽车充电行为有较为明显的引导作用，电动汽车在“峰”电价时段的总负荷水平明显小于其他电价时段，可以确定供电企业电价引导政策已初步形成了对电动汽车充电行为的有效管理。

至此，电动汽车充电负荷总量预测方法已研究确定，其具体预测流程如图 4-23 所示。

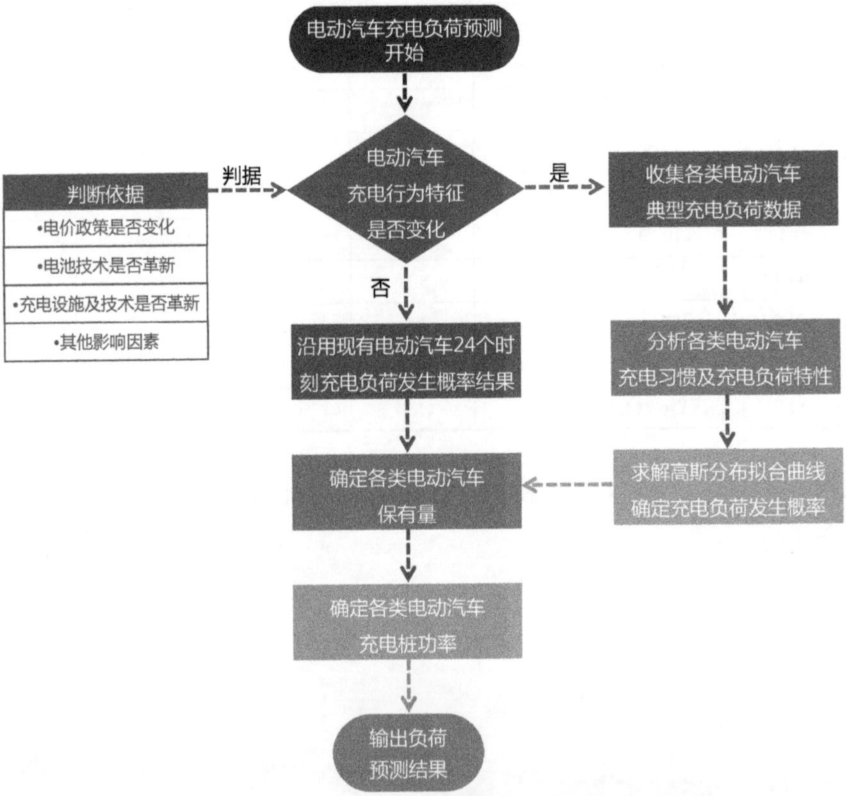

图 4-23　电动汽车 24 个时刻充电负荷总量预测方法流程图

该预测方法将复杂的电动汽车充电行为及其诸多影响因素总结为反映充电负荷发生概率的参数指标，在影响电动汽车充电行为的边界条件未发生变化的情况下，该方法能够广泛应用于区域配电网常规规划及电动汽车专项研究工作中，具有良好的预测精度及易用性，能够为电动汽车相关建设工作的开展提供清晰明确的量化支撑依据。

4.3.2　电动汽车充电负荷对区域电网负荷总量的影响

在确定典型城市电动汽车 24 个时刻充电负荷预测方法的基础之上，将其与该地区规划年网供负荷预测结果相结合，即可确定在电动汽车规模化发展背景下的区域配电网负荷预测结果，其具体说明如下。

以该城市配电网规划成果为依据，假设至规划年该地区网供最大负荷预计为 1 900 万 kW。与此同时，进一步对现状既有负荷最大负荷日的特性情况进行分析，确定其负荷特性曲线如图 4-24 所示。

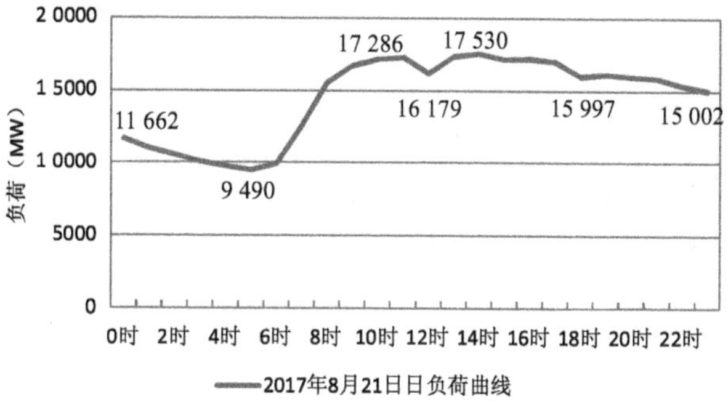

图 4-24　典型城市现状年最大负荷日负荷特性曲线图

则基于上述边界条件，在假设至规划年地区最大负荷日负荷特性未发生明显变化的情况下，则通过 24 个时刻电动汽车充电负荷的叠加，可最终确定全网最大负荷情况（表 4-11、图 4-25）。

表 4-11　典型城市规划年 24 时刻网供负荷预测结果表

时刻	配电网规划预测负荷（MW）	电动汽车充电负荷（MW）	叠加后全网负荷（MW）
0 时	12 640	384.93	13 024
1 时	11 938	488.18	12 426
2 时	11 468	379.63	11 847
3 时	10 944	367.18	11 311
4 时	10 583	392.15	10 975
5 时	10 286	439.73	10 726
6 时	10 737	483.82	11 221
7 时	13 590	306.83	13 896
8 时	16 822	120.23	16 943

续表

时刻	配电网规划预测负荷(MW)	电动汽车充电负荷(MW)	叠加后全网负荷(MW)
9时	18 088	124.63	18 213
10时	18 607	171.74	18 778
11时	18 736	479.22	19 215
12时	17 536	959.30	18 495
13时	18 813	795.93	19 609
14时	19 000	493.58	19 494
15时	18 613	225.05	18 838
16时	18 636	374.83	19 011
17时	18 437	517.12	18 954
18时	17 338	411.53	17 750
19时	17 496	145.75	17 642
20时	17 306	117.60	17 424
21时	17 187	149.86	17 337
22时	16 644	209.91	16 854
23时	16 260	454.26	16 714

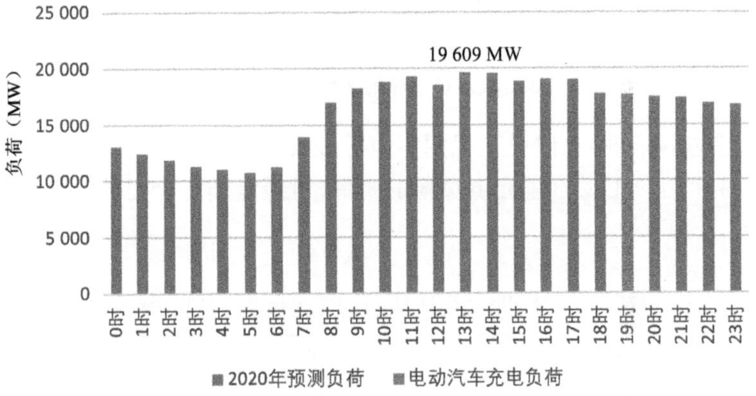

图 4-25　典型城市规划年 24 时刻网供负荷变化情况(叠加电动汽车充电负荷)

可以看出,在未叠加电动汽车充电负荷的情况下,典型城市规划年最大负荷为19 000 MW,最大负荷时刻出现在14时;在考虑全市约12万辆电动汽车充电负荷影响的情况下,其最大负荷提升至19 609 MW,最大负荷时刻提前至13时(表4-12)。

表 4-12　典型城市规划年考虑充电负荷影响的全网负荷特性指标

规划年负荷预测结果	最大负荷(MW)	最小负荷(MW)	峰谷差值(MW)	峰谷差率(%)
配电网规划预测负荷	19 000	10 286	8 714	45.86
预测负荷叠加充电负荷	19 609	10 726	8 883	45.30

综上所述，电动汽车规模化发展对全网负荷水平产生了一定影响，随着电动汽车规模的不断扩大，网供最大负荷水平将进一步提升，且最大负荷发生时刻也产生了变化；而从负荷特性指标的分析结论来看，虽然昼夜时段的负荷水平值会明显提升，但其峰谷差率并未增大，甚至出现了一定程度的回落。因此可以再一次确定，电动汽车保有量是影响电网负荷水平的重要因素之一，保有量规模越大，则网供最大负荷水平提升的可能性越大，但有序充电管理能够有效缓解电动汽车充电负荷对网供负荷的冲击作用，且科学合理的电动汽车充电行为管理，能够进一步优化区域负荷特性水平，缩小负荷峰谷差距，进一步提升配电网运行经济性。

4.4 电动汽车充电负荷预测方法优化总结

通过系统性分析论证，本章研究提出了基于统计学分析思路的电动汽车总量负荷预测方法，为地区配电网规划工作的开展构建了具有高度可操作性及适用性的负荷预测工具，能够有效提升电动汽车规模化发展背景下配电网规划成果对于区域电网实际建设的指导意义及决策支撑作用。具体来说主要研究亮点及成果可总结为如下五个方面（图 4-26）。

第一，充分调研分析地区现状电动汽车充电负荷需求，以大量真实、可靠的实际充电设施运行数据作为分析基础，充分支撑了研究结论的真实性及适用性。

第二，对电动汽车的充电负荷特性进行系统性梳理，以不同车辆类型为区分，逐一对各类电动汽车的充电负荷特性及负荷发生概率进行分析，使得研究成果在支撑充电负荷总量预测的同时，能够依据电动汽车类型对充电负荷的构成情况进行详细分解，为区域配电网规划工作及其他专项研究工作的开展提供量化支撑依据。

第三，研究确定了各类电动汽车不同时刻充电负荷的发生概率，对区域内不同时刻电动汽车充电负荷的变化情况进行详细的量化说明，使得预测结果既能反映充电负荷的总量水平，又能反映充电负荷的特性变化情况。

第四，构建形成了具有普遍适用性的电动汽车充电负荷预测流程，在不同城市的实际应用过程中，通过简单的调研分析计算，即可形成具有高度区域适用性的电动汽车充电负荷预测工具，为该预测方法的进一步推广应用奠定了技术基础。

第五，明确了具有时间特性的电动汽车充电负荷并网影响分析思路，将“负荷总量叠加”的方式优化为以负荷发生时刻为基础的同时刻负荷叠加方法，更加真实、准确地反映了电动汽车充电负荷对区域配电网既有负荷特性的影响程度，为配电网规划工作开展提供了更加严谨、翔实的量化支撑依据。

图 4-26 电动汽车充电负荷预测研究成果总结

在肯定上述预测方法可行性及适用性的同时，也应客观认识到在实际推广应用过程中，上述方法仍有进一步的优化提升空间，具体来说主要包含两点内容。

一是从所收集的基础研究数据来看，支撑私家车充电负荷特性研究的数据规模应进一步扩充，以此提升其充电行为研究成果的典型性水平。

二是通过与电动汽车充电设施运营公司的实际交流可知，部分早期建设的集中式充电站存在“地多桩少”的问题，车主休息室面积过大，而充电站的土地面积并未充分利用，目前已有部分充电站开展“扩桩”改造工作，预计改造完成后，充电负荷可能进一步释放，建议届时对前述分析计算所确定的预测参数给予及时修正。

第 5 章　电动汽车及储能发展对配电网规划经济性影响研究

配电网规划成果对于区域配电网发展建设具有重要的引领、支撑作用,具体来说主要体现在两个方面:首先,规划过程能够系统性分析区域配电网建设的供需规模,为配电网整体建设目标的确定提供支撑依据;其次,规划方案的研究论证过程充分考虑了项目建设的技术可行性及经济可行性,可确保规划成果在实现技术目标的同时,满足电网建设的整体经济性需求。

考虑到电动汽车及储能设备规模化发展所产生的影响,传统规划方法在配电网建设需求论证及建设经济性评价方面的支撑作用须进一步提升。为此,在前述研究成果的基础之上,有必要对电动汽车充电设施及储能接入配电网的经济性影响做进一步分析论证。

5.1　主要研究思路

在电动汽车充电设施对配电网投资经济性的影响方面,从不同类型负荷区域基于电动汽车快速发展背景所受到的影响程度出发,重点对居民区和商业区叠加充电负荷的投资效益进行计算分析。其中,根据不同负荷类型区域各类车主充电规律、现行电价政策等影响因素,又分别进一步细化研究了不同电动汽车充电负荷渗透率、充电控制效果、充电设施使用同时率等场景下的投资效益影响水平。

在储能装置接入对配电网投资经济性的影响方面,考虑到差异化场景下不同投资目的对储能运行特点以及投资成本、价值归属的影响,研究过程进一步将储能应用场景区分为配网侧应用场景和用户侧应用场景两种主要类型。在此基础之上,配网侧应用场景进一步细分为配变低压侧和中压线路级两种应用场景;用户侧应用场景进一步细分为区域配电网不同发展阶段下的应用场景。根据不同场景划分,逐步开展储能应用对供电企业投资效益影响的量化分析论证。

研究过程总体思路如图 5-1 所示。

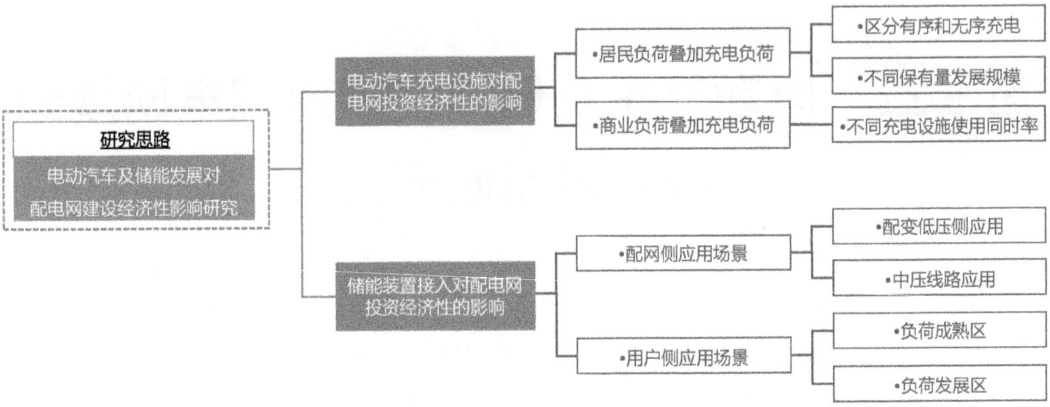

图 5-1　电动汽车及储能发展对配电网建设经济性影响研究思路示意图

基于前述研究思路，为了直观论述配电网规划建设所受经济性影响的具体程度，研究过程考虑以典型城市各类型负荷实际运行数据为基础，对相关影响进行量化分析计算。负荷运行数据是将典型城市居民、商业、工业、综合四种负荷类型作为研究数据分类，将线路负荷发展成熟作为收集标准，重点调研收集了 20 回典型中压配电网线路现状年的负荷运行数据。

具体收集数据包括全年各日最大负荷时刻负荷，以及各月代表日整点负荷数据，在此基础之上，近似计算得到每回典型线路 8 760 个时的负荷特性曲线，并以此作为后续效益分析的基础。相较于传统方式下以典型日或高峰负荷日为基础的计算分析方法，此种数据应用方式能够以年度为单位，更加充分地反映充电设施及储能并网后对配电网建设经济性的累计影响，为项目建设及管理决策提供参考依据。

以典型城市部分负荷发展相对成熟的居民、商业、工业、综合四类负荷性质典型中压线路数据为例，各线路负荷率及部分线路各季节代表日负荷曲线如图 5-2、图 5-3 所示。

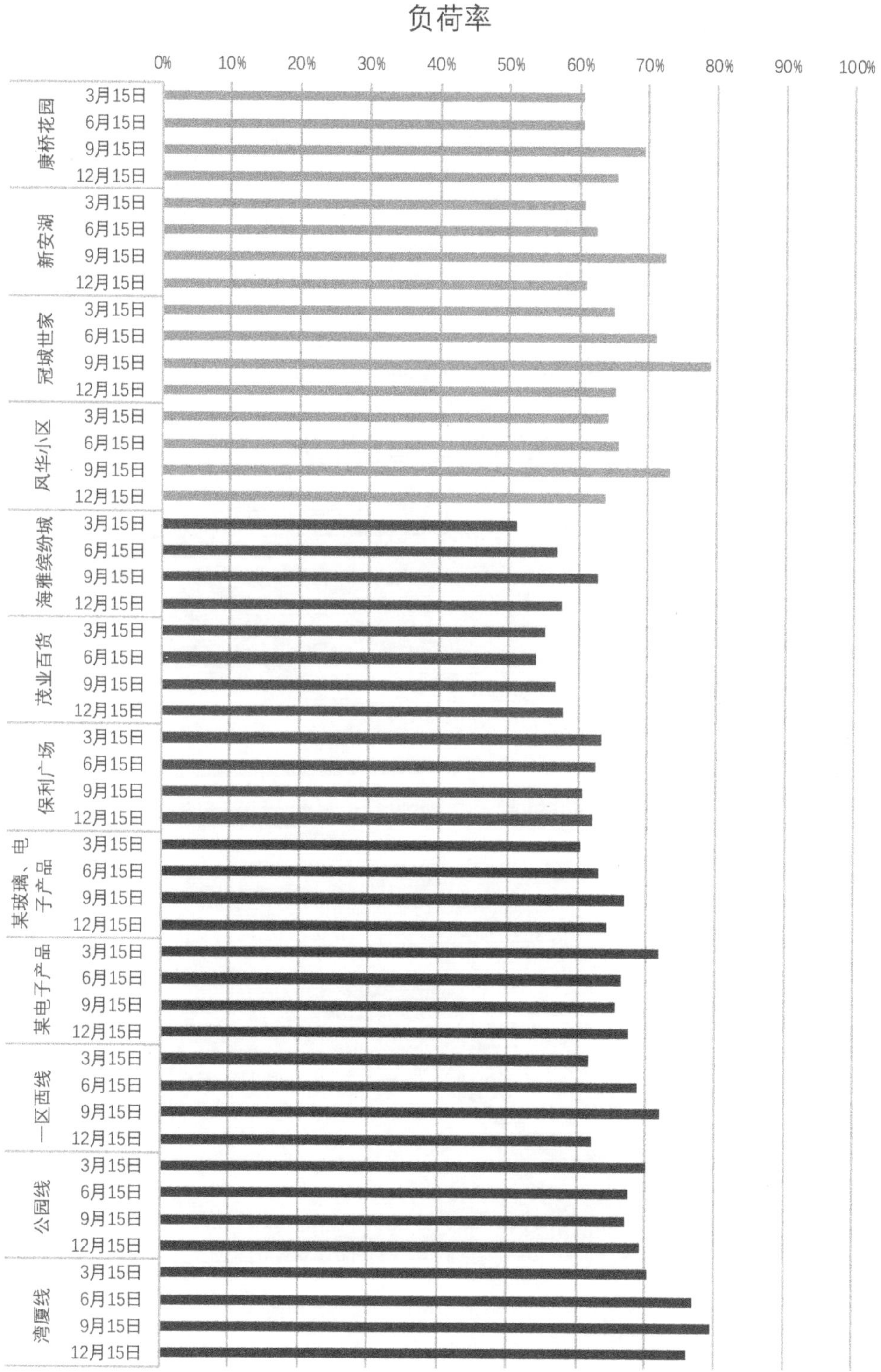

图 5-2　各类型典型用户线路负荷率

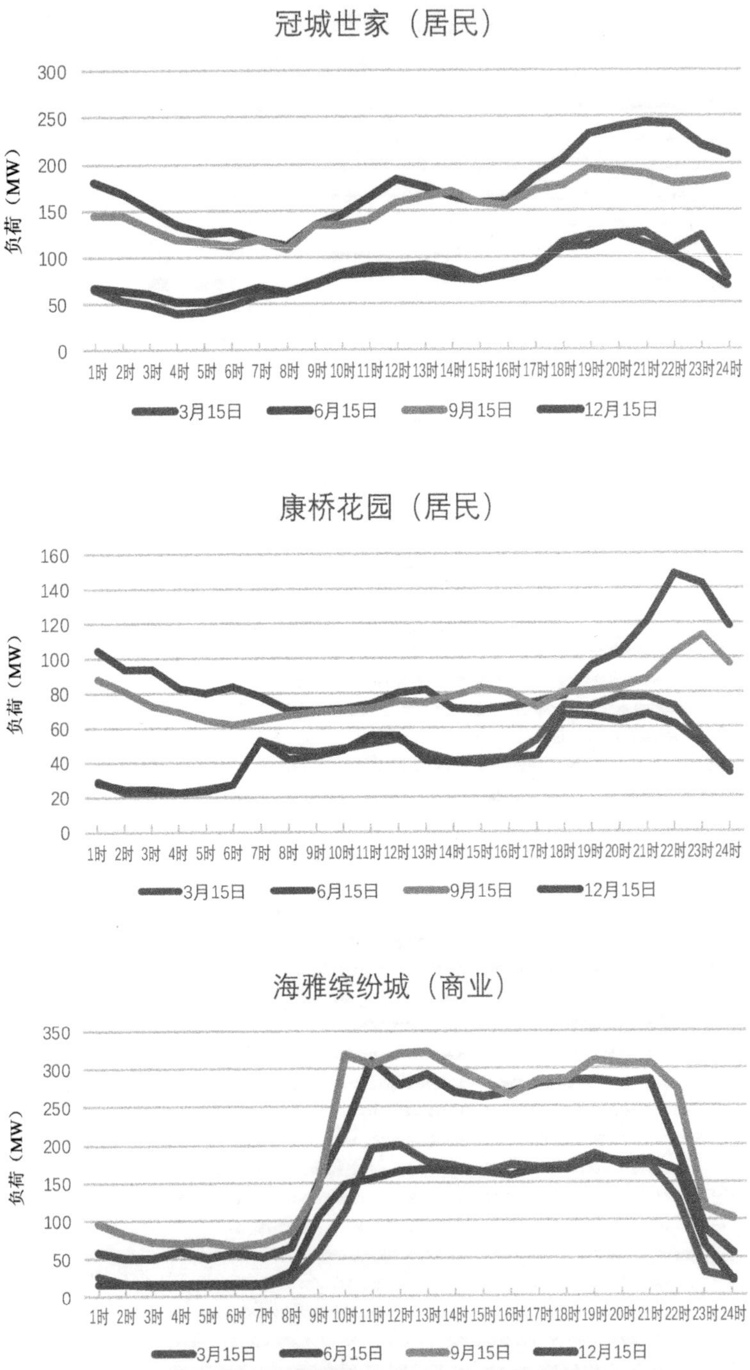

图 5-3　各类型典型用户负荷特性曲线

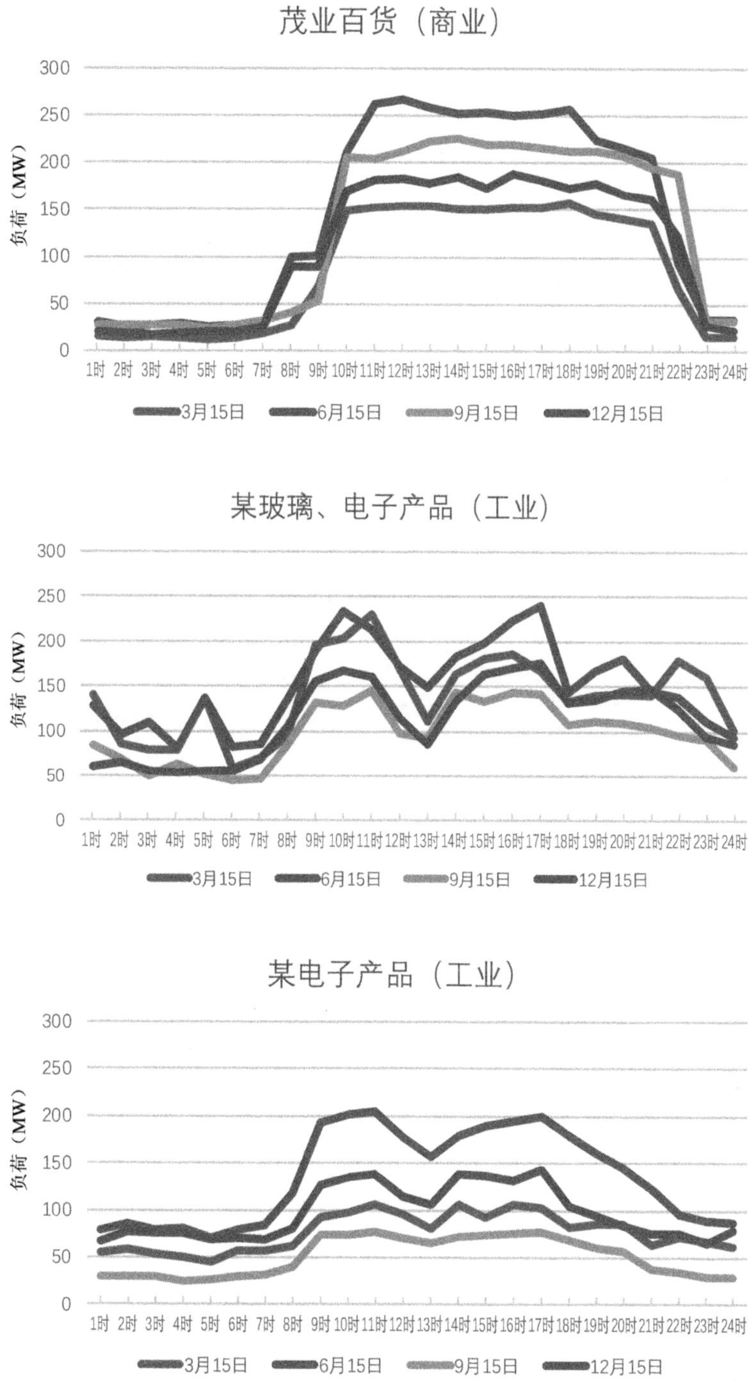

图 5-3　各类型典型用户负荷特性曲线(续)

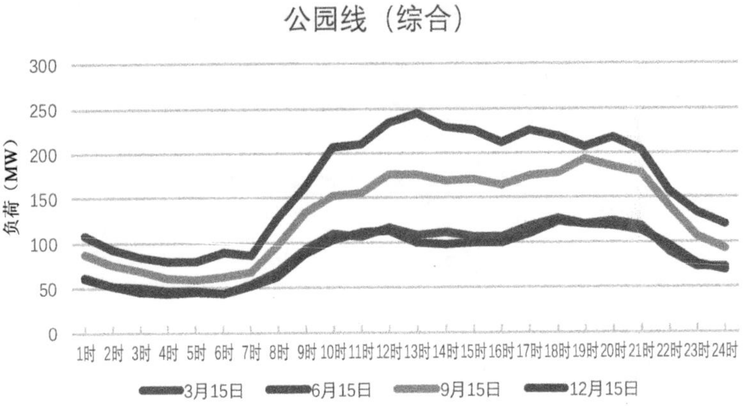

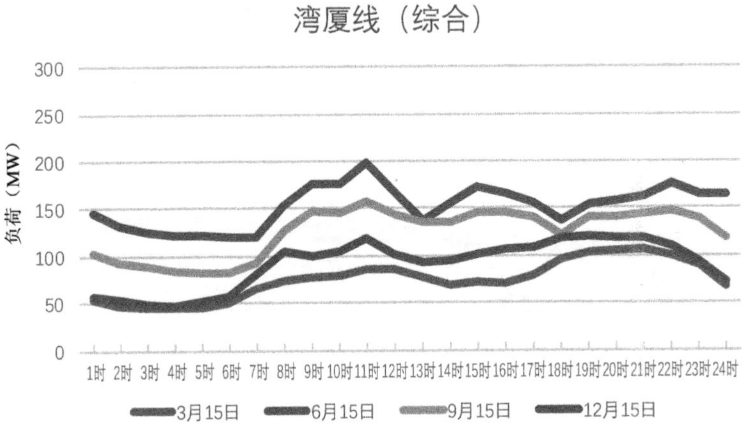

图 5-3 各类型典型用户负荷特性曲线(续)

后续电动汽车充电负荷、储能设备接入对配电网建设经济性影响分析，将以上述典型线路负荷数据作为量化研究的数据基础。

5.2 电动汽车充电设施接入对配电网投资经济性影响分析

5.2.1 主要分析思路

随着电动汽车的快速发展和广泛应用，充电设施的并网接入会对配电网局部或整体负荷特性产生影响，前文已采用实测数据调研与分析的方式，对电动汽车充电规律与负荷特性变化相关性的内容进行了详细的分析论述。而电动汽车充电行为对负荷特性的影响，最终会体现在规划方案投资经济性的影响上，以此作为背景，研究过程将重点对相关场景下的经济性影响进行量化分析，为配电网规划决策提供参考。

1. 基于 8 760 个时点的负荷模拟与年电量计算分析

不同类型用户的基础负荷规模存在明显差别，为了满足研究需求，在综合权衡模拟精度和计算量大小的情况下,考虑将整个负荷变化过程以小时为单位进行划分,且各小时段内的负荷视作恒定数值,即以年为单位,在一个完整的研究周期内将 8 760 个时点连续的负荷变化曲线近似处理为一个具有 8 760 个数据的数组,即:

$$P_{\text{comm}} = [P_1, P_2, \boxtimes, P_i, \boxtimes, P_{8\,760}]$$

8 760 个时点负荷的确定以典型用户负荷特性曲线调研结果为依据,得到各时点负荷与最大负荷之间的关系,之后根据不同场景最大负荷负荷值的设定,计算得到该场景下 8 760 个时点负荷。

负荷曲线与坐标轴围成的面积即为研究周期内满足该负荷用电需求的供电量水平。因为各小时段的负荷按以上方式近似为恒定值,且时间段长度刚好为单位长度 1 h,所以年供电量可近似计算为:

$$Q_{\text{comm}} = \sum_{i=1}^{8\,760} P_i$$

基础负荷叠加电动汽车充电负荷曲线也采用相同的近似处理方式进行模拟计算,其具体过程不再赘述。在年供电量的基础上,即可结合不同负荷类型的阶梯电价或分时电价情况,对效益水平进行分析测算。

2. 分析场景的确定

一般情况下,乘用电动车充电需求与人口密度有较大的正相关性,工业区人口密度及电动汽车充电需求明显低于商业区和居民区,而综合区负荷构成又存在较大的不确定性,其分析计算结果难有代表性。因此,在前文所述典型负荷曲线用户调研的基础上,主要针对商业区和居民区电动汽车充电负荷发展所产生的配电网建设经济性影响进行分析计算。

以单回 10 kV 线路投资为分析单位,分别基于居民、商业负荷特性和充电负荷模拟数据,考虑有序充电和无序充电的不同特征以及多种充电设施同时率的场景,从充电负荷引起的负荷特性变化出发,研究分析电动汽车发展对单回线路投资回报的影响。

其中,居民负荷线路区分为有序充电和无序充电两种场景,商业负荷线路区分为充电设施不同程度使用同时率的场景,分别进行动态经济性分析。

参考前文所述各类典型负荷曲线用户的对比分析结果,研究过程选取康桥花园供电线路的负荷特性规律,作为居民负荷的模拟数据基础;选择保利广场供电线路的负荷特性规律,作为商业负荷的模拟数据基础。

5.2.2　居民区充电负荷发展的投资经济性分析

1. 有序充电与无序充电

现阶段样例城市居民小区电动汽车充电执行居民合表电价,而其他充电场景均执行峰平谷电价。因此,对于居民小区电动汽车充电行为所造成的经济性影响,将分别考虑有序充电和无序充电两种场景进行计算及对比分析。

1)无序充电

在无经济利益、政策引导或技术控制手段的情况下,车主的充电行为往往基于自身需求而随机发生,例如车主在下班回家后便开始充电, 18: 00 左右充电负荷陆续增加,充电时间大约持续 6 h。此种情况下,用户未受控制的充电行为可能导致配电网既有负荷峰值在叠加充电负荷后形成新的负荷高峰,从而对电网运行造成新的供电压力。

2)有序充电

有序充电是指依据特定的控制策略和价格引导机制,最大限度地控制充电负荷不确定性对电网造成的不利影响,并且使充电行为趋向最有利于电网运行经济性和安全性的方式。通过对电动汽车充电行为的协调控制,使车辆集中在负荷低谷时段充电,利用电动汽车改善配电网既有负荷特性的曲线形态,以提高电网投资和运行的经济性及安全性。

基于前文负荷特性的研究结果,假设充电行为的协调预期目标为住宅区夜间 1 点至 7 点充电。用β表示愿意参与协调充电的电动汽车比例,无序充电和有序协调充电模式下,分别分析计算基础负荷、β=0%、β=20%、β=40%、β=60%、β=80%、β=100%情况下的 7 组负荷曲线模拟场景。

2. 相关分析参数设定

基于前述分析思路,投资经济性分析所需的其他相关计算参数设定说明如表 5-1 所示。

表 5-1 居民区电动汽车充电对配电网投资经济性影响分析参数设定表

项目	参数设定
线路类型	根据典型城市“十四五”配电网规划技术原则和各类供电区现状线路情况,确定 A+、A 类主干导线均为电缆,B 类为电缆、架空各 50%,电缆导线型号为 3 × 300 mm²,架空导线型号为 185mm²
投资单价	参照典型城市“十四五”配电网规划综合造价
线路负载率	50%
基础负荷电价	按居民夏季/非夏季各月阶梯电价标准
充电负荷电价	按合表居民电价
单回线路居民户数	2 000 户(参考典型城市部分区局调研反馈居民供电线路户数数据以及配电网“十四五”规划现状平均单回线路户数设定)
内部收益率	7%
运维费率	5%(材料费 1%,修理费 1.5%,其他费 2.5%)
充电功率	3.5 kW

3. 计算结果分析

1)不同协调充电比例下的负荷特性

无序充电和有序协调充电模式下,分别计算基础负荷、β=0%、β=20%、β=40%、β=60%、β=80%、β=100%情况下的 7 组负荷曲线模拟场景。

由于本次研究计算颗粒度较细,8 760 个时点数据曲线庞大,为便于阐述分析结果,选取 6 月 15 日全天 24 h 的负荷曲线作为示意,其具体情况如图 5-4 所示。

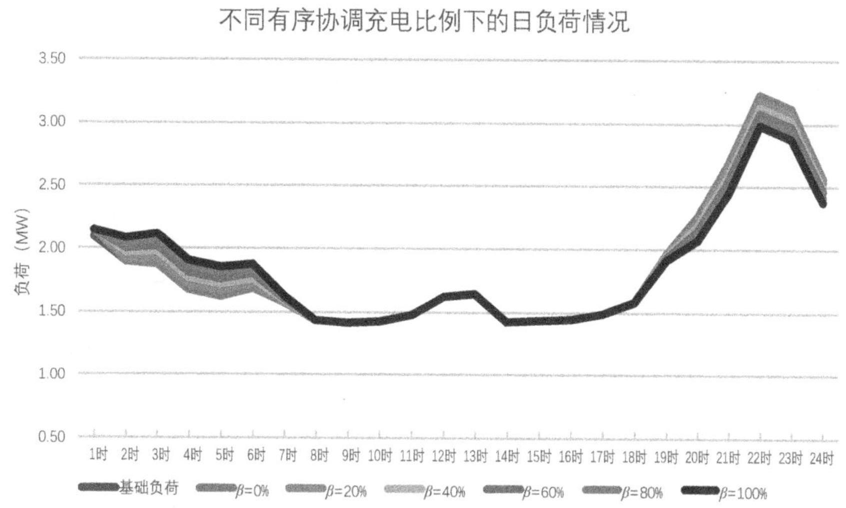

图 5-4　不同协调充电比例下的日负荷特性变化情况（按每 30 户一辆电动汽车考虑）

2）不同电动汽车发展规模下的单回线路年电量收益

在明确不同协调充电比例下线路日负荷特性变化情况的基础之上，进一步对不同电动汽车发展水平下的线路年电量收益情况进行分析。电动汽车的发展规模一般以人均保有量或千人保有量表示，为了与配电线路供电户数相衔接，研究过程用每百户电动汽车保有量表示。

同时，在每百户电动汽车保有量基础之上，为了更加直观了解电动汽车充电负荷对配电网建设经济性的影响，定义电动汽车充电负荷渗透率指标α如下：

$$\alpha = \frac{P_{\mathrm{EVmax}}}{P_{\max}} \times 100\%$$

式中　P_{EVmax}——无序充电方式下电动汽车充电负荷最大值；

$P_{\max}$——基础负荷与电动汽车负荷叠加后的负荷最大值。

基于上述边界条件及现行电价政策，将基础负荷、无序充电、有序充电不同协调比例以及不同电动汽车保有量为变量参数，分别分析计算 8 760 个时点年负荷数据的电量收益情况，其具体结果如表 5-2、图 5-5 所示。

表 5-2　不同电动汽车发展程度、不同充电协调比例下的单回线路年电量收益

协调充电负荷比例	每百户电动汽车数量									
	1 辆	2 辆	3 辆	4 辆	5 辆	10 辆	20 辆	30 辆	50 辆	100 辆
EV 充电负荷渗透率α	1.8%	3.5%	5.9%	6.8%	8.4%	15.5%	26.9%	35.8%	47.9%	64.8%
基础负荷（万元）	735	735	735	735	735	735	735	735	735	735
β=0%（万元）	729	722	714	711	707	687	656	633	603	564
β=20%（万元）	732	728	724	722	720	710	695	684	668	648
β=40%（万元）	735	734	734	734	733	735	739	743	749	763

续表

协调充电负荷比例	每百户电动汽车数量									
	1 辆	2 辆	3 辆	4 辆	5 辆	10 辆	20 辆	30 辆	50 辆	100 辆
EV 充电负荷渗透率α	1.8%	3.5%	5.9%	6.8%	8.4%	15.5%	26.9%	35.8%	47.9%	64.8%
β=60%（万元）	738	741	744	746	748	762	788	813	854	927
β=80%（万元）	741	747	755	758	764	792	845	898	855	764
β=100%（万元）	744	753	766	771	780	825	915	838	751	649

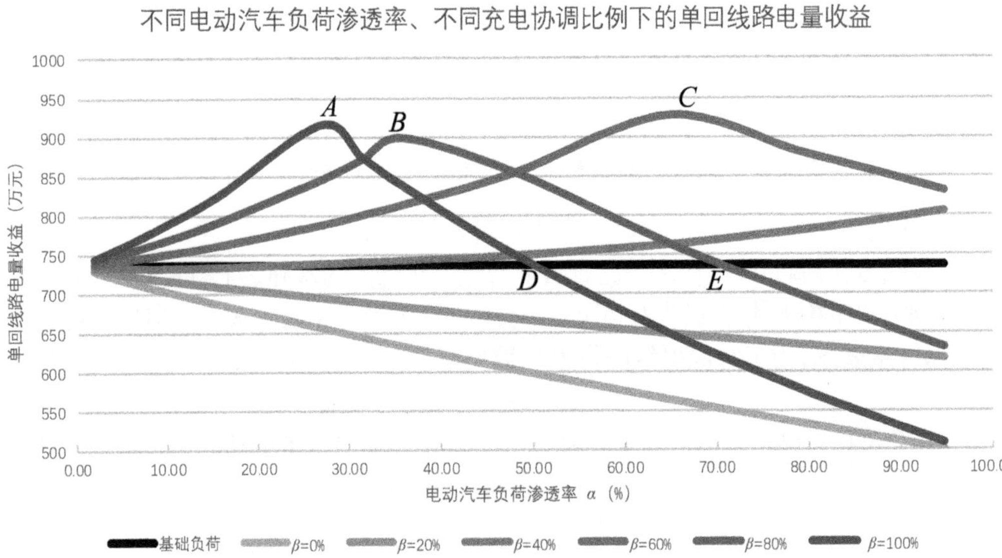

图 5-5 不同电动汽车负荷渗透率、不同充电协调比例下的单回线路年效益

从计算结果可以看出，电动汽车不同发展程度和充电负荷的协调程度对中压线路的投资收益均有明显影响。

首先，在电动汽车发展的整个过程中，不加管理的无序充电负荷与用户用电高峰有较大重合，加大了峰谷差，将导致单位投资效益有所下降。如图中无序充电（β=0%）或充电协调比例较低时（β=20%）的曲线，投资效益均较基础负荷场景下有所降低，且电动汽车发展程度（电动汽车充电负荷渗透率）越高，收益下降趋势越明显。以电动汽车负荷渗透率分别为15%、30%、50%时的无序充电场景为例，收益分别下降约 6%、12%和 19%。当充电负荷协调率提升达到 40%时，充电负荷对投资效益开始产生积极作用。

其次，基于现行电价，若以目前居民用电负荷低谷（1 点至 7 点）为目标制定协调充电策略，在电动汽车负荷发展的初期对投资效益的提升作用最明显，且参与协调的用户比重越高，效益越好。如充电负荷渗透率为 15%的场景下，有序充电比例分别为 100%、80%、60%时，投资收益较基础负荷分别提升约 12%、7%、3%。

然而，基于现行电价，当充电负荷渗透率提升到一定程度时，充电协调度较高的线路年收益也开始下降(如图中曲线 *A*、*B*、*C* 点),甚至低于基础负荷的水平。其主要原因在于当电动汽车渗透率提升到一定水平时(如图中曲线 *D*、*E* 点),集中在居民基础负荷低谷期的充电负荷形成了新的峰值,开始使峰谷差加大;另一方面,现行居民充电桩执行合表电价,价格介于居民一、二档电价之间,受到单位电价水平的影响,当充电负荷渗透率提高到一定水平时,单回线路总体电费收入也将受到影响。因此,当电动汽车充电负荷渗透率发展到一定水平时,可考虑重新制定充电时段协调策略和价格引导机制。

3)不同电动汽车发展规模下的单回线路全寿命周期总收益

在以上年电量收益分析结果的基础之上,考虑线路建设投资和运维费率,得到线路寿命周期内的动态收益计算结果如表 5-3 所示。

表 5-3　不同发展程度、不同充电协调比例下的单回线路全寿命周期总收益现值

供电区	协调充电负荷比例	每百户电动汽车数量(辆)									
		1	2	3	4	5	10	20	30	50	100
	EV 负荷渗透率 α	1.8%	3.5%	5.9%	6.8%	8.4%	15.5%	26.9%	35.8%	47.9%	64.8%
A+类(万元)	基础负荷	5 325	5 325	5 325	5 325	5 325	5 325	5 325	5 325	5 325	5 325
	β=0%	5 265	5 208	5 135	5 108	5 065	4 884	4 608	4 392	4 120	3 768
	β=20%	5 293	5 262	5 221	5 206	5 184	5 092	4 962	4 855	4 714	4 534
	β=40%	5 322	5 318	5 313	5 311	5 308	5 319	5 358	5 396	5 454	5 578
	β=60%	5 350	5 374	5 407	5 421	5 445	5 566	5 805	6 037	6 402	7 071
	β=80%	5 379	5 431	5 504	5 535	5 587	5 839	6 328	6 810	6 419	5 587
	β=100%	5 407	5 489	5 604	5 653	5 735	6 144	6 962	6 263	5 467	4 541
A类(万元)	基础负荷	5 406	5 406	5 406	5 406	5 406	5 406	5 406	5 406	5 406	5 406
	β=0%	5 346	5 288	5 215	5 189	5 146	4 964	4 688	4 473	4 201	3 849
	β=20%	5 374	5 343	5 301	5 286	5 265	5 173	5 042	4 935	4 794	4 615
	β=40%	5 402	5 399	5 393	5 392	5 388	5 399	5 438	5 476	5 535	5 658
	β=60%	5 430	5 454	5 488	5 502	5 525	5 646	5 886	6 117	6 483	7 152
	β=80%	5 459	5 511	5 585	5 616	5 667	5 920	6 408	6 891	6 499	5 668
	β=100%	5 488	5 569	5 684	5 733	5 815	6 224	7 042	6 344	5 548	4 621
B类(万元)	基础负荷	5 780	5 780	5 780	5 780	5 780	5 780	5 780	5 780	5 780	5 780
	β=0%	5 719	5 662	5 589	5 562	5 519	5 338	5 062	4 847	4 574	4 222
	β=20%	5 747	5 717	5 675	5 660	5 639	5 546	5 416	5 309	5 168	4 988
	β=40%	5 776	5 772	5 767	5 766	5 762	5 773	5 812	5 850	5 908	6 032
	β=60%	5 804	5 828	5 861	5 875	5 899	6 020	6 259	6 491	6 856	7 526
	β=80%	5 833	5 885	5 958	5 989	6 041	6 293	6 782	7 264	6 873	6 042
	β=100%	5 861	5 943	6 058	6 107	6 189	6 598	7 416	6 717	5 921	4 995

注:表中数据仅考虑了 10 kV 线路、设备以及上一级变电站分摊投资。

全寿命周期的线路总收益分析结果与前述单回线路的电量收益分析结论基本相同，故不再赘述。

5.2.3 商业区充电负荷发展的投资经济性分析

1. 边界条件与计算参数设定

商业区在叠加电动汽车充电负荷后的特性曲线变化情况，受到不同日期（平日、节假日）、不同时段客流量、电动汽车发展程度、充电同时率等多种因素的影响，场景模拟较为复杂；而当前阶段商业场所充电设施建设的样本数据尚未形成规模，难以获取具有研究价值的调研数据，因此具体研究过程近似设定以下边界条件，以对未来发展趋势下的经济性影响情况进行分析计算。

（1）以国内其他大型城市的配套基础设施建设规定为依据，确定新建商务、商场、酒店等商业服务设施，按不低于规划停车位数量 18%的比例建设或预留充电设施（接口）。分析计算取停车位数量的 18%为充电设施最大建设规模，按 42 kW 快充桩考虑。

（2）典型负荷曲线参考保利广场供电线路数据，其停车位总数约为 980 个。

（3）参考国内其他大型城市有关商业业态客流量的调研数据，假设平日 10 点至 11 点、14 点至 15 点、18 点至 20 点充电桩使用同时率为τ，营业时间其他时段使用同时率为 0.5 τ，休息日营业时间内均为τ。

（4）商业及充电设施用电均按平时段电价计算。

（5）其他相关参数与前文居民区充电负荷经济性影响分析章节的设定情况相同。

2. 商业区停车场充电负荷对投资经济性的影响

基于以上边界条件，基础负荷叠加不同充电设施使用同时率的充电负荷，得到 8 760 个时点的曲线，并以线路最大供电能力为基准进行归一化处理后，选择其中典型日曲线作为示意，具体情况如图 5-6、图 5-7 所示。

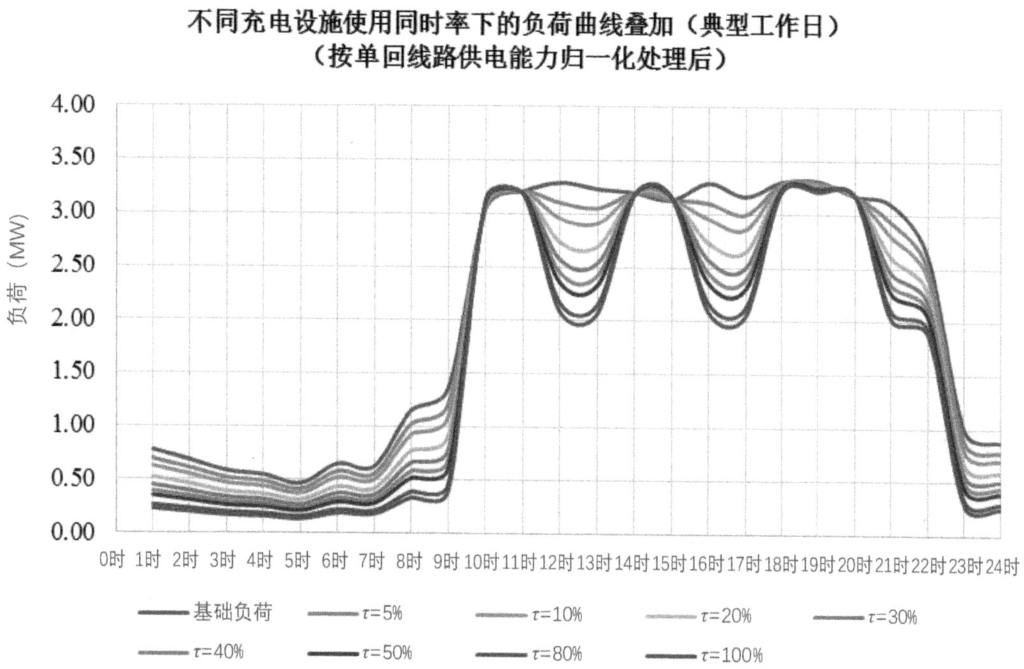

图5-6　不同充电设施使用同时率下的负荷叠加曲线(典型工作日)

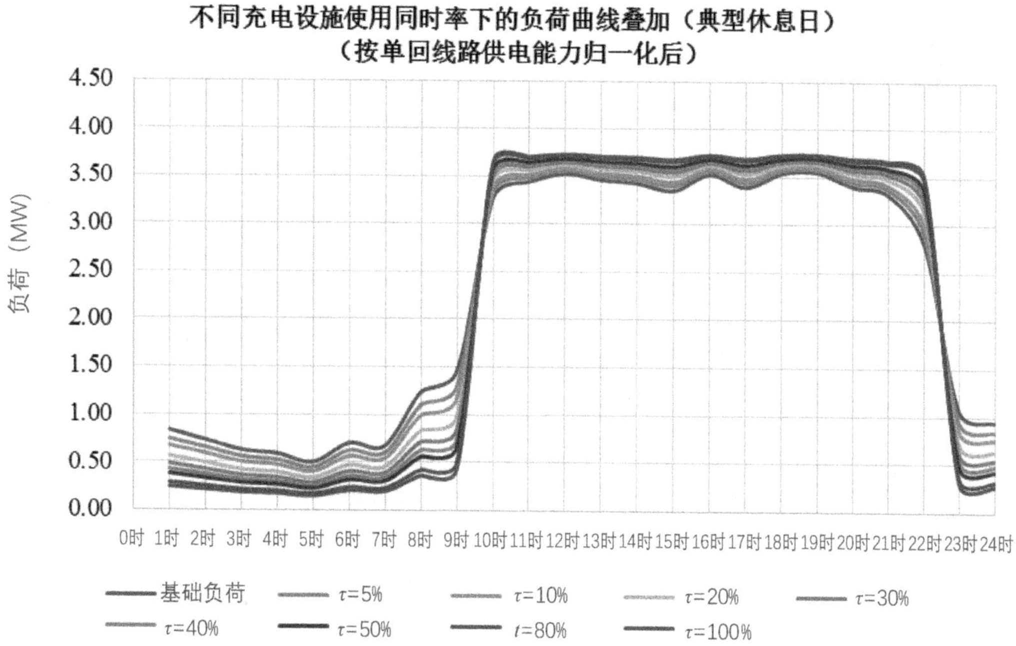

图5-7　不同充电设施使用同时率下的负荷叠加曲线(典型休息日)

根据以上曲线模拟年负荷数据,对不同电动汽车充电同时率下的单回商业供电线路年电量收益,以及线路全寿命周期内的动态总收益进行计算,结果如表5-4、图5-8所示。

表 5-4 不同电动汽车发展程度、不同充电设施利用同时率下的单回线路收益情况

负荷	单回线路年电量收益(万元)			单回线路全寿命周期总收益(万元)		
叠加情况	A+类	A类	B类	A+类	A类	B类
基础负荷	1 238	1 238	1 404	8 747	8 827	10 554
τ=5%	1 228	1 228	1 392	8 664	8 745	10 461
τ=10%	1 220	1 220	1 383	8 598	8 678	10 386
τ=20%	1 208	1 208	1 369	8 498	8 578	10 272
τ=30%	1 199	1 199	1 359	8 426	8 507	10 191
τ=40%	1 192	1 192	1 352	8 372	8 453	10 130
τ=50%	1 187	1 187	1 346	8 330	8 410	10 082
τ=80%	1 177	1 177	1 334	8 245	8 326	9 986
τ=100%	1 172	1 172	1 329	8 209	8 289	9 945

注:表中数据仅考虑 10 kV 线路、设备及上一级变电站分摊投资。

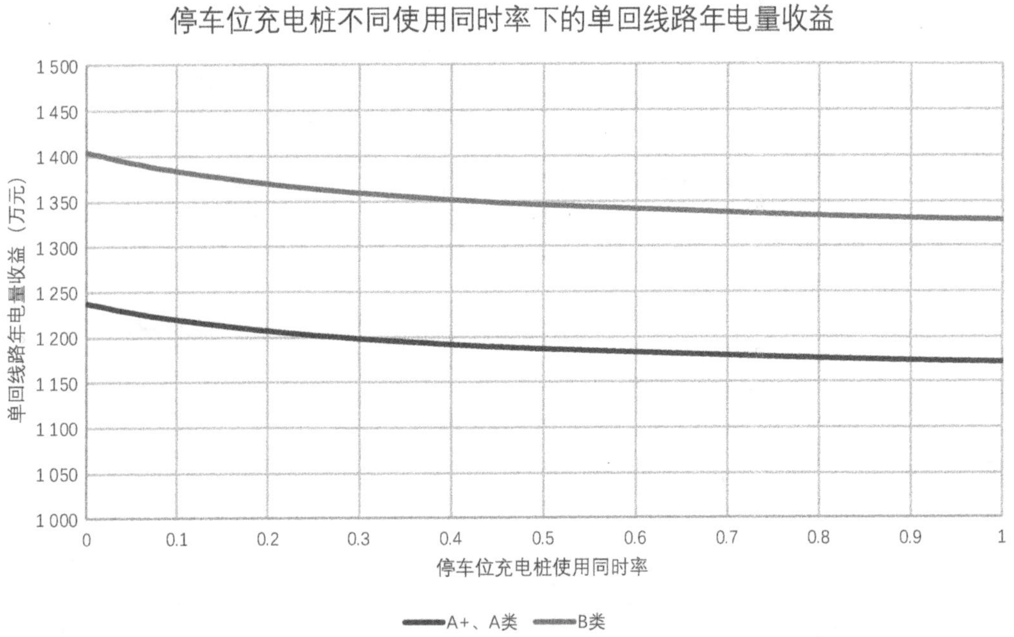

图 5-8 商业区停车位充电桩不同使用同时率下的单回线路年电量收益

可以看出,商业区负荷叠加停车位电动汽车充电负荷后,单回线路投资效益将有所下降,但从具体数据水平来看,整体下降程度并不明显,即使考虑充电桩使用同时率为 100%的情况下,单回线路年电量收益的下降水平也仅在 5%左右。

通过对商业区客流量变化情况的分析不难看出,商业场所运营用电具有较强的规律性,电动汽车充电行为与商业区客流量密切关联,充电负荷随客流量变化而变化,与商业区基础用电负荷高度重合。因此,对于商业场所而言,其停车位电动汽车充电负荷规模化发展后所产生的影响主要体现为，商业区的整体用电需求有所提升，供电设备规模可能进一步增加（如增加供电线路回数），但单回线路的投资效益并未发生明显变化，具体收益水平较既有用电负荷情况下略有下降。

3. 商业区停车场充电负荷接入策略

结合前述研究结论可知，当商业区内电动汽车充电负荷规模化接入后，受到峰值负荷提升等因素影响，既有配电网设备的供电能力将无法满足商业区整体供电需求，须进一步扩大配电网规模。此种情况下，为保证区域配电网设备利用率及运行经济性水平，可考虑通过调整充电负荷接入策略的方式提升投资效益水平。

当商业区充电负荷发展至一定规模时，一般采用独立的低压线路或专用配变供电，由进一步调研可知，商业区周边较的负荷类型以商务金融、居民生活等为主。此种情况下，如将商业区内充电负荷与居民负荷进行叠加，则 10 kV 线路等设备的利用率水平将有一定程度的提升。沿用前述居民等典型负荷特性数据，通过分析计算可确定接入充电负荷后的单回线路收益水平（图 5-9）。

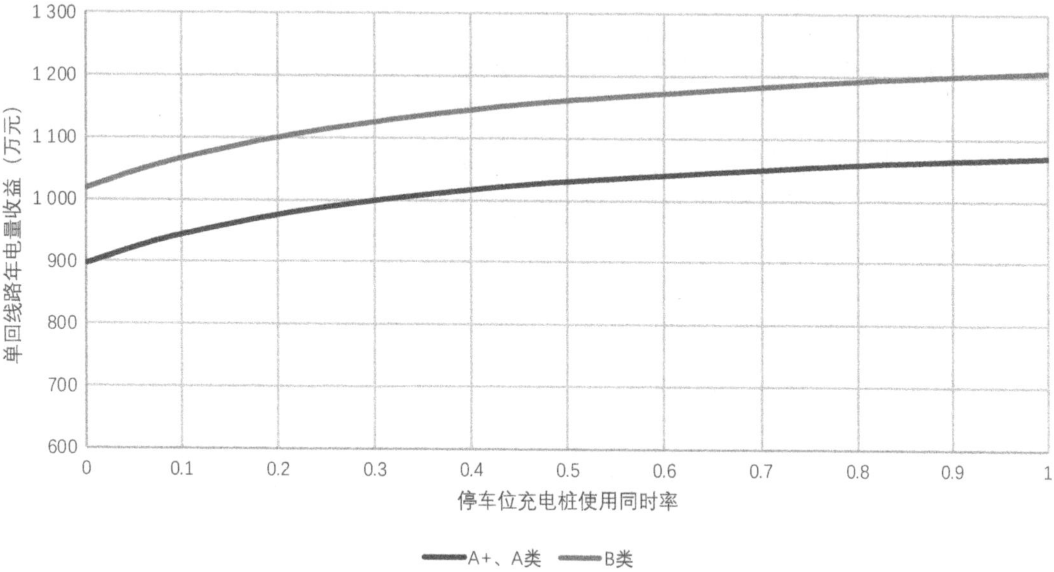

图 5-9　商业区充电桩叠加居民负荷的单回线路年电量收益

从图 5-9 中可以看出，商业区充电负荷与居民负荷叠加后，对线路投资效益有较为明显的提升作用。在充电桩处于最大使用同时率的情况下，居民负荷线路的投资效益将提升约 20%。由此可见，当商业区充电负荷规模化发展后，如区域周边线路存在接入条件，可考虑将域内充电负荷与周边居民类负荷进行混合供电，从而提升线路整体利用率，提高配电网资产投资效益。

5.2.4　电动汽车充电设施接入对配电网投资经济性影响小结

对于居民区而言，电动汽车规模化发展后，车主的无序充电行为可能对区域配电网造成巨大的供电压力，而合理有序的电动汽车充电行为则有助于提升电网的整体运行效率，但电动汽车充电的需求侧管理目标以及相配套的电价策略等，需要根据电动汽车不同的发展阶段及保有量水平进行适时调整，如此才可实现配电网投资效益的最大化。具体的调整时机及效益成效应着重参考5.2.2章节的量化分析结论。

对于商业区而言，停车位充电设施建设规模的扩大以及使用率的提升，对单回线路投资效益的影响并不明显，但负荷峰谷差及整体用电需求的扩大将导致商业区配套电网整体建设投资的增加。此种情况下，为进一步提升区域电网投资效益，可考虑结合周边线路资源和接入条件，将商业区电动汽车充电负荷接入居民类负荷占比较高的供电线路，从而实现区域电网整体投资效益的提升。

在能源结构调整、新型电力系统建设、电动汽车市场化发展等宏观背景的影响下，从精细化规划、精益化管理、精准化投资的角度出发，在今后的配电网规划工作中，除去研究电网建设项目本身的风险、投资建设规模以及经济评估等内容外，同时应进一步开展电动汽车等专项研究，将城市规划中所涉及的充电设施布局成果纳入配电网规划边界条件，在兼顾电动汽车规模化发展需求及区域配电网安全稳定运行需求的前提下，充分研究论证实现配电网投资效益最优的规划建设方案。

5.3 储能装置接入对配电网投资经济性影响分析

储能装置接入对配电网投资经济性影响分析的总体思路与前文诉述电动汽车充电负荷接入部分的分析思路基本相同，一是以8 760个时点的典型负荷特性为分析基础，对储能设备所能实现的能量时移水平进行模拟分析；二是结合储能设备的实际应用情况，区分不同的计算分析场景及投资主体。基于第3章各类储能应用场景的调研分析结论，配电网层级储能设备重点将电化学储能方式作为投资经济性影响分析的研究对象。

5.3.1 储能装置应用场景分析

1. 基于投资主体的储能应用场景选取

储能装置在应用场景方面的区别实际上也同时反映了投资主体对于储能装置建设的主要投资目的，而投资目的又进一步决定了储能装置的运行特点、投资成本和价值归属。因此，研究储能装置接入对配电网建设经济性影响应首先对储能装置的不同投资主体及应用场景进行分析，通过明确其实际建设特点为具体的经济分析计算确定边界条件。具体来说，储能装置的应用按照其接入位置的不同，可划分为三种场景，即配电网侧应用场景、用户侧应用场景、新能源发电侧应用场景。其中，新能源发电侧应用场景以稳定新能源发电出力、降低出力不确定性对电网的影响、减少弃风弃光为目的，且此种情况多见于集中式新能源电站，其储能设备对投资经济性的影响主要体现在电源侧层面，故本次研究暂不做讨论。

综上所述，研究过程主要从配电网侧应用场景和用户侧应用场景两个方面进行具体分析和研究。

1)配电网侧应用场景

配网侧应用场景主要指由电网企业投资建设和运行调度，应用于配网侧关键节点的储能装置。供电企业投资建设储能装置的目的主要包含两方面：一是电网企业可利用储能容量实现电网负荷的削峰填谷，缓解峰荷时段电网的供电压力，延缓配电网升级投资，提高输配电设备利用率，降低电网运行成本；二是大容量储能设备能够根据系统的需求快速吸收或释放电能，为系统提供调频、调压以及调相等辅助服务，在提高系统电能质量的同时进一步提升整个电网系统的供电可靠性与稳定运行水平。对于配网侧接入的储能装置而言，削峰填谷是其投资经济价值的主要体现，因此研究将重点将储能装置的削峰填谷效应作为其配网侧接入经济性研究的主要场景。

2）用户侧应用场景

用户侧储能应用的目的则主要分为两种情况：第一，对于一些具有特殊要求的用电用户而言，即使短时间的停电也可能导致产品的大量报废，造成严重的经济损失，如部分高新技术企业，而对于涉及公共安全或人身安全的用电用户而言，突然停电将造成严重的社会影响，甚至引发人身伤亡事故，因此对于此类具有明显供电可靠性要求的电力用户而言，储能装置的建设及应用能为系统提供备用电源，一旦出现供电中断事故，储能装置能够以毫秒级的切换速度迅速转入储能系统供电状态，将停电事故所造成的影响降到最低限度；第二，对于大规模用电用户而言，储能系统的建设可以在峰谷电价模式下，通过多购入低价电、减少高价电购入的方式，有效减少购电成本，实现更为可观的经济效益。

结合本次研究目标，以节省购电成本为目的储能应用方式对电网负荷特性和电费收入产生了影响，进而影响了电网投资经济性水平，因此研究过程将以用电需求时移、实现电费套利为用户侧储能建设经济性研究的主要场景。

2. 不同负荷类型的储能应用场景分析

从储能装置削峰填谷、能量时移的目的出发，不同的负荷类型其运行特性存在明显差异，因此储能系统接入后所产生的投资效果和应用价值也各有不同。为此，在开展经济性影响分析之前，还要对典型城市主要负荷类型的负荷特性曲线及负荷率指标进行分析对比，以此确定适宜进一步开展配电网建设经济性影响分析的应用场景。本章节开篇对样例城市居民、商业、工业、综合四种负荷的实际运行特性进行了调研梳理，后续研究将以此为分析计算的数据基础。

结合前述调研收集结果来看，样例城市商业类负荷的峰谷差最为突出，且季节性气候因素影响不明显，一年内各季节的负荷率大多在 0.6 以下，低于其他类型负荷；而居民负荷季节性峰谷差问题则较为明显，从全年变化情况来看，秋季负荷率最高，其他季节负荷率相对较低；工业和综合类负荷的供电线路利用率相对较高，全年水平较为平均。

经过综合分析，确定储能接入对配电网建设经济性影响研究以样例城市商业、居民负荷的 8 760 个时点特性曲线为基础，对设备负载以及储能装置削峰填谷的投入情况进行模拟；而用户侧研究，主要是考虑峰谷电价差情况下的收益影响，因此选取执行峰平谷电价的工业、商业典型用户 8 760 个时点特性曲线作为研究基础。

通过对比，选取康桥花园供电线路的负荷特性数据，经过归一化处理后作为居民负荷的模拟数据；选择茂业百货供电线路的负荷特性数据，经过归一化处理后作为商业负荷的模拟数据；选择工业一线（主供玻璃、电子产品）的负荷特性数据，经过归一化处理后作为工业负荷的模拟数据。

5.3.2 配网侧储能对配电网建设经济性影响分析

1. 主要分析思路

随着社会经济及人民生产生活水平的快速提升，社会发展对于电力能源的需求日益增加，特别是季节性、时序性用电高峰时段，区域配电网供电压力凸显，调峰成为城市配电网的主要难题，此种情况下，储能技术的应用为配电网健康可持续发展提供了新的建设思路，成为新型电力系建设的重要环节。

研究将从配网侧储能投资的主要目的和实际应用场景出发，以量化分析计算的方式，分别对储能系统接入配电网的经济价值和投资成本进行研究，并在此基础之上，进一步对其总体收益情况进行动态经济分析。

1)价值分析方面

当储能系统应用于配电网时，对于电网企业而言，其主要价值体现为延缓电网升级投资、降低线路网损成本两个部分，因此研究也将分别对上述两个方向进行量化分析，其具体情况如下。

(1)延缓电网升级投资的收益。当某一中压线路或配变所带负荷超过其额定容量时，需要通过设备升级或扩建等方式提升供电能力。随着储能技术的发展及商业化应用，储能核心部件的单位成本呈现出明显的下降趋势，储能系统有了替代上述传统电网升级措施、延缓线路和配电设备投资的可能性。

(2)如果配电网新增负荷超过了配电网的额定容量，则电网企业可通过在过负荷节点安装较小容量储能装置的方式，实现削峰目的，从而有效缓解负荷高峰时段配电设备重过载问题，进而实现延缓电网扩建资金投入的目的。储能设备过负荷节点安装方式如图 5-10 所示。

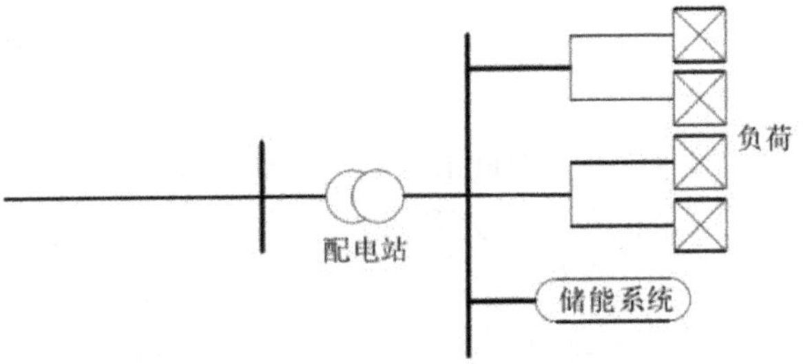

图 5-10 储能系统安装于配电站的示意图

储能装置延缓配电网升级所产生的效益是投资价值评估过程中需要量化的重要指标之一。储能装置对应的缓建效益主要体现为被缓建的配电网建设资金的时间价值。因此，缓建收益E_{def}可以按下式进行计算：

$$E_{\text{def}} = C_{\text{inv}}\left(1-\left(\frac{1+i_{\text{r}}}{1+d_{\text{r}}}\right)^{\Delta N}\right)$$

式中 E_{def}——缓建收益；

C_{inv}——满足新增负荷供电需求而采用配电网传统建设方案所需的电网一次性投资成本，即被延缓的投资；

i_{r}——通货膨胀率；

d_{r}——内部收益率；

ΔN——可以延缓投资的年限。

投资可以延缓的时间直接决定了资金时间价值的多少，通过分析可知，ΔN与负荷的年增长速度、储能装置的额定功率以及需供负荷的峰值功率有关，其具体计算模型如下。

$$\Delta N = \frac{\log\left(\frac{1}{1-\alpha}\right)}{\log(1+\tau)}$$

式中　α——储能额定功率与负荷峰值功率的比值；

τ——负荷年增长率。

（2）降低电网损耗的收益。储能设备在系统负荷低谷时段进行充电，在负荷高峰时段放电。充电时，储能系统相当于配电网典型负载，其接入影响主要体现为系统负荷总体规模的增加，受此影响，系统网损也将进一步增加。当储能系统放电时可显著降低高峰负荷，而负荷高峰时段的配电网线路及变压器损耗也将随之降低，从而使整个配电网系统峰荷时段的网损降低。考虑到电能损耗和电流的平方成正比，通过前述研究模拟仿真部分的分析结论可知，当储能装置的功率及容量控制在一定范围内时，其接入系统运行所引起的网损减少量值将明显大于其导致的网损增加量值，以此作为储能系统在降低网损成本方面的价值内涵，可建立相应的数学关系模型。

根据电网损耗的理论计算公式，可以得出储能装置在削峰填谷运行场景下减少配电网损耗成本方面的年收益E_{NL}，其具体分析计算公式如下。

$$E_{\mathrm{NL}} = n\sum_{i=1}^{24}\frac{Re_i}{U^2}\left[P_i^2-\left(P_i-\Delta P_i\right)^2\right]$$

$$\Delta P_i = P_i^+ - P_i^-$$

式中　P_i^+——第 i 小时段储能装置的放电功率（以削峰填谷效应作为研究背景时，假设负荷低谷时段储能装置为净充电状态）；

P_i^-——第 i 小时段储能装置的充电功率（以削峰填谷效应作为研究背景时，假设负荷高峰时段储能装置为净放电状态）；

P_i——第 i 小时段负荷功率；

e_i——第 i 小时段的购电价；

n——储能运行的时长；

R——配网设备的等效电阻；

U——储能装置的接入电压。

2）成本计算方面

储能装置一般包括并网设备（包括交流侧开关和变压器）、整流/逆变设备、电池组以及二次控制系统等部分。储能系统的投资成本除了以上电能转换设备成本和储能设备本体投资外，还包括站址建设成本、运行维护成本等。为了确保分析计算效率，研究将储能项目综合造价作为基础参数，开展对相关经济性影响分析。结合现阶段国内典型储能项目调研情况可知，目前储能 EPC 项目的综合投资在 1 500~3 500 元/(kW・h)这一水平，本次研究以 2 000 元/(kW·h)作为分布式(移动式)储能项目综合投资单价，将 3 000 元/(kW·h)作为固定式储能(含有外部建筑物等配建设施)项目综合投资单价，开展相关分析计算工作。现状部分储能项目调研情况如表 5-5 所示。

表 5-5　现状储能建设项目调研情况表(节选)

序号	省份	项目名称	项目业主	综合投资(元/W·h)
1	新疆	达坂城四场储能项目 EPC	国家能源集团	2.36
2	广东	2022 年用户侧储能(第一批)工程总包	广东电力发展	1.78
3	山西	朔城区共享储能项目 EPC	—	2.90
4	西藏	西藏开发投资集团光伏电站化学储能配建工程 EPC	—	2.08
5	山西	朔州市华朔储能技术有限公司应县 400 MW/800 MW·h 独立储能项目 EPC 总承包	朔州市华朔新能源技术有限公司	2.94
6	内蒙古	包头市固阳县 40 万 kW 风电基地项目(标段三)EPC	—	2.49
7	新疆	华能乌什县光伏二期 100 MW 并网发电和储能设施项目主体施工	华能集团	2.85

2. 配变低压侧储能投资经济性分析

1)主要计算参数设定及模拟数据构建

基于前文所述价值成效体现及成本计算模型，对配变低压侧储能投资经济性分析所需的相关计算参数进行明确，其具体说明如表 5-6 所示。

表 5-6　配变低压侧储能投资经济性分析参数设定明细

项目	参数内容
配变容量	根据典型城市配电网规划技术原则，选取 315 kV·A、630 kV·A、800 kV·A 三种容量分别进行计算。供电能力不足时，按扩建同型号配变考虑
配变投资单价	依据典型城市配电网规划综合造价确定
配变功率因数	0.9
BESS 投资综合单价	2 000 元/(kW·h)
BESS 运行寿命	20 年
负荷年增长率	以延缓投资最少 1 年为下限，以储能寿命周期为上限，设定负荷增长率边界。
配变高峰负载率	80%
削峰目标负载率	60%(经济运行负载率)
内部收益率	7%
典型负荷曲线选取	通过调研选取典型居民、商业负荷作为研究对象，模拟数据颗粒度为 8 760 h，每小时内负荷视为相同

在以上边界条件和参数下，对居民和商业负荷专用配变加装储能装置前的 8 760 h 负荷数据进行模拟构建，根据其峰谷差确定储能装置投入情况。基于样例城市典型用户负荷曲线峰谷差水平的储能装置并网运行情况如图 5-11~图 5-13 所示。

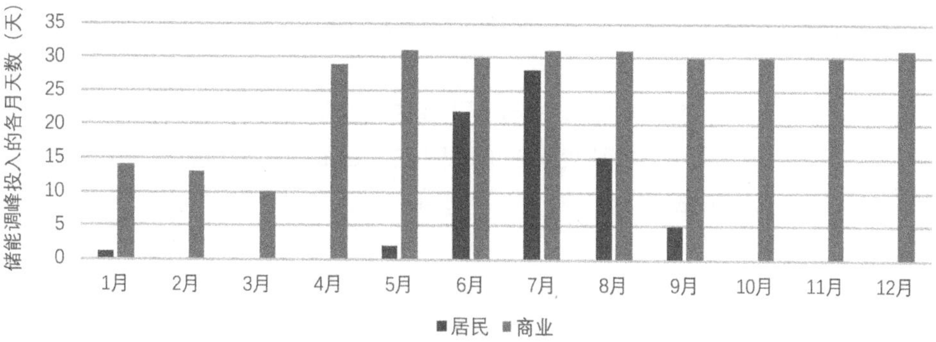

图 5-11　居民、商业负荷储能投入情况

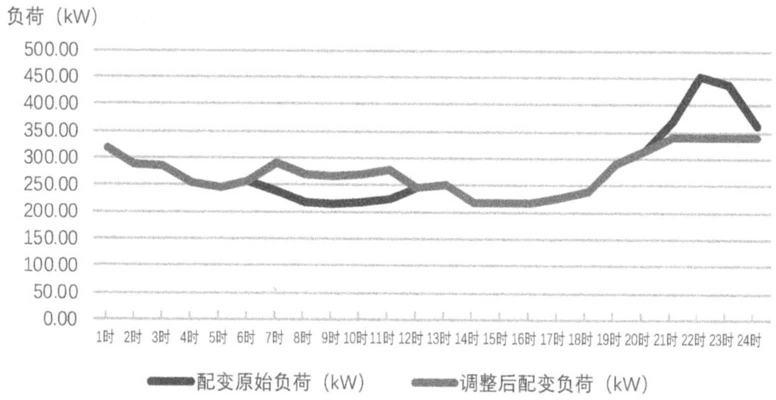

图 5-12　居民负荷典型日（630 kV·A 配变高峰负荷日）储能投入前后对比情况

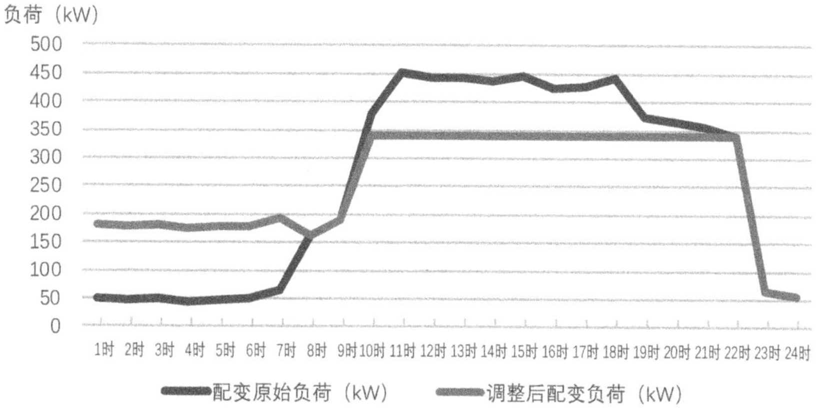

图 5-13　商业负荷典型日（630 kV·A 配变高峰负荷日）储能投入前后对比情况

基于上述分析结果可知，商业负荷全年日负荷率均处在较低水平，且受到季节气候因素的影响较小，因此储能装置全年中投入使用率较高。根据数据模拟结果可知，其全年储能投入时间可达 310 天。而居民负荷受季节因素影响较大，日负荷率变化情况较为明显，其储能装置所需的投入时间为 73 天，且投入时间主要集中在夏季，其他月份配变负载水平较低，无须储能介入移峰填谷，高峰负荷时段配电变压器亦可在合理负载范围内运行。

2）不同电网负荷年增长率水平下的缓建投资效益

在以上参数设定和模拟数据的基础之上，按照价值分析模型，对缓建投资效益进行计算。由缓建投资效益的计算公式可知，其效益主要表现为资金的时间价值，主要受延缓投资的时间和投资额度的影响。其中延缓投资的时间主要受配变供区内负荷增长率的影响，投资额度受配变设备选型影响。因此，基于不同的负荷增长率水平，可对不同型号配变通过储能装置延缓扩建投资的效益进行计算，图 5-14、图 5-15 给出了部分计算结果。

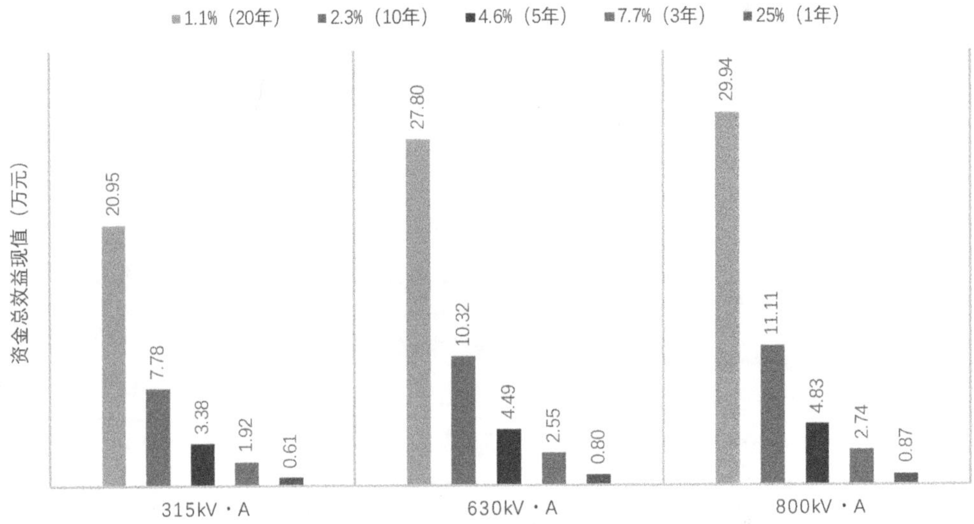

图 5-14　不同负荷增长率下的延缓配变投资资金效益（现值）

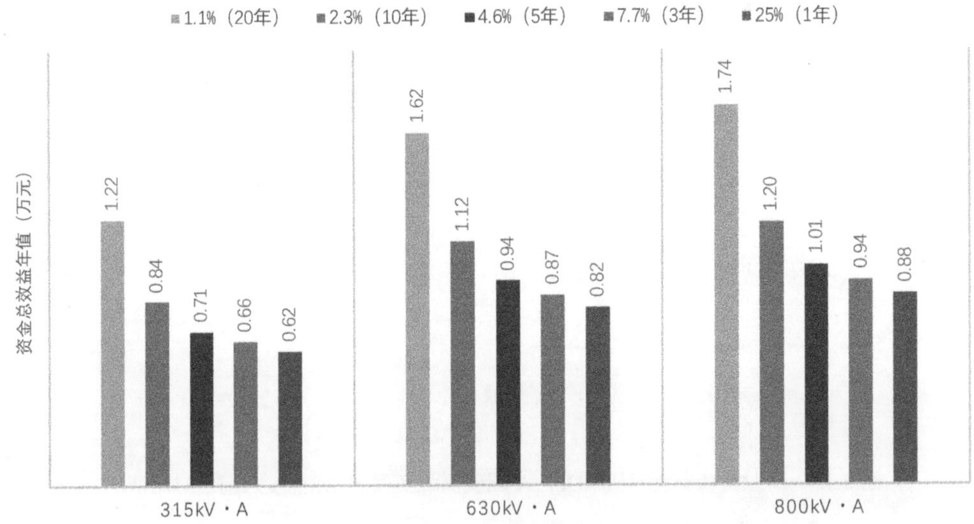

图 5-15　不同负荷增长率下的延缓配变投资资金效益（年值）

根据上述分析结果可知，随着负荷增长率的上升，由于延缓电网投资年份大幅缩短，使得资金收益快速下降。以 630 kV·A 配变为例，当负荷增长率为 1.1%时，通过削峰填谷可延迟对应配变扩建投资约 20 年，与储能装置寿命周期相当，总收益为 27.8 万元；而当负荷增长率提高到 2.3%时，延缓新建配变投资的年份缩短至 10 年，其总收益下降至 10.32 万元。

同时，配网设备造价越高，延迟的投资额度越高，即资金收益越高。例如，以负荷增长率同为 1.1%（即缓建 20 年）的情况为例，800 kV·A 配变缓建效益为 29.94 万元，630 kV·A 配变缓建效益为 27.8 万元，315 kV·A 配变缓建效益为 20.95 万元。与此同时，需要说明的是，虽然配变容量越大所获得的延缓投资收益越高，但与其所转移负荷规模相匹配的储能电池容量也越高，从而导致储能系统造价升高，在综合考虑投资成本时，这一情况会对综合效益产生一定影响，其具体影响分析将在下文投资成本综合效益研究中加以说明。

3）不同负荷类型的降损收益

根据前述降损收益计算模型，以居民、商业两种不同负荷类型 8 760 个时点配变负载和储能充放电模拟数据为基础，可计算得到储能设备并网后的降损收益，其具体结果如表 5-7 所示。

表 5-7　不同负荷类型的配变降损收益计算结果

负荷性质	居民			商业		
配变型号（kV·A）	315	630	800	315	630	800
损耗电量（kW·h）	6 594.18	11 184.88	17 263.7	10 018.05	17 000.76	24 299.03
储能并网后损耗电量（kW·h）	6 582.34	11 164.76	17 239.36	9 548.36	16 202.93	21 974.69
损耗降低水平（kW·h）	11.84	20.12	24.34	469.69	797.83	2 324.34
购电价（元/kW·h）	0.658 1	0.658 1	0.658 1	0.658 1	0.658 1	0.658 1
降损年收益（万元）	0.001	0.001	0.002	0.03	0.05	0.15
降损总收益（万元）	0.016	0.026	0.032	0.62	1.05	3.06

从表 5-7 中计算结果可以看出，商业负荷由于峰谷差明显，其降损年收益优于居民负荷降损年收益；大容量配变由于参与电能转移的电量更多，其降损电量较小容量配变更多。但由于储能装置在降低高峰负荷时刻配变损耗的同时，在低谷充电时刻也同样会增加部分配变损耗，所以总体来说通过储能装置并网所能实现的降损收益是较为有限的。

4）不同场景的综合收益分析

综合以上缓建投资收益和降损收益，考虑储能装置的投资成本后，得到不同负荷类型、不同设备型号、不同负荷增长率情况下，利用储能装置“削峰填谷”能力所能取得的综合收益水平，其具体分析结果如表 5-8 所示。

表 5-8 不同场景的综合收益分析

配变型号及负荷类型	计算项		负荷增长率(延缓投资年限)				
			1.1%（20 年）	2.3%（10 年）	4.6%（5 年）	7.7%（3 年）	25%（1 年）
315 kV·A（居民）	收益	缓建年收益（万元）	1.22	0.84	0.71	0.66	0.62
		降损年收益（万元）	0.001	0.001	0.001	0.001	0.001
	成本	BESS 容量（kW·h）	132.24	132.24	132.24	132.24	132.24
		BESS 年成本（万元）	1.54	1.54	1.54	1.54	1.54
	年收益-年成本(万元)		-0.32	-0.70	-0.83	-0.88	-0.92
630 kV·A（居民）	收益	缓建年收益（万元）	1.62	1.12	0.94	0.87	0.82
		降损年收益（万元）	0.001	0.001	0.001	0.001	0.001
	成本	BESS 容量（kW·h）	264.49	264.49	264.49	264.49	264.49
		BESS 年成本（万元）	3.08	3.08	3.08	3.08	3.08
	年收益-年成本(万元)		-1.46	-1.96	-2.14	-2.21	-2.26
800 kV·A（居民）	收益	缓建年收益（万元）	1.74	1.20	1.01	0.94	0.88
		降损年收益（万元）	0.002	0.002	0.002	0.002	0.002
	成本	BESS 容量（kW·h）	335.85	335.85	335.85	335.85	335.85
		BESS 年成本（万元）	3.91	3.91	3.91	3.91	3.91
	年收益-年成本（万元）		-2.17	-2.71	-2.90	-2.97	-3.03
315 kV·A（商业）	收益	缓建年收益（万元）	1.22	0.84	0.71	0.66	0.62
		降损年收益（万元）	0.03	0.03	0.03	0.03	0.03
	成本	BESS 容量（kW·h）	331.82	331.82	331.82	331.82	331.82
		BESS 年成本（万元）	3.87	3.87	3.87	3.87	3.87
	年收益-年成本(万元)		-2.62	-3.00	-3.13	-3.18	-3.22

续表

配变型号及负荷类型	计算项		负荷增长率(延缓投资年限)				
			1.1% (20 年)	2.3% (10 年)	4.6% (5 年)	7.7% (3 年)	25% (1 年)
630 kV·A (商业)	收益	缓建年收益 (万元)	1.62	1.12	0.94	0.87	0.82
		降损年收益 (万元)	0.05	0.05	0.05	0.05	0.05
	成本	BESS 容量 (kW·h)	663.64	663.64	663.64	663.64	663.64
		BESS 年成本 (万元)	7.73	7.73	7.73	7.73	7.73
	年收益-年成本(万元)		−6.06	−6.56	−6.74	−6.81	−6.86
800 kV·A (商业)	收益	缓建年收益 (万元)	1.74	1.20	1.01	0.94	0.88
		降损年收益 (万元)	0.15	0.15	0.15	0.15	0.15
	成本	BESS 容量 (kW·h)	842.72	842.72	842.72	842.72	842.72
		BESS 年成本 (万元)	9.82	9.82	9.82	9.82	9.82
	年收益-年成本(万元)		−7.93	−8.47	−8.66	−8.73	−8.79

从计算结果可以看出,如按 2 000 元/(kW·h)的储能综合造价计算,若仅考虑储能设备对配变负荷曲线削峰填谷的效益,目前从投资经济性的角度而言,尚无法实现合理的投资回报。但从储能技术的整体发展趋势来看,随着技术成熟度及商用化需求的不断提升,现阶段储能设备的整体造价水平已较“十三五”初期有了明显的下降,以集装箱式储能为例,现阶段平均造价约为 2016 年水平的 50%,随着相关技术、产业的进一步发展,预计储能设备能够在以新能源为主体的新型电力系统中实现常态化应用,届时其在配电网建设投资中所能发挥的效益价值将更为明显。

3. 中压线路储能投资经济性分析

1)主要计算参数设定及模拟数据构建

基于前文所述分析思路及效益评价模型,对储能设备并网在中压线路层面所产生的投资效益影响进行评价,其相关计算参数设定如表 5-9 所示。

表 5-9　中压线路储能投资经济性分析参数设置

项目	参数内容
线路类型	根据典型城市“十四五”配电网规划技术原则和各类供电区现状线路情况,确定 A+、A 类主干导线均为电缆, B 类为电缆、架空各 50%,电缆导线型号为 3×300 mm^2,架空导线型号为 185 mm^2

续表

项目	参数内容
线路投资单价	依据典型城市配电网规划综合造价确定
线路长度	依据典型城市现状配电网规划 A+、A、B 类供电区线路平均长度确定
功率因数	0.95
BESS 投资综合单价	3 500 元/(kW·h)
BESS 运行寿命	20 年
负荷年增长率	以延缓投资最少 1 年为下限,以储能寿命周期为上限,设定负荷增长率边界
线路高峰负载率	80%
削峰目标负载率	67%(按接线模式确定)
内部收益率	7%
典型负荷曲线选取	通过调研选取典型居民、商业负荷作为研究对象,模拟数据颗粒度为 8 760 h,每小时内负荷视为相同

由于分析过程采用了相同的典型用户负荷曲线作为分析基础,因此对于中压线路而言仅是负荷规模发生了改变,但整体曲线变化规律及特征未出现明显变化,故此处不再赘述。

2)不同负荷年增长率下的缓建投资效益

基于不同的负荷增长率情况,对不同类型供电区(导线类型和线路长度不同)储能装置并网后延缓配电网扩建投资的效益水平进行分析计算,其具体结果如图 5-16、图 5-17 所示。

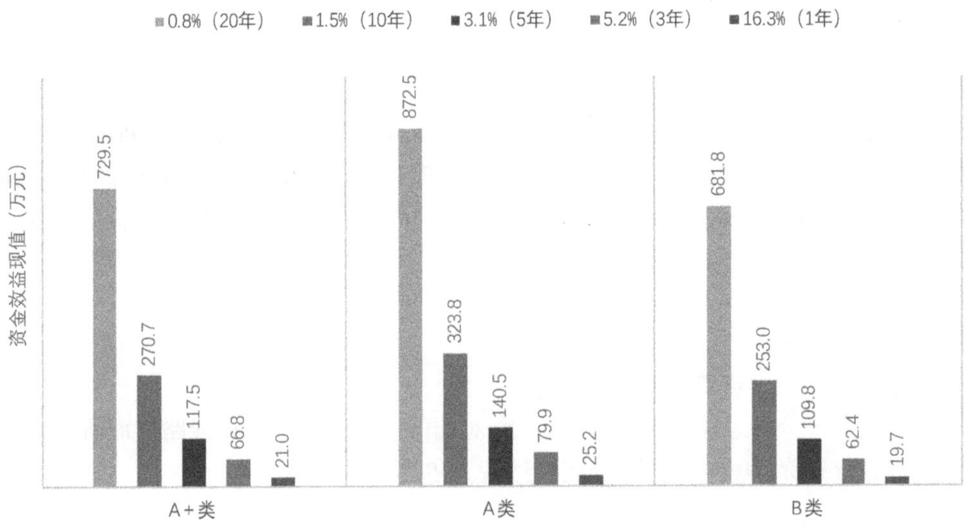

图 5-16　不同负荷增长率下的延缓线路投资资金效益(现值)

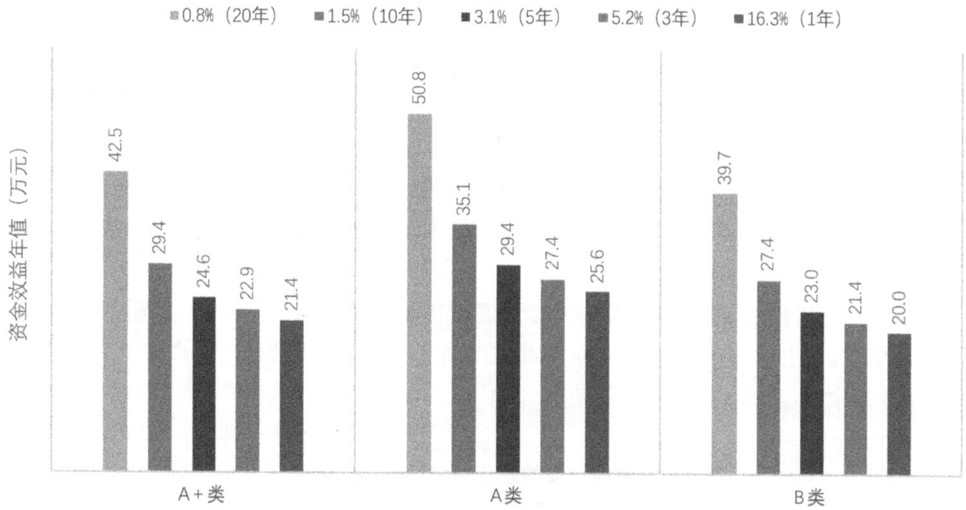

图 5-17　不同负荷增长率下的延缓线路投资资金效益(年值)

根据上述分析结果可知,随着负荷增长率的上升,延缓电网投资的年份大幅缩短,使得资金收益快速下降。以 A+类供电区为例,当负荷增长率为 0.8%时,通过负荷曲线削峰填谷可延迟新建线路投资约 20 年,与储能装置寿命周期相当,总收益为 729.5 万元;而当负荷增长率提高到 1.5%时,延缓新建线路投资的年份缩短至 10 年,其总收益下降至 270.7 万元。

与此同时,配网设备造价越高,储能设备并网所能延缓的投资额度越高,即资金收益越高。其中, A+、A 类供电区新建线路以电缆为主,单位造价较高,但由于 A 类供电区的负荷密度水平低于 A+类供电区,且中压线路长度相对更长,因此其单位负荷所对应的配网建设投资也更高,所以从分析结果来看,A 类供电区通过储能设备并网所实现的延缓投资收益较 A+、B 类供电区更为明显。以负荷增长率 0.8%(即缓建 20 年)为例, A 类供电区线路缓建效益为 872.5 万元,较 A+类供电区高 143 万元,较 B 类供电区高 190.7 万元。

3)不同负荷类型的降损收益

根据前述降损收益计算模型,以居民、商业两种不同负荷类型 8 760 个时点的中压线路负载和储能充放电模拟数据为基础,可计算得到储能设备并网后的中压线路降损收益,其具体结果如表 5-10 所示。

表 5-10　不同负荷类型的线路降损收益计算结果

负荷性质	居民			商业		
供电区类型	A+类	A 类	B 类	A+类	A 类	B 类
损耗电量(kW·h)	61 239.41	72 926.32	133 256.05	147 225.21	175 321.63	320 359.91
调整后损耗电量(kW·h)	61 138.88	72 806.6	133 037.3	142 314.82	169 474.14	309 674.97
损耗降低(kW·h)	100.53	119.71	218.75	4 910.39	5 847.49	10 684.94
购电价(元/kW·h)	0.658 1	0.658 1	0.658 1	0.658 1	0.658 1	0.658 1
降损年收益(万元)	0.007	0.008	0.014	0.32	0.38	0.7
降损总收益(万元)	0.13	0.16	0.29	6.46	7.7	14.06

从计算结果可以看出，商业类型负荷由于峰谷差明显，储能设备投入时间更长，因此其降损收益优于居民负荷线路。与此同时，相较于A+、A类供电区，B类供电区由于单回线路供电能力更强、线路供电半径更长，因此在相同削峰系数下储能设备所转移的电量规模更大，其降损电量也较A+、A类供电区更多，所以降损收益成效更为突出。但从整体水平来看，储能装置在"移除"高峰负荷的同时，在低谷时段充电时也同样会增加线路损耗，所以总体来说通过储能装置并网所能实现的中压线路降损收益是较为有限的。

4)不同场景的综合收益分析

综合以上缓建投资收益和降损收益，考虑储能装置的投资成本后，得到中压线路场景下，各类供电区、不同负荷类型、不同负荷增长率情况利用储能装置"削峰填谷"能力所能取得的综合收益水平，其具体分析结果如表5-11所示。

表5-11 不同场景的线路储能综合收益计算结果

供电区及负荷类型	计算项		负荷增长率(缓建年限)				
			0.8%（20年）	1.5%（10年）	3.1%（5年）	5.2%（3年）	16.3%（1年）
A+类（居民）	收益	缓建年收益(万元)	42.49	29.35	24.58	22.94	21.42
		降损年收益(万元)	0.007	0.007	0.007	0.007	0.007
	成本	BESS容量(kW·h)	1 773.1	1 773.1	1 773.1	1 773.1	1 773.1
		BESS年成本(万元)	36.15	36.15	36.15	36.15	36.15
	年收益-年成本(万元)		6.35	-6.79	-11.56	-13.20	-14.72
A类（居民）	收益	缓建年收益(万元)	50.82	35.11	29.40	27.44	25.62
		降损年收益(万元)	0.008	0.008	0.008	0.008	0.008
	成本	BESS容量(kW·h)	1 773.1	1 773.1	1 773.1	1 773.1	1 773.1
		BESS年成本(万元)	36.15	36.15	36.15	36.15	36.15
	年收益-年成本(万元)		14.68	-1.03	-6.74	-8.70	-10.52
B类（居民）	收益	缓建年收益(万元)	39.71	27.43	22.98	21.44	20.02
		降损年收益(万元)	0.014	0.014	0.014	0.014	0.014
	成本	BESS容量(kW·h)	2 010.3	2 010.3	2 010.3	2 010.3	2 010.3
		BESS年成本(万元)	40.98	40.98	40.98	40.98	40.98
	年收益-年成本(万元)		-1.26	-13.54	-17.99	-19.53	-20.95
A+类（商业）	收益	缓建年收益(万元)	42.49	29.35	24.58	22.94	21.42
		降损年收益(万元)	0.32	0.32	0.32	0.32	0.32
	成本	BESS容量(kW·h)	4 761.21	4 761.21	4 761.21	4 761.21	4 761.21
		BESS年成本(万元)	97.06	97.06	97.06	97.06	97.06
	年收益-年成本(万元)		-54.25	-67.39	-72.16	-73.80	-75.32

续表

供电区及负荷类型	计算项 0.8%（20 年）		负荷增长率（缓建年限）				
			1.5%（10 年）	3.1%（5 年）	5.2%（3 年）	16.3%（1 年）	
A 类（商业）	收益	缓建年收益（万元）	50.82	35.11	29.40	27.44	25.62
		降损年收益（万元）	0.38	0.38	0.38	0.38	0.38
	成本	BESS 容量（kW·h）	4 761.21	4 761.21	4 761.21	4 761.21	4 761.21
		BESS 年成本（万元）	97.06	97.06	97.06	97.06	97.06
	年收益-年成本（万元）		−45.86	−61.57	−67.28	−69.24	−71.06
B 类（商业）	收益	缓建年收益（万元）	39.71	27.43	22.98	21.44	20.02
		降损年收益（万元）	0.70	0.70	0.70	0.70	0.70
	成本	BESS 容量（kW·h）	5 398.20	5 398.20	5 398.20	5 398.20	5 398.20
		BESS 年成本（万元）	110.05	110.05	110.05	110.05	110.05
	年收益-年成本（万元）		−69.64	−81.92	−86.37	−87.91	−89.33

从计算结果可以看出，按储能电站 3 500 元/(kW·h)的综合造价计算，若仅考虑储能设备对中压线路负荷曲线削峰填谷的效益，则从投资经济性的角度而言，尚无法实现合理的投资回报。但相对于“十三五”初期超过 5 000 元/(kW·h)的造价水平而言，现阶段储能设备在中压线路层级应用的经济效益已出现拐点。如 A+类负荷成熟地区，当其年均负荷增长率放缓至一定水平时，储能设备延缓中压线路升级的时限基本与储能设备本身的运行年限相同，此种情况下储能设备并网后其投资效益出现正向增长。预计随着储能技术成熟度及商用化需求的进一步提升，储能设备的综合造价还将进一步下降，届时在高负荷密度地区根据负荷增长水平选取适当区域投建线路级储能设备，既可支撑新型电力系统“源网荷储”深度融合体系的进一步完善，亦可实现较为合理的投资效益水平。

5.3.3　用户侧储能对配电网建设经济性影响分析

1. 主要分析思路

用户侧投建储能设备的主要目的是通过能量时移等方式减少用电支出，实现电费套利，即利用峰平谷电价差，在用电低谷时段从电网储存电能，在用电高峰时段向用户释放电能。此种运行方式能够有效提升配变设备的利用率水平，适度降低用户侧配变安装容量及用电损耗，减少用户基本电费支出，同时还可为用户提供一定容量的备用电源。

对于电网企业而言，区域负荷发展水平不同，用户侧储能并网所产生的影响也有所区别。对于负荷发展成熟区域而言，新增负荷发展较为缓慢，配电网建设已趋近饱和网架水平，既有配电网供电能力能够满足区域用户的供电需求。对于负荷仍处于发展阶段的区域而言，负荷规模仍有较大增长空间，配电网网架仍处于向目标网架过渡的持续建设阶段。上述两种情况应分别开展分析论述，区域负荷增长规律曲线如图 5-18 所示。

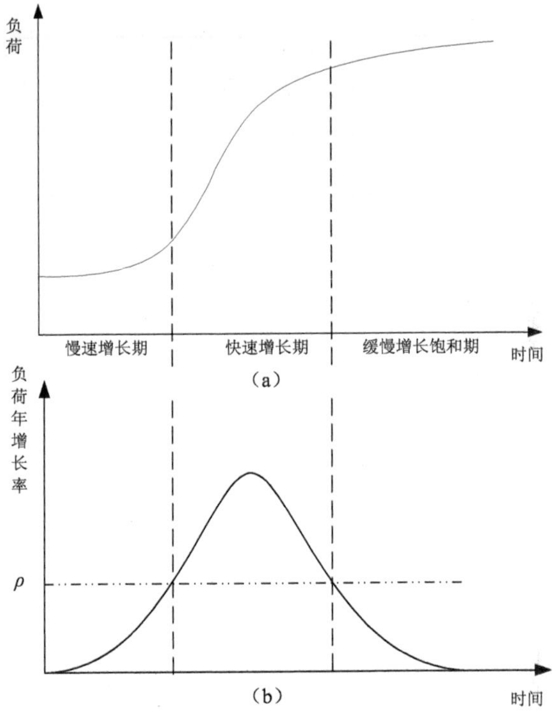

图 5-18 负荷增长规律曲线示意图

(a)S 形曲线;(b)负荷年增长率曲线

从负荷增长规律曲线来看,负荷成熟区一般指负荷发展的第三阶段,即缓慢增长饱和期;而负荷发展区则指负荷发展的前两个阶段,即慢速增长期和快速增长期。对于不同发展阶段的区域,用户侧储能并网对配电网资产效益的影响程度不同。

2. 负荷成熟区用户投资储能对配电网经济性影响

在峰平谷电价机制下,对于部分类型的负荷用户而言,电量电费为用户电费支出的主要部分,削峰填谷是减少电费支出的一种有效途径。用户可以通过安装储能设备,利用低电价时段为储能充电、高电价时段由储能放电的方式,减少电费支出,以此降低运营成本、发挥储能设备的经济效益。

对于负荷成熟区而言,配电网已按饱和高峰负荷需求建设完成,在已有用户通过储能装置实现负荷峰值转移的同时,由于周边其他电力用户的用电需求已接近饱和,因此区域配电网在短时间内很难实现明显的负荷增长。此种情况下,对于电网企业而言,相当于已建成配电网的供电能力出现冗余,与此同时来自用户的电费收益也将降低,因此供电企业的配电网建设投资效益将受到影响。负荷成熟区用户侧储能并网的影响示意图如图 5-19 所示。

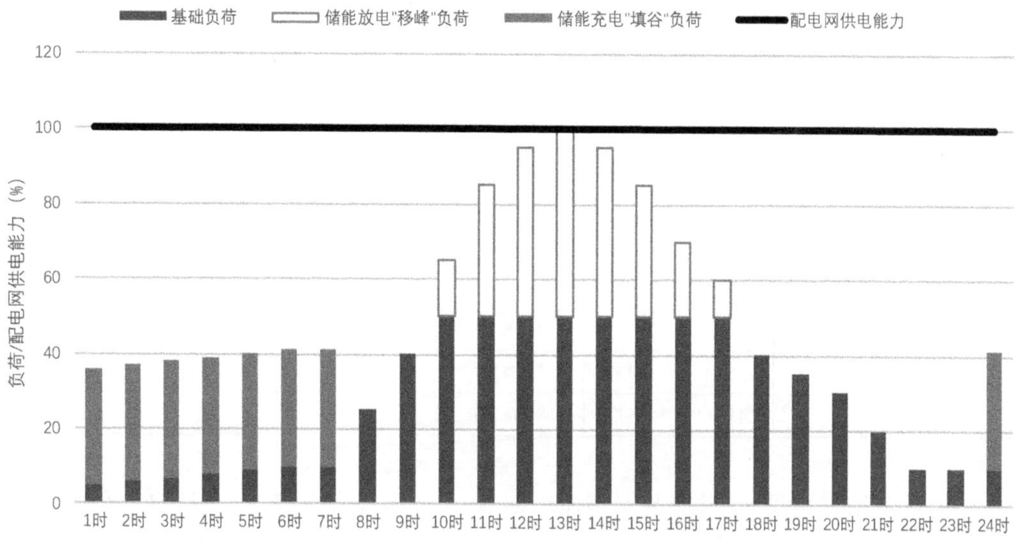

图 5-19　负荷成熟区用户储能影响示意图

将一天划分为 24 个时刻，则相应减少的年收益 E_{EC1} 可由下述公式表达。

$$E_{EC1}=n\sum_{i=1}^{24}\left(P_i^{+}-P_i^{-}\right)e_i$$

式中　P_i^{+}——第 i 小时段储能装置的放电功率（负荷低谷时为净充电状态）；

P_i^{-}——第 i 小时段储能装置的充电功率（负荷高峰时为净放电状态）；

e_i——第 i 小时段的电价；

n——储能装置年运行天数。

以中压线路为单位，依据上述计算模型，主要计算参数设定如表 5-12 所示。

表 5-12　负荷成熟区用户储能影响经济性分析参数设定表

项目	参数内容
线路类型	根据典型城市"十四五"配电网规划技术原则和各类供电区现状线路情况，确定 A+、A 类主干导线均为电缆，B 类为电缆、架空各 50%，电缆导线型号为 3×300 mm^2，架空导线型号为 185 mm^2
线路供电能力	根据典型城市"十四五"配电网规划各类供电区典型导线类型安全电流计算确定最大供电负荷
功率因数	0.95
BESS 运行寿命	20 年
调峰前负载率	67%（基于网架转供电要求设定）
用户削峰系数	20%
典型负荷曲线选取	通过调研选取执行峰谷电价机制的商业、工业典型负荷作为研究对象，数据颗粒度以小时划分，即 8 760 个时点数据

依据以上计算公式和参数设定，负荷成熟区用户储能对单回线路收益的影响如表 5-13 所示。

表 5-13　负荷成熟区用户储能对单回线路收益的影响

负荷类型	供电区分类	充放电电量 8 760 个时点内合计（万 kW·h）			单回线路供电能力（kW）	单位供电能力减少年收益（元/kW）	单回线路减少收益（万元/年）	储能寿命周期内减少总收益现值（万元）
		峰	平	谷				
商业	A+、A	86.72	156.59	−243.31	7 619.02	216.12	164.66	2 827.04
	B	98.32	177.54	−275.86	8 638.35	216.12	186.69	3 205.26
工业	A+、A	64.84	125.04	−189.87	7 619.02	167.59	127.69	2 192.18
	B	73.51	141.76	−215.28	8 638.35	167.59	144.77	2 485.46

根据计算结果可见，在储能装置寿命周期内，由于商业负荷峰时电量较高，商业类型负荷成熟区单回线路在用户移峰填谷影响下的售电收益损失最为明显，其具体数值为 A+、A 类供电区约 0.28 亿元，B 类供电区约 0.32 亿元；工业类型负荷成熟区单回线路在用户移峰填谷影响下的售电损失分别为 A+、A 类供电区约 0.22 亿元，B 类供电区约 0.25 亿元。

3. 负荷发展区用户投资储能对配电网经济性影响

与负荷成熟区情况不同，负荷发展区在用户侧储能并网的影响下，相当于现有配电网的供电能力得到了提升，配电网对于供电区新增负荷的接入能力增强；与此同时，供电企业增加了相同电网规模下的谷时段供电量和电费收入，进而提升了整个配电网的投资经济效益。负荷发展区用户侧储能并网影响的示意图如图 5-20 所示。

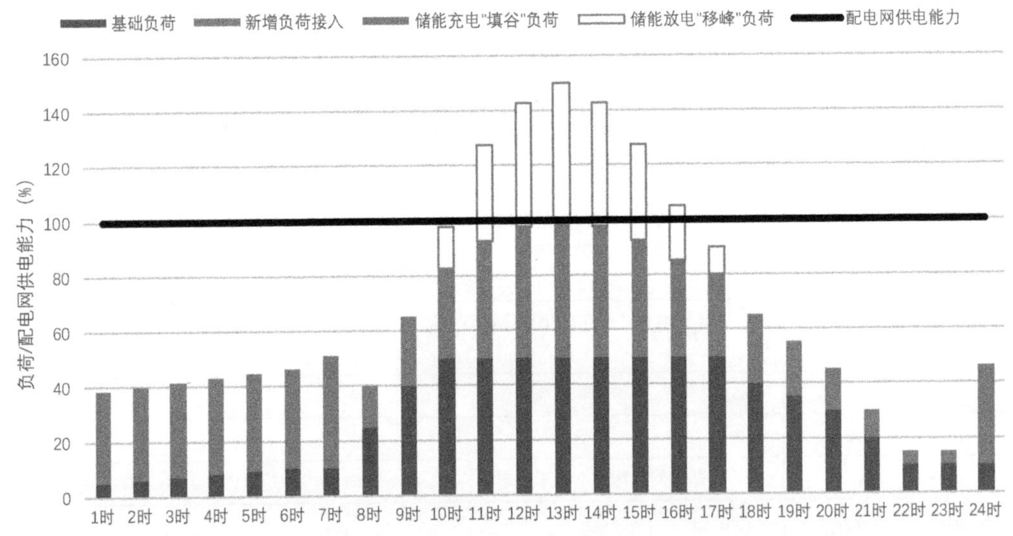

图 5-20　负荷发展区用户储能影响示意图

将一天划分为 24 个时刻，则总电费收入变化E_{EC2}可由下述公式表达。

$$E_{EC2}=n\sum_{i=1}^{24}\left(P_i^+-P_i^-\right)e_i+\sum_{i=1}^{24}P_i'e_i$$

式中　P_i'——新接入用户第 i 小时段的负荷。

计算公式涉及的相关参数设定与负荷成熟区相同。新增用户接入负荷 8 760 个时点特性曲线仍按该负荷类型典型用户确定。基于上述边界条件,负荷发展区用户侧储能并网对单回线路收益的影响如表 5-14 所示。

表 5-14　负荷发展区用户储能对单回线路收益的影响

负荷类型	供电区分类	削峰填谷单回线路减少收益(万元/年)	单回线路新增负荷接入		单回线路合计收益(万元)	储能寿命周期内增加总收益现值(万元)
			增供电量(万 kW·h)	增供收益(万元)		
商业	A+、A	−164.66	259.55	236.51	71.84	1 233.5
	B	−186.69	294.28	268.15	81.96	1 398.5
工业	A+、A	−127.69	238.37	193.66	65.98	1 132.8
	B	−144.77	270.26	219.57	74.81	1 284.3

根据计算结果可见,对于负荷发展区而言,用户侧储能建设有利于提升区域配电网的建设投资效益,环节供电企业投资压力。通过实际计算分析可知,在储能装置的寿命周期内,商业类型区域负荷用户通过储能装置移峰填谷后,将使 A+、A 类供电区配电网单回线路的总收益提高约 0.12 亿元, B 类供电区单回线路总收益提高约 0.14 亿元;对于工业类型区域而言,A+、A 类供电区单回线路的总收益将提高约 0.11 亿元,B 类供电区单回线路总收益提高约 0.13 亿元。

5.3.4　储能装置接入对配电网投资经济性影响小结

储能设备并网对配电网投资经济性的影响,应考虑其具体应用场景,即配网侧应用场景和用户侧应用场景,此两种场景又根据负荷类型、负荷发展阶段等因素进一步进行了细分,各场景具体分析结论总结如下。

1. 配网侧应用场景

从前述配变和线路侧储能设备并网所产生影响的量化分析可知,以南方某典型城市用户负荷特性作为分析基础,从储能设备通过"能量时移"所产生的效益来看,储能并网能够在一定程度上缓解线路供电压力、降低电网损耗、适度提高供电可靠性,但经济效益水平整体欠佳,规模化推广应用的基础条件尚不成熟,造成这一问题的主要原因是现阶段储能设备的综合造价水平仍处于高位,虽然较"十三五"初期已有明显下降,但在实际建设应用中仍然难以保证其经济性水平。

结合具体量化分析结果来看,配网侧储能可考虑在如下场景加以应用。

(1)重过载负荷在日负荷曲线中短时间出现的场景。

从居民、商业两种场景下储能应用的投资经济性计算分析结果来看,居民类负荷投建储能设备的综合成本更低,其主要原因在于商业类用户的高峰负荷持续时间更长,为满足其削峰填谷需求，则需要配置更大规模的储能容量，因此储能设备的总体成本也更高。基于这一特征，结合量化分析计算，可考虑在部分峰值负荷持续时间较短的设备侧建设储能，通过能量时移，既可以实现“削峰”目的，同时又无须存储大规模的负荷用电量，可在一定程度上有效降低储能设备的投资规模，提升其在配网侧应用的经济效益。

（2）区域负荷增长缓慢或趋于饱和的场景。

通过不同负荷增长率区域储能投资效益评价的横向比较来看，随着区域负荷增长率水平的提升，储能设备所能实现的配电网投资缓建效益呈快速下降趋势；而负荷成熟区则更加有利于储能设备发挥其灵活配置、削峰填谷等效益优势，有效提升局部配电网的规划柔性，增加规划方案、建设投资以及调度运行的灵活性水平。

（3）配电网升级投资明显高于平均水平，且小容量储能可延缓大规模投资的场景。

在部分建设场景下，当规划项目建设投资明显高于区域配电网平均建设水平时，可考虑在系统性分析计算的基础之上，以投建储能设备的方式延缓该规划项目或该类型项目的投资，以此提升区域配电网建设的整体经济性水平。以新建中压线路为例，负荷密度水平、线路选型、供电距离、配套管廊等均有可能导致该项目的投资规模偏高，此种情况下，如小规模储能设备投建即可有效缓解规划项目建设紧迫度、延缓电网投资，则储能设备建设的经济效益预计会有明显提升，届时可进一步开展针对性量化评价工作，从而为相关项目投资决策提供依据。

（4）缺乏建设条件的场景。

当规划项目缺乏基础性实施条件且难以寻求次优方案时，可考虑将投建储能设备作为解决方案之一，来实现满足用户供电需求等配电网建设、改造目标，如缺少线路走廊、不具备安全施工条件、对区域环境产生严重影响等场景。

需要说明的是，前述经济性影响研究的结论均是基于配电网规划主要目标和相关约束条件等研究背景而分析获得的，其研究结论主要适用于不同负荷类型、不同负荷增长率等差异化场景下的储能设备并网经济性影响分析，当储能系统的建设成本或各项边界条件发生明显改变时，相关分析论证过程及研究结论也要进行相应调整。与此同时，除去前文所述通过“削峰填谷”方式实现的经济效益外，储能设备还具有较为明显的技术价值和其他维度的投资回报，如调频、调压等辅助服务，此部分价值也是储能设备投资效益的重要体现之一，但考虑到此部分价值与配电网规划场景的相关性较弱，故不在本书中进行深入探讨。

2. 用户侧应用场景

通过对不同负荷发展成熟度场景下的储能并网经济性影响进行分析计算可知，当用户侧储能在负荷发展初期或快速发展期参与配电网需求应用时，则其在降低用户用电支出的同时，亦可间接提升配电网的资产效益，但当区域负荷发展趋于饱和时，用户侧储能的规模化应用反而会降低区域配电网投资的综合效益水平。因此，对于供电企业而言，其应根据用户侧储能发展趋势，适时开展分析梳理工作，通过价格引导、技术辅导、便利接入等适当的激励措施，鼓励及推动用户侧储能系统的建设与运行，在进一步落实“荷”“储”协同发展目标的同时，有效保证配电网规划建设投资的整体效益水平。

第 6 章　典型地区电动汽车发展对配电网规划影响研究

本书前文系统性阐述了电动汽车及储能技术发展相关政策、接入配电网影响仿真分析、充电需求预测以及规划经济性等研究论证过程及相关结论。结合现状实际发展水平，本书在编写过程中将南方某城市作为典型样例，以实际运行数据为基础，对其电动汽车发展现状、充电负荷特性、充电需求预测以及对配电网的规划影响等内容进行了分析论证，以期在进一步对前述研究成果进行应用验证的同时，为读者提供更为翔实的参考依据。

6.1　区域电动汽车现状规模及发展趋势

根据该典型城市新能源汽车充电设施专项规划等研究成果可知，截至 2021 年底，该地区电动汽车保有量为 54.37 万辆，充电桩保有量为 9.7 万个。预计至 2025 年，该地区电动汽车保有量可达 137 万辆水平，较 2021 年增长 152.12%；预计地区充电桩保有量将达到 83.54 万个，届时区域电动汽车充电行为预计将不再受制于充电桩个数制约，做到“随时想充，随时有桩”。该地区各类型电动汽车现状保有量及发展预期情况如表 6-1 所示。

表 6-1　典型城市 2021—2025 年新能源汽车推广应用目标

年份 类型	截至 2021 年底 保有量（辆）	2021—2025 年 新增（辆）	2021—2025 年更新为 新能源汽车（辆）	2025 年底预期 保有量（辆）
新能源公交车	16 450	0	16 450	16 450
新能源出租车	21 644	0	16 000	21 644
新能源物流车	94 000	68 910	25 000	187 910
新能源网约车	79 000	0	0	79 000
新能源环卫车	3 000	0	295	3 295
新能源泥头车	4 000	500	306	4 806
新能源公务车	68	0	500	568
新能源警车	544	2 068	3 000	5 612
国企新能源用车	—	0	1 500	1 500
新能源私家车	325 000	700 000	25 000	1 050 000
合计	543 706	771 478	88 051	1 370 785

预计至 2030 年，该典型城市新能源私家车保有量将到达 200 万辆（表 6-2），而公交车、出租车等类型因均已实现 100%电动化或接近更新饱和，故不再新增或基本无明显增长。

表 6-2 典型城市 2030 年新能源汽车保有量预估

车型	保有量(辆)
新能源公交车	16 450
新能源出租车	21 644
新能源物流车	187 910
新能源网约车	79 000
新能源环卫车	3 295
新能源泥头车	4 806
新能源公务车	568
新能源警车	5 612
国企新能源用车	1 500
新能源私家车	2 000 000
合计	2 318 717

6.2 区域电动汽车典型充电负荷特性分析

为充分分析该地区典型充电负荷特性,本研究广泛收集了区域电动汽车充电设施的历史负荷运行数据,并通过大规模实测数据的分析计算对各类车型的充电负荷特性进行了精准画像。

数据的采集应用主要依托电网企业数字化信息平台技术,以充电设施专用配电变压器负荷运行数据为基础,充分掌握了多个典型集中式充电站、充电桩的充电负荷数据,为区域内各类型电动汽车充电负荷特性的量化研究奠定了数据基础。各类典型车型充电负荷特性水平如下。

1. 公交车典型充电负荷特性分析

本研究对 17 座典型公交充电站的充电负荷情况进行了量化分析,经数据整理,在去除施工、检修、投运时间不足等不合格数据后,最终得出该典型城市纯电动公交车典型充电负荷曲线如图 6-1 所示。

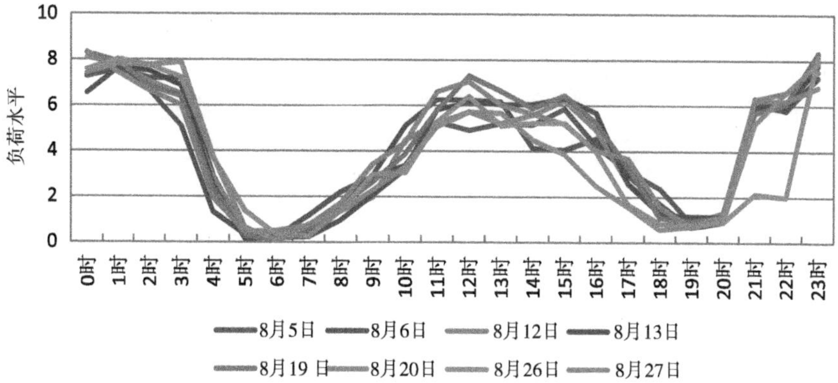

图 6-1　纯电动公交车充电负荷特性典型曲线

由图 6-1 可知，纯电动公交车规模化充电行为一天内发生两次，第一次时间为早 7 时至晚 19 时之间，其中正午 12 时为充电负荷峰值期，第二个充电负荷发生时段出现在深夜时段，23 时是一天中第二个充电高峰时段。纯电动公交车充电行为的发生与其运营高峰期有较为密切的关系，当早高峰时段开始后，由于公交车发车班次增加，留站车辆减少，因此充电负荷有所下降，至晚高峰时段，再次出现充电负荷下降情况；而早晚高峰之前及之后的时段，为了保证高峰时段的用车需求，均会出现明显的集中充电行为，因此充电负荷再次升高。

2. 出租车典型充电负荷特性分析

本研究通过对域内典型出租车充电场站负荷运行数据进行分析，可确定纯电动出租车典型充电负荷曲线如图 6-2 所示。

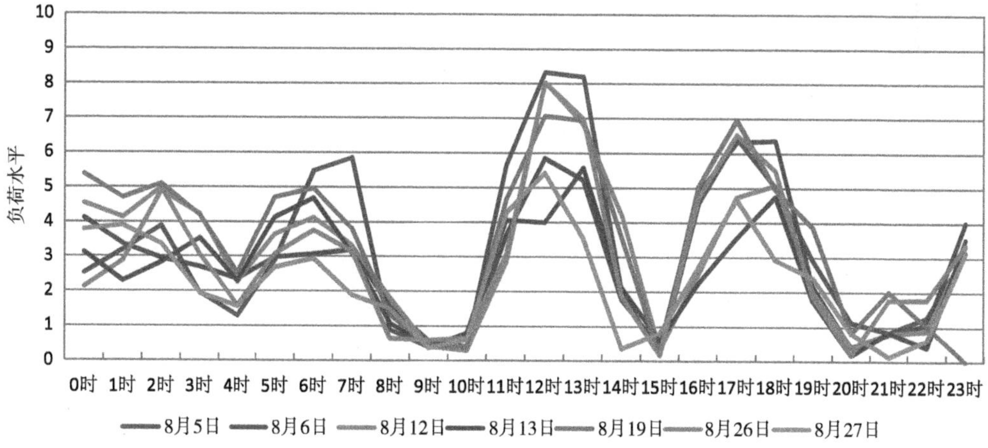

图 6-2　纯电动出租车充电负荷特性典型曲线

出租车充电行为的发生主要集中在四个阶段，分别为 5 时至 7 时，11 时至 15 时，16 时至 18 时以及 22 时至次日 2 时，其充电行为与典型城市现行的峰平谷电价以及出租车的运行习惯有关，“谷”电价及“平”电价时段，恰是出租车充电行为集中发生的时段，且与出租车运营时段相吻合，在 3 时至 5 时段，电动出租车的充电行为将明显下降。

网约车和出租车从事相同的业务，其充电行为高度相似，因此不再赘述。

3. 物流车典型充电负荷特性分析

物流车类型是现阶该典型城市纯电动汽车推广的重点方向，物流车在运营特点及运行特性上与出租车具有一定相似性，其充电行为的发生必然要考虑充电时段的自身运营情况及电价情况。结合本次数据调研分析结果可确定纯电动物流车充电负荷特性曲线如图 6-3 所示。

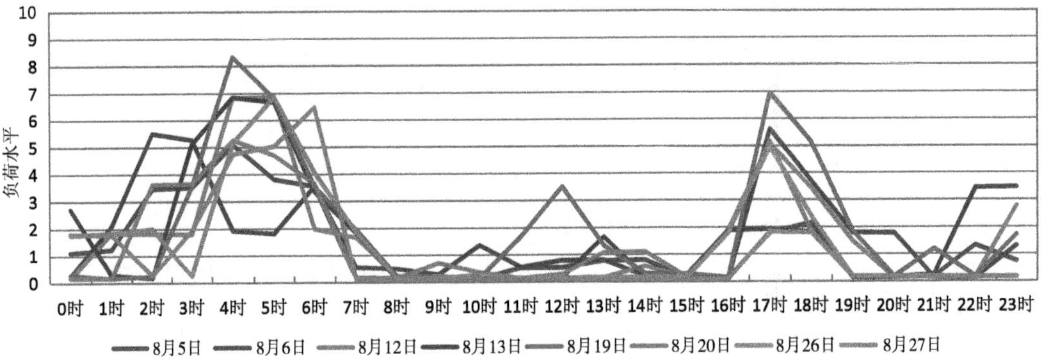

图 6-3　纯电动物流车充电负荷特性典型曲线

由图 6-3 可知，物流车充电负荷主要发生在 4 时至 7 时以及 17 时至 19 时两个时段，11 时至 14 时这一时段，也有一定的充电负荷发生。从曲线整体变化情况来看，物流车充电负荷的峰值发生时刻与出租车同时段的负荷特性基本吻合，区别在于，物流车的运营时间及充电需求小于出租车，因此物流车一天内只有两个充电负荷高峰，且主要集中在一天中车辆开始运营之前，以及车辆停止运营之后。

4. 私家车典型充电负荷特性分析

本研究通过对区域内多个典型居民小区停车场充电设施负荷曲线进行分析，拟合出私家车典型充电负荷特征曲线如图 6-4 所示。

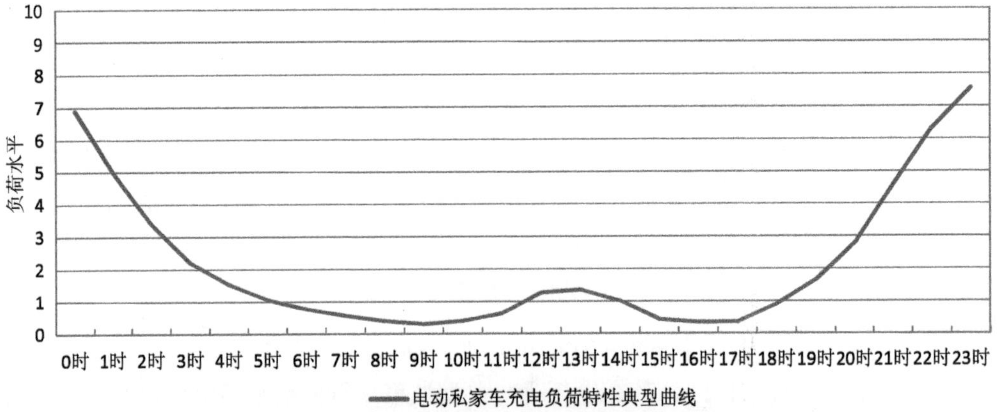

图 6-4　电动私家车充电负荷特性典型曲线

由图 6-3 可知，私家电动车的充电特征与车辆行驶习惯有着密切的联系，一天中的充电负荷高峰主要集中在车辆返回住所且长时间停泊的时段，即 18 时至次日 6 时许，这期间随着返回住所车辆的增多，充电负荷也开始逐步攀升，至 23 时到次日 1 时许这一时段，私家车充电负荷达到高峰。

综上，通过对典型城市各类型电动汽车典型充电负荷曲线及背后充电行为分析可知：

（1）对于以运营为主的车辆（如出租车、物流车等），现有技术条件下的电池容量很难满足其整日的运营需求，因此必须通过 2 次或多次充电的方式提升车辆的单日续航里程，但考虑到自身的运营成本，峰平谷电价也是影响其充电行为的一项重要因素，其充电时间与“谷”“平”电价的实行时段高度吻合；

（2）对于纯电动公交车，通过快充方式能够实现大容量车载电池在一天内多次充电的需求，其充电行为主要与公交车辆的发车频率有关，当早晚高峰时段时，其充电负荷有明显下降；

（3）对于私家车，采用居所慢充装置的充电方式最为常见，虽然电动私家车的保有量明显高于其他车型，但其充电负荷主要发生在夜间，即全市负荷特性曲线的波谷阶段，且慢充装置的充电功率明显小于其他快充类充电功率。

6.3　区域电动汽车充电负荷预测

1. 电动汽车充电负荷预测算法

该典型城市电动汽车充电负荷预测方法与本书前述方法相同，即以大规模充电负荷实际运行数据为基础确定各类型车辆充电负荷特性，同时进一步考虑典型车型百公里能耗等影响因素，结合典型车型保有量水平，分析预测充电负荷总体需求；之后再根据各类电动车型 24 h 典型充电负荷特性曲线，离散计算出充电负荷 24 h 特征曲线；最终，将各类电动汽车 24 h 充电曲线叠加得出该典型城市全域电动汽车 24 h 充电负荷曲线。预测方法具体流程如图 6-5 所示。

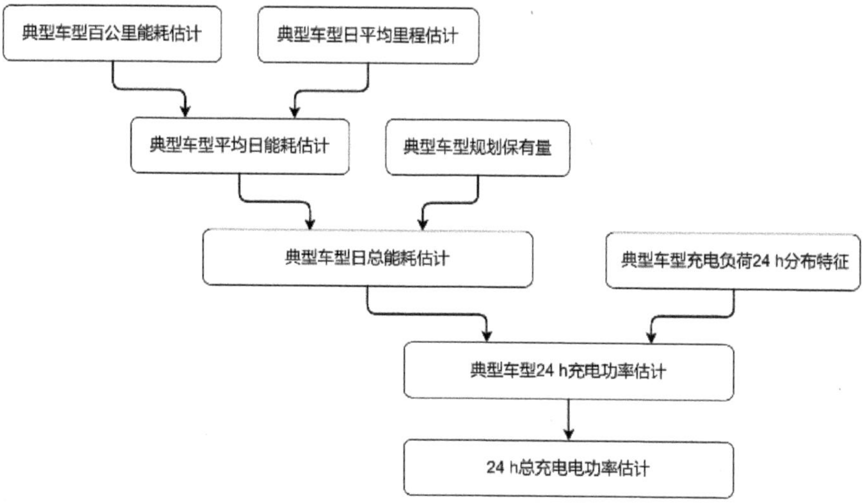

图 6-5　电动汽车负荷预测算法流程

2. 电动汽车日均能耗统计

结合各类既有研究成果及广泛调研数据可知，典型城市各类电动汽车日平均充电电量典型值如表 6-3 所示。

表 6-3　各类电动汽车日平均充电电量

车型	能耗（km/（kW·h））	每日平均公里数（km）	每日充电量（kW·h）
公交	1	130	130
出租车	5.5	270	49
物流车	5	90	18
网约车	5.5	200	36
环卫车	1	45	45
泥头车	0.5	90	180
其他综合	1	70	70
私家车	6	41	7

3. 当前叠加情况与 2025 年总体负荷预测分析

综上所述，基于前述分析预测方法，对该典型城市现状年及 2025 年全域电动汽车充电负荷曲线进行计算分析，具体结果如图 6-6 所示。

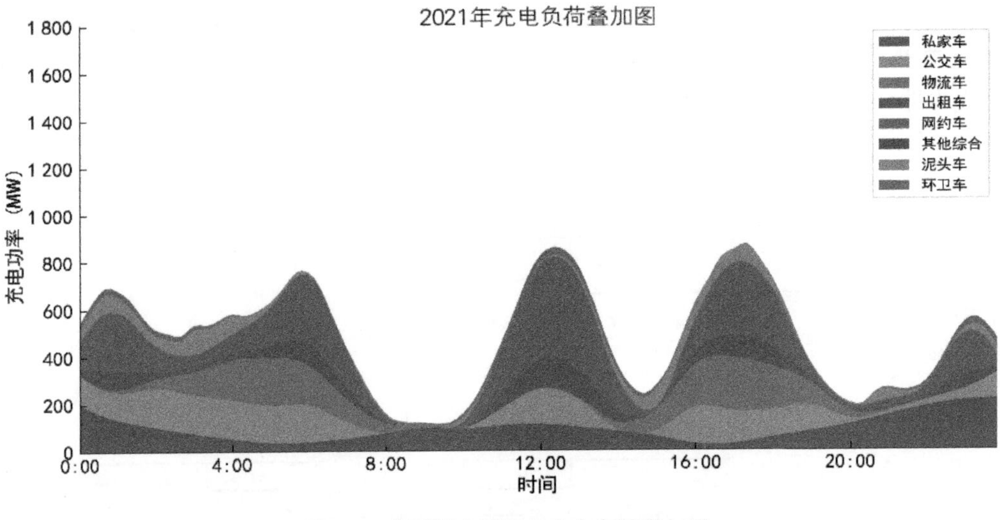

图 6-6　典型城市现状年充电负荷叠加图

由图 6-6 可知，该典型城市现状最大充电负荷为 7 841.72 MW，峰值时段约出现在 11 时至 12 时，主要由出租车、公交车和私家车充电负荷组成。

由图 6-7 可以看出，经过“十四五”期间的发展，预计至 2025 年时该城市的充电峰值主要出现在 16 时至 18 时，充电最大峰值预计为 1 328.59 MW，主要由网约车、出租车、物流车、公家车和私家车充电负荷组成。

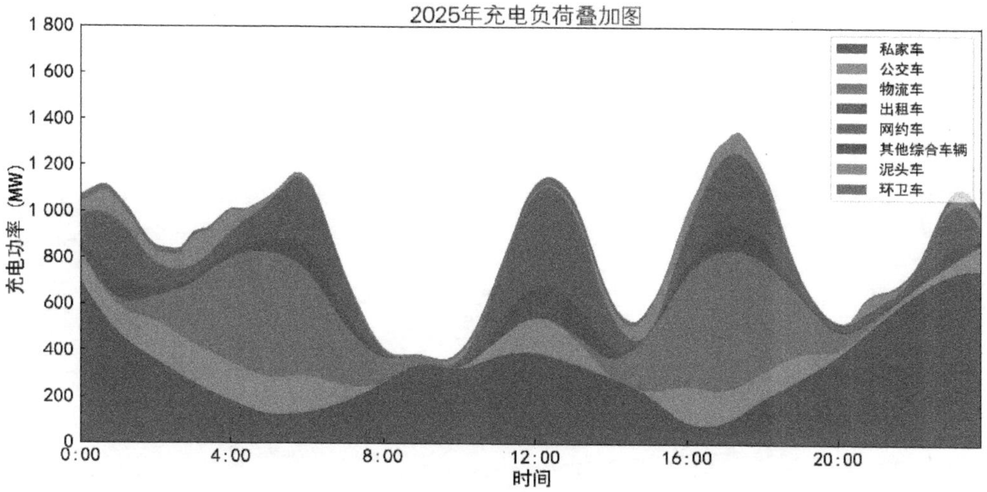

图 6-7　典型城市 2025 年充电负荷叠加图

基于上述预测结果，进一步对该典型城市现状年和 2025 年 12 点、18 点、0 点的充电负荷组成进行分析，具体情况如图 6-8 所示。从对比结果可以看出，0 点充电负荷的峰值明显增加，主要原因在于私家车充电负荷的大规模增长。

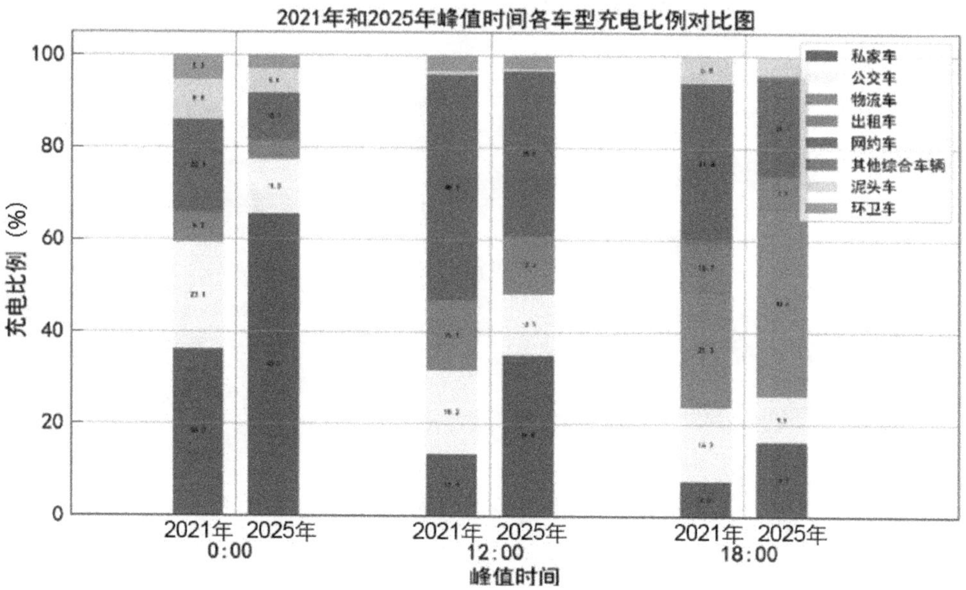

图 6-8　典型城市现状年和 2025 年充电负荷峰值对比

4. 分车型 2021 年和 2025 年充电负荷曲线对比

（1）电动私家车负荷现状年和 2015 年对比如图 6-9 所示。

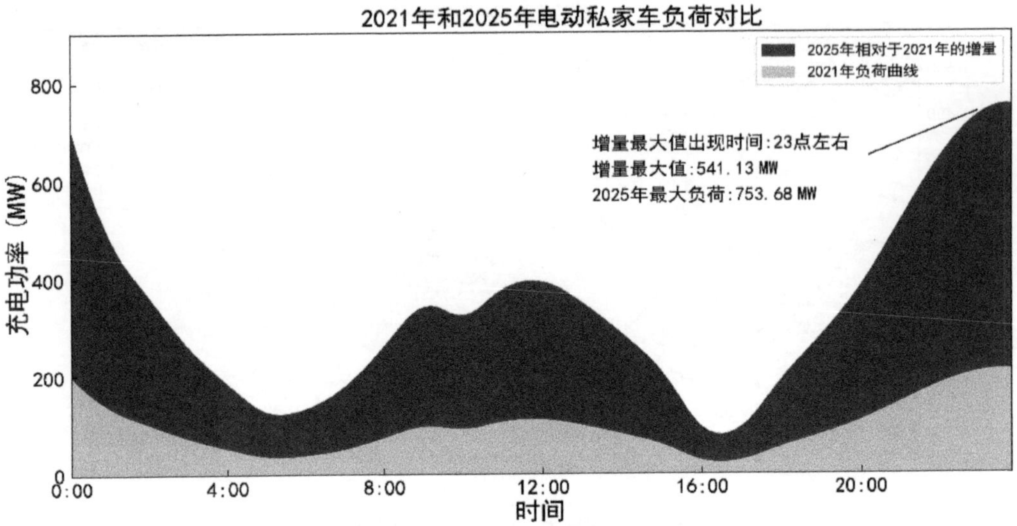

图 6-9 电动私家车负荷现状年和 2025 年对比

(2)电动网约车负荷现状的和 2025 年对比如图 6-10 所示。

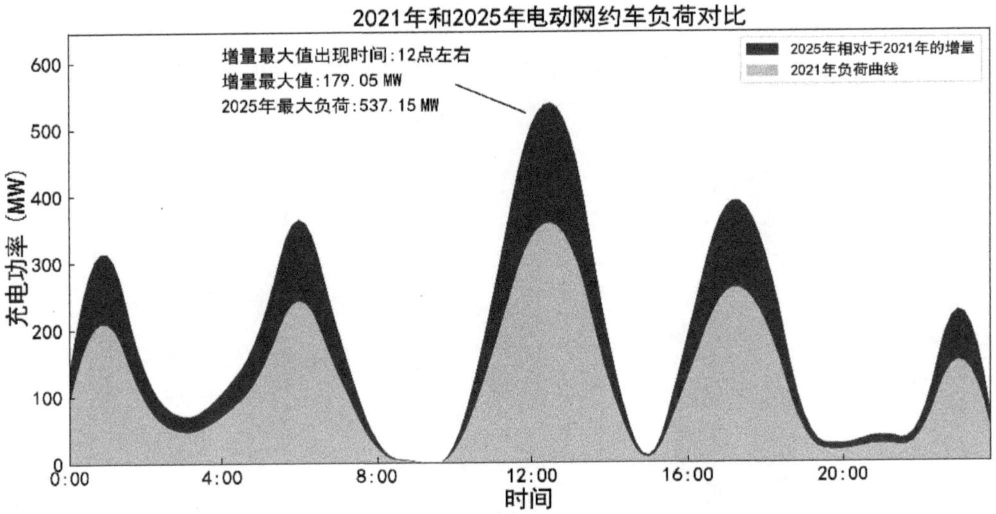

图 6-10 电动网约车负荷现状年和 2025 年对比

(3)电动物流车负荷现状年和 2025 年对比如图 6-11 所示。

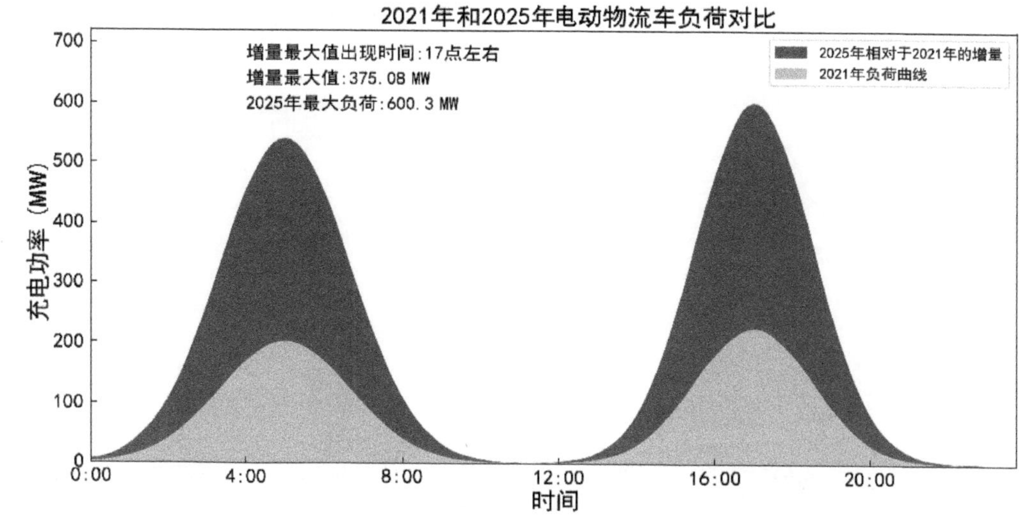

图 6-11　电动物流车负荷现状年和 2025 年对比

（4）电动出租车负荷现状年和 2025 年对比如图 6-12 所示。

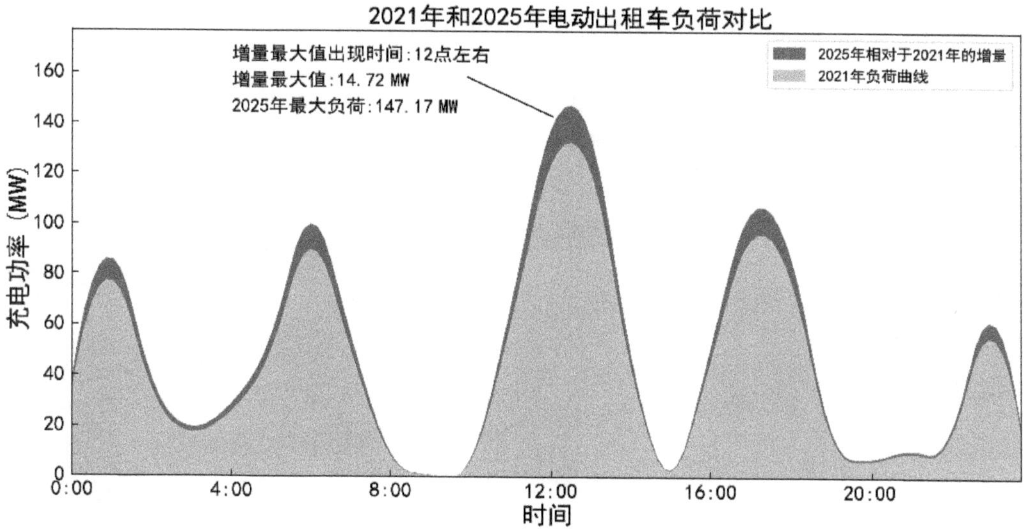

图 6-12　电动出租车负荷现状年和 2025 年对比

需要说明的是，该典型城市 2021 年已实现出租车全面电动化，分析计算时以 2025 年出租车数量无明显变化为边界。

（5）电动公交车现状年和 2025 年负荷对比如图 6-13 所示。

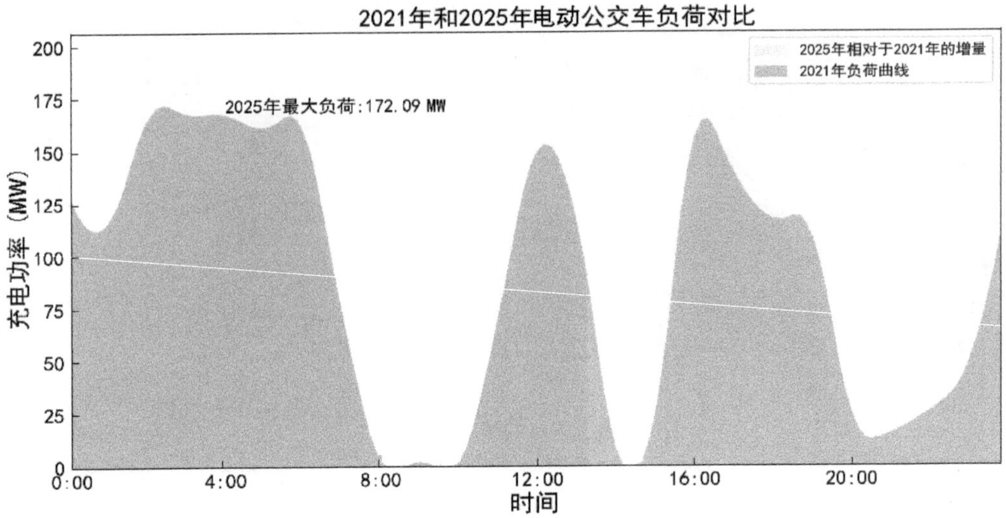

图 6-13　电动公交车现状年和 2025 年的公交车负荷对比

需要说明的是，该典型城市现状年公交车亦已全面电动化，2025 年较现状公交车数量无明显变化。

（6）电动环卫车现状年和 2015 年负荷对比如图 6-14 所示。

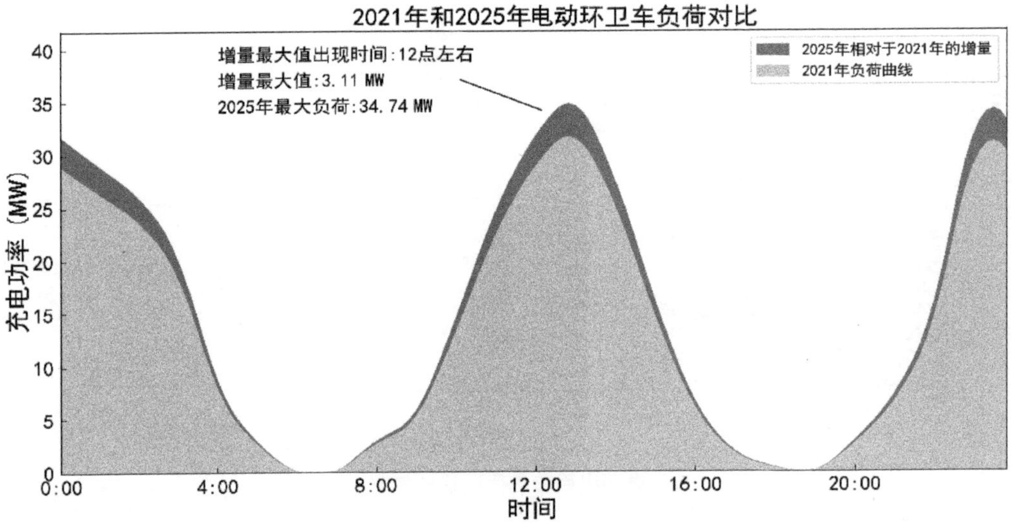

图 6-14　电动环卫车现状年和 2025 年的环卫车负荷对比

（7）电动泥头车现状年和 2025 年负荷对比如图 6-15 所示。

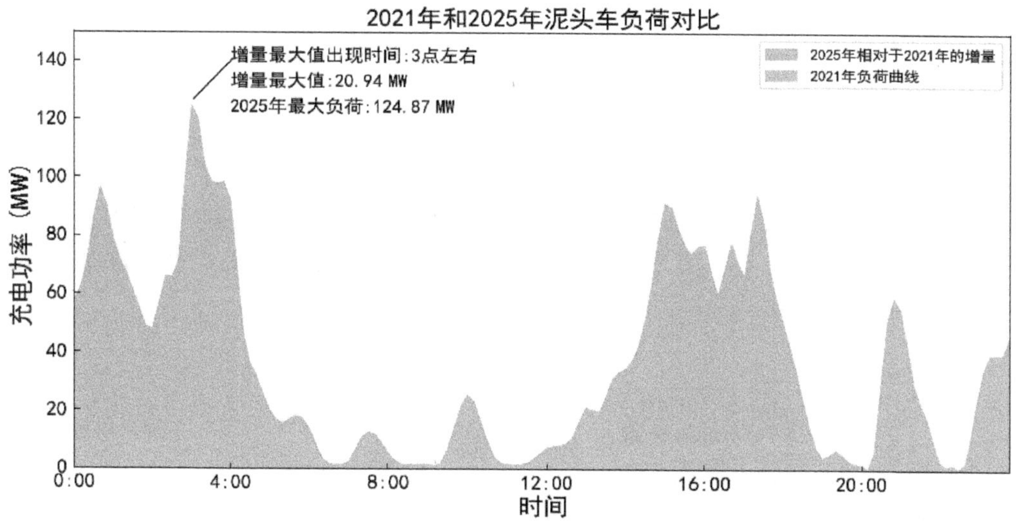

图 6-15　电动泥头车现状年和 2025 年负荷对比

（8）其他综合车辆现状年和 2025 年负荷对比如图 6-16 所示。

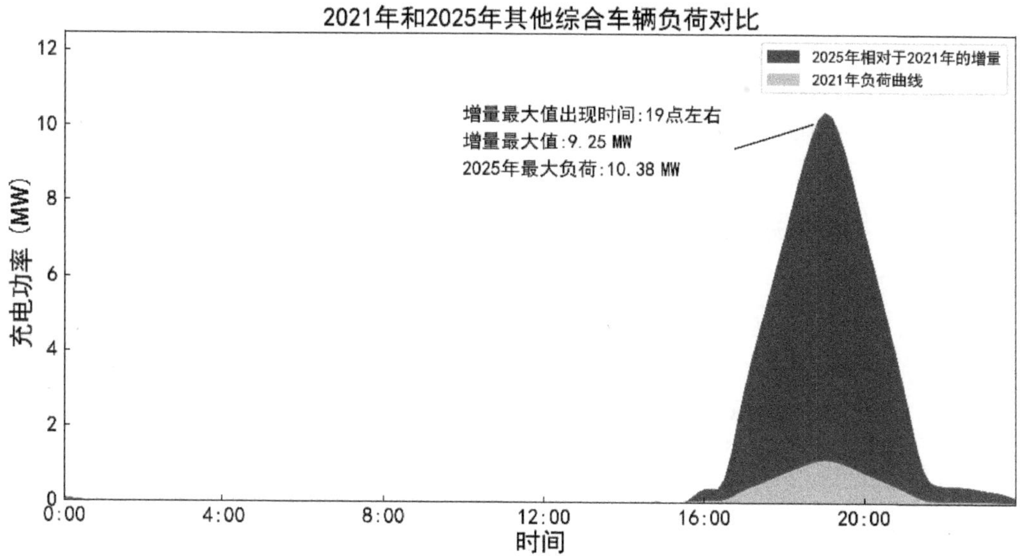

图 6-16　其他综合车辆现状年和 2025 年负荷对比

综上所述，结合各类车型的分析结果来看，私家车电动化水平的快速增长，是推动区域电动汽车充电负荷水平整体提升的主要原因之一。

6.4 区域电动汽车发展对配电网规划影响

1. 电动汽车充电负荷对区域电网负荷总量的影响

为分析 2025 年电动汽车充电负荷对典型城市电网负荷总量的影响,研究过程在预测 2025 年区域电动汽车充电负荷增量(即 2025 年电动汽车充电负荷曲线扣除 2021 年电动汽车充电负荷曲线)的基础上,将其与 2021 年 6 月典型城市电网负荷曲线进行叠加,由此可得到叠加充电负荷增量后的全市网供负荷,具体情况如图 6-17 所示。

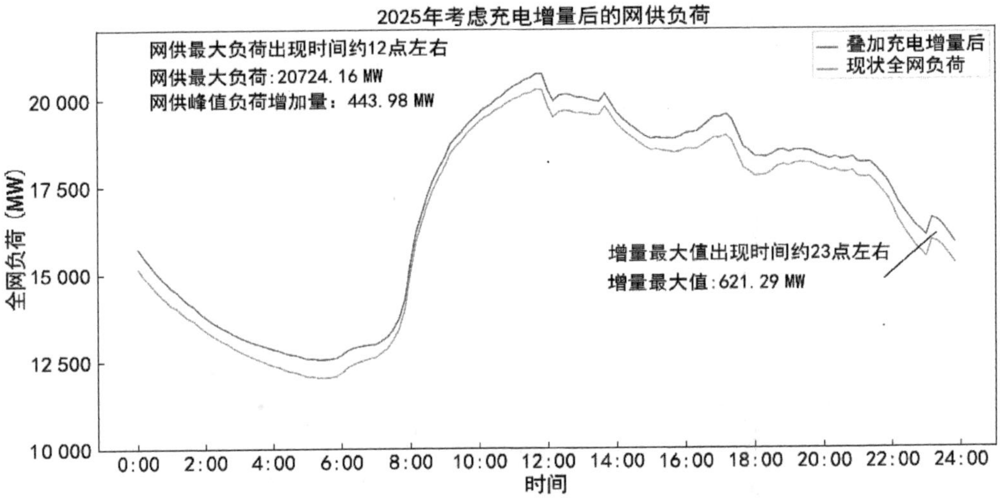

图 6-17 叠加充电负荷增量后的 2025 年全域网供负荷

在叠加 2025 年电动汽车充电负荷增量的情况下,区域网供负荷峰值时间未明显改变(11 点至 12 点之间),仅在峰值水平上增加了 443.98 MW。另外,从全天变化情况来看,网供负荷增量最大值为 621.29 MW,出现在 23 时左右。

2. 应对 2025 年充电负荷需增加的配电网规模

1)需增加的 110 kV 变电容量

由上一章节可知,在叠加区域 2025 年电动汽车充电负荷的基础之上,全域网供负荷峰值增加 443.98 MW。参照当地电网规划设计技术实施细则,以 1.8~2.2 作为 110 kV 电网容载比,则由此推断该典型城市需增加变电容量约 798~975 MV · A;若以单台主变 63 MV · A 选取,则预计需新增 110 kV 变压器 13~16 台。

由此可见, 2025 年电动汽车充电负荷增量对该典型城市全网负荷总量的影响较为有限,对局部中低压配电网的影响需结合具体情况具体分析。

2)需增加的中低压配电网规模

经分析计算,为满足 2025 年典型城市充电负荷增量,需要配套增加的中低压配电网规模如下:需新增配变容量 225.85 万 kV · A,约为 3 226 台配变(典型城市现状配变均值容量约为 700 kV·A/台),需新增 10 kV 馈线条数 230 条。

表 6-4　满足 2025 年充电负荷需配套增加的中低压配电网规模

电动车辆类型	2025 年增量（台）	峰值负荷增量（MW）	峰值出现时间	充电类型	需增加配变容量（kV·A）	需增加的配变台数（台）	需增加 10 kV 馈线条数（条）
私家车	725 000	541.13	23 时	慢充为主	1 082 944	1 547	110
物流车	93 910	375.08	17 时	快充为主	750 654	1 072	76
网约车	0	179.0	12 时	快充为主	358 312	512	37
泥头车	806	20.94	3 时	快充为主	41 880	60	4
环卫车	295	3.11	12 时	快充为主	6 220	9	1
其他车型	5 000	9.25	19 时	快充为主	18 500	26	2
合计	825 011	1 128.51	—	—	2 258 510	3 226	230

3. 2030 年充电负荷预测结果及分析

从图 6-18 可以看到，2025 年以后，仅有私家车负荷明显增长。

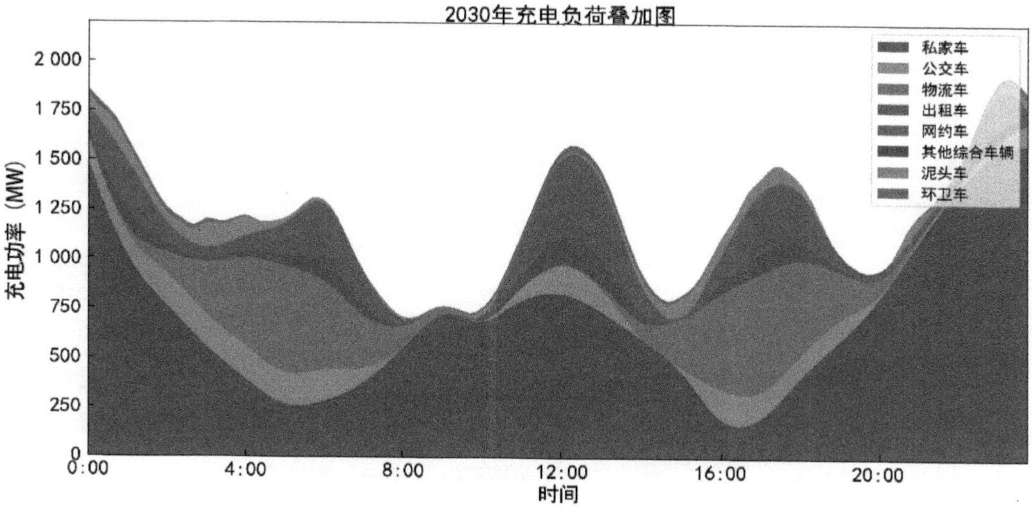

图 6-18　2030 年的充电负荷叠加图

如图 6-19 所示，考虑 2030 年电动汽车充电负荷增量的情况下，区域网供负荷峰值时间未明显改变（11—12 点），仅在峰值上增加 945.64 MW。另外，从全天来看，全域网供负荷增量最大值为 1 727.72 MW，出现在 23 点左右。

由规模预估可知，2025 年至 2030 年期间仅考虑私家车的增长，而私家车将在夜间产生 1 382.54 MW 的增量，具体变化情况如图 6-20 所示。

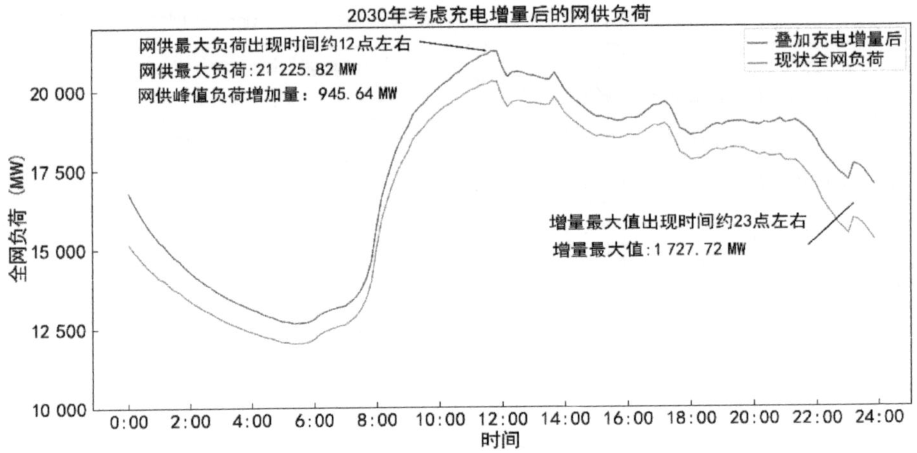

图 6-19　叠加充电负荷增量后的 2030 年区域网供负荷

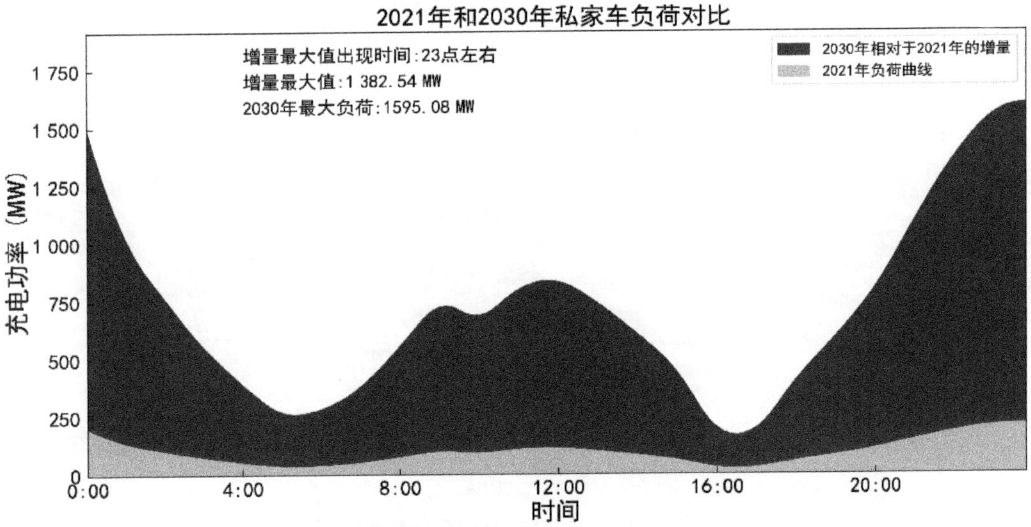

图 6-20　私家车 2021 年和 2030 年的负荷对比图

预计 2030 年需要在 2025 年的基础上进一步增加配变容量 168.35 万 kV · A,即约需增加的配变台数为 2 405 台,需增加 10 kV 馈线条数 171 条。

4. 主要建议

结合前述分析结果,建议典型城市在电动汽车发展及充电设施建设过程中,着重考虑如下建议。

一是为保证充电基础设施与电网协同发展,避免社会各类充电站建设无序竞争造成资源浪费,应加强与市区政府、电网企业、社会各类充电设施投资主体的沟通联动,科学研判“十四五”期间区域各类充电基础设施发展趋势、空间布局、用电需求等,并及时将充电设施的用电需求落实至“十四五”电网规划建设中。

二是加快推进域内供电紧张区域的电网规划建设,避免局部片区供电能力“卡脖子”问题影响充电设施建设。

三是借助数字化平台等信息系统，加强对全域供电紧张区域与重过载（含预测）设备的预警及应对，进一步深入推动主配网规划建设协同，为电动汽车发展及充电设施建设奠定基础。

四是面向构建以新能源为主体的新型电力系统，联合内外部力量开展配电网与充电站（桩）协同控制技术及 V2G 技术、充电桩有序充电等关键技术研究及试点应用。

第7章　总结

本书编制的目的在于:①结合电动汽车、储能技术规模化并网的发展趋势,优化完善传统配电网规划思路及方法,提升配电网规划成果支撑新型电力系统建设的适应性水平;②基于能源安全战略、电力体制改革等宏观背景,研究论证适应电动汽车、储能发展的规划策略及经济性比选方法,为规划方案及投资"精细化、精准化"水平的进一步提升提供决策支撑。本书在编写过程中围绕上述目标,先后开展了相关政策及发展现状调研、接入配电网影响研究、电动汽车充电负荷预测方法优化研究、配电网规划经济性影响研究等分析论证工作,并以典型城市配电网实际运行数据为基础,进一步形成了体系化的量化分析结论,经提炼总结,本书主要成果内容说明如下。

7.1　技术方法总结

为了确保论证成果的精细化水平,形成直观易用的量化分析结论,本研究先后运用了模拟仿真、大数据分析、经济效益评价等技术方法。上述方法在不同地区的实践应用过程中,可进一步结合区域配电网发展建设实际,适时灵活调整相关指标参数或应用场景,逐步完善形成与当地配电网发展需求相适应的规划工具。

1. 以模拟仿真分析支撑接入影响量化研究

本研究运用模拟仿真分析技术,以 PSCAD 及 MATLAB 仿真平台为基础,对电动汽车充电设施及储能装置接入配电网的影响进行了量化分析,通过仿真结果的分析与梳理,确定了电动汽车充电设施与储能设备接入对配电网电能质量及运行经济性的影响。相对于直接引用既有研究成果而言,本研究所开展的模拟仿真工作更加具有针对性及适用性,其模型构建及仿真参数设定充分参考了当前主流设备的运行特征及典型城市的真实运行数据,仿真结果及分析结论更加具有代表性及实际应用价值,同时也为接入影响量化分析及后续经济性影响研究提供了支撑依据。

2. 以大量配电网实际运行数据作为研究分析基础

本研究充分运用了配电网数据化信息化平台的管理成果,同时对充电设施运营公司、典型用户储能等运行数据进行了深入的调研分析,以大体量、系统化的基础数据为支撑,开展了多项基于大数据分析技术的量化研究工作。本研究先后调研分析典型用户、典型配变、典型线路等基础数据台账及运行负荷数据约 50 万项,且调研分析结果均在研究过程中有不同程度的运用。在大规模实采数据的支撑下,本研究所应用的多种技术思路及分析计算方法均有一定程度的创新与完善,整体成果的严谨性及适用性水平得到了进一步的优化提升,对于不同区域配电网规划方法的优化完善也更加具有易用性及推广借鉴价值。

3. 细化研究成果颗粒度水平

与传统方式下较为单一的研究结论相比,本书在大规模实采数据的支撑下,将研究过程进行了更加细致的颗粒度划分，使得研究成果更加贴合于新型电力系统发展背景下的配电网建设实际，整体成果对于配电网规划方法的优化完善也更加具有应用价值。如以电动汽车充电负荷分析为例，在总量预测的基础之上，24 个时刻颗粒度的划分能够更加充分的反映充电负荷的特性变化情况，同时也为充电负荷影响下的区域配电网整体负荷特性变化研究提供了基础；再如典型供电线路，负荷特性 8 760 个时点运行数据的应用，将研究成果的颗粒度水平提升至全年的各个时刻，更加细致地反映了差异化负荷的特性变化情况，为后续"源网荷储"融合规划的方案论证与编制，以及投资经济性研究工作的开展提供了坚实基础。

4. 负荷研究向经济性研究延伸

传统方式下，配电网规划相关研究的主要内容及主要结论多以负荷特性分析、负荷预测方法为主，仅能支撑配电网规划中部分工作的开展；而以经济性研究为主的结论，又无法与常规配电网规划工作相结合。针对这一问题，从配电网规划成果支撑配电网建设投资决策的角度出发，本书在负荷预测研究的基础之上，进一步向经济性影响延伸，将负荷预测方法优化研究的成果应用于经济性研究，同时用经济性研究的结论进一步丰富负荷预测成果对配电网规划建设工作的指导作用，从而使得整体研究成果与配电网规划工作的实际需求紧密贴合。

5. 多场景、多阶段、多维度进行经济性影响分析评价

在电动汽车及储能规模化发展的背景下，影响配电网协调规划的因素错综复杂，为了确保本书成果的实际应用价值，本书对配电网规划经济性影响的相关内容以不同场景、发展阶段等进行区分，对具体分析内容进行了进一步丰富。例如，针对储能对经济性影响方面，区分了配网侧和用户侧两个投资主体的场景，而配网侧应用又进一步区分为配变级和线路级两个不同维度；用户侧应用场景又结合所在区域的发展阶段，区分了负荷成熟区和负荷发展区两种情况分别进行模拟计算。再如，电动汽车充电设施建设对经济性影响方面，在区分居民区、商业区等场景的基础上，对于居民区又在无序充电和有序控制两种模式下进行了发展规模水平的分析计算；对于商业区考虑了不同充电停车位使用同时率影响及与周边负荷的优化接入场景。此种基于不同维度差异化水平的研究分析过程，既能够将复杂的配电网规划问题进行分解，又能够提升研究成果的严谨性及覆盖水平，对后续配电网规划方法的优化完善以及规划成果的决策比选具有重要的支撑作用。

7.2　研究分析成果总结

7.2.1　电动汽车和储能技术发展相关政策及规划解读分析

政策的颁布与实施，影响着电动汽车及储能技术的发展进程；相关规划的编制与执行，推动着电动汽车及储能产业的进一步完善与深化，本书以时间为主线，对影响电动汽车和储能技术发展的相关政策内容进行了详细调研与梳理分析，具体的调研成果如表 7-1、表 7-2 所示。

表 7-1　电动汽车推广政策梳理表格（节选）

政策名称	发布时间
《国务院关于加强城市基础设施建设的意见》	2013 年 9 月
《关于电动汽车用电价格政策有关问题的通知》	2014 年 7 月
《国务院办公厅关于加快新能源汽车推广应用的指导意见》	2014 年 7 月
《关于 2016—2020 年新能源汽车推广应用财政支持政策的通知》	2015 年 4 月
《国务院办公厅关于加快电动汽车充电基础设施建设的指导意见》	2015 年 10 月
《电动汽车充电基础设施发展指南（2015—2020 年）》	2015 年 10 月
《关于"十三五"新能源汽车充电基础设施奖励政策及加强新能源汽车推广应用的通知》	2016 年 1 月
《关于统筹加快推进停车场与充电基础设施一体化建设的通知》	2016 年 12 月
《关于印发〈提升新能源汽车充电保障能力行动计划〉的通知》	2018 年 11 月
《关于进一步完善新能源汽车推广应用财政补贴政策的通知》	2019 年 3 月
《关于支持新能源公交车推广应用的通知》	2019 年 5 月
《关于完善新能源汽车推广应用财政补贴政策的通知》	2020 年 4 月
《国务院办公厅关于印发新能源汽车产业发展规划（2021—2035 年）的通知》	2020 年 10 月
《关于提振大宗消费重点消费促进释放农村消费潜力若干措施的通知》	2020 年 12 月
《关于进一步完善新能源汽车推广应用财政补贴政策的通知》	2020 年 12 月
《商务部办公厅印发商务领域促进汽车消费工作指引和部分地方经验做法的通知》	2021 年 2 月
《关于 2022 年新能源汽车推广应用财政补贴政策的通知》	2021 年 12 月
《国家发展改革委等部门关于进一步提升电动汽车充电基础设施服务保障能力的实施意见》	2022 年 1 月
《关于进一步推进电能替代的指导意见》	2022 年 3 月
《国务院办公厅关于进一步释放消费潜力促进消费持续恢复的意见》	2022 年 4 月

表 7-2　储能技术发展相关政策梳理情况表（节选）

政策名称	发布时间
《分布式发电管理暂行办法》	2013 年 7 月
《能源发展战略行动计划（2014~2020 年）》	2014 年 6 月
《关于进一步深化电力体制改革的若干意见》	2015 年 3 月
《关于推进新能源微电网示范项目建设的指导意见》	2015 年 7 月
《关于促进智能电网发展的指导意见》	2015 年 7 月
《国家发展改革委关于开展可再生能源就近消纳试点的通知》	2015 年 10 月
《"十三五"节能减排综合工作方案》	2016 年 12 月
《关于促进储能技术与产业发展的指导意见》	2017 年 9 月
《关于建立健全清洁能源消纳长效机制的指导意见（征求意见稿）》	2020 年 5 月
《关于 2021 年风电、光伏发电开发建设有关事项的通知（征求意见稿）》	2021 年 4 月
《国家发展改革委 国家能源局关于加快推动新型储能发展的指导意见》	2021 年 4 月

与此同时，本书亦对电动汽车、储能产业相关的规划成果进行了梳理分析，其调研情况如图 7-1 所示。

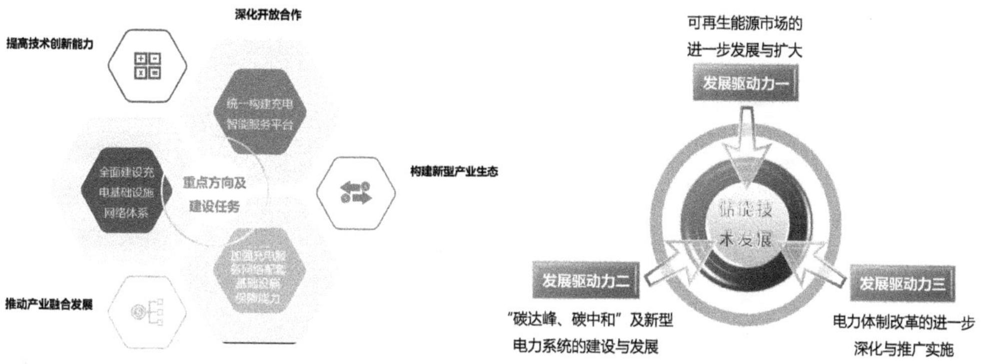

图 7-1　电动汽车发展重点建设任务及储能产业发展主要驱动力

由体系化的调研与梳理可知，电动汽车及储能产业在国家发展战略、社会经济健康可持续发展以及节能减排环保事业中的支撑性作用，在国家、地方政府及社会各界中形成了高度共识。在今后较长一段时间内，相关产业都将呈现出较为明显的增长态势，与此同时用于支撑电动汽车及充换电设施、储能技术发展的各类扶持政策、服务机制、管理措施等也将更加高效、完善。

7.2.2　电动汽车及储能技术发展现状调研

电动汽车方面，2021 年全球电动汽车市场销量达到 660 万辆，全球总保有量达到 1 650 万辆。其中，2021 年中国新能源汽车销量达到 352.1 万辆，约占全球新能源汽车销量份额的 53%。

公共充电桩保有量达到 180 万台，其中近三分之一为快速充电桩，中国公共充电桩建设规模同样位居全球领先水平，快速充电桩保有量占全球总量的 85%，慢速充电桩占 55%。

7.2.3　电动汽车充电设施及储能装置接入配电网影响分析

模拟仿真分析的核心目的是对电动汽车充电设施及储能装置接入配电网后的影响进行定量化的分析论证，具体研究过程主要采用了 PSCAD 和 MATLAB 两种仿真平台。其主要研究模型的搭建情况如图 7-2~图 7-4 所示。

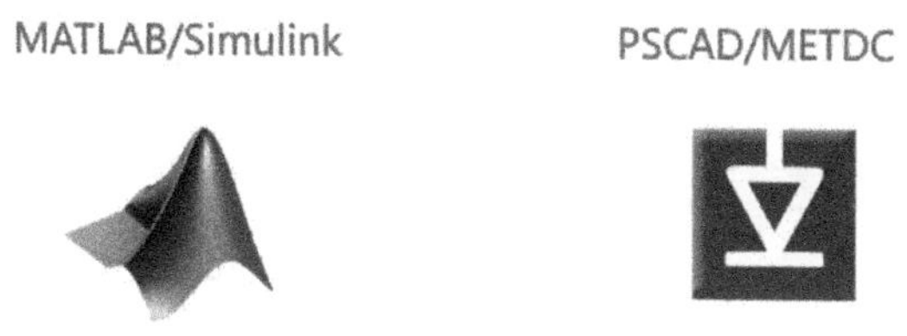

图 7-2　模拟仿真平台的选择

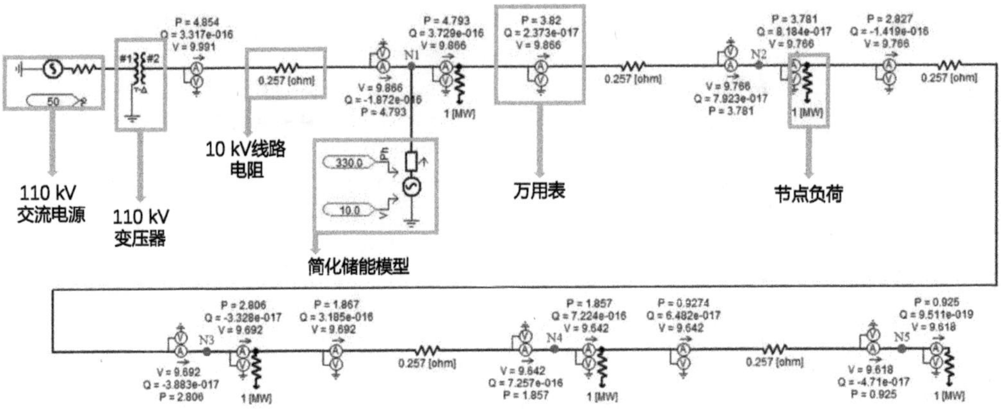

图 7-3　储能装置接入配电网影响研究仿真模型示意图

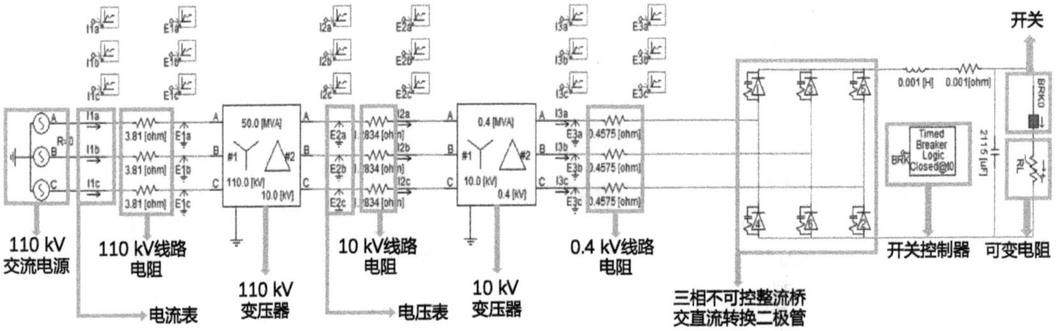

图 7-4　电动汽车充电设施接入配电网影响研究仿真模型

通过对电动汽车充电设施、储能装置并网后的影响情况进行模拟仿真及量化分析，可确定具体研究结论如表 7-3 所示。

表 7-3　电动汽车充电设施及储能装置接入配电网模拟仿真分析结果汇总表

仿真方向		序号	仿真场景	仿真过程	仿真结论
电动汽车充电设施接入配电网仿真	对配电网电能质量的影响	1	对于节点电压的影响	电动汽车充电设施依次接入配电网模型中的 N1~N5 节点	电动汽车充电设施在电池充电过程中可近似看作用电负荷，其用电过程中对配电网节点电压所产生的影响与常规负荷的用电情况完全相同
		2	谐波影响	（1）单台充电装置接入配电网； （2）多台充电装置无序接入配电网	（1）单台充电，以 6 脉波不控整流充电机为例，其主要产生 5、7、11、13 次谐波，其中尤以 5 次与 7 次谐波最为严重，谐波畸变率近 20%； （2）多台无序充电，谐波影响不会发生本质改变，仍无法满足电能质量要求
	对配电网运行经济性的影响	3	对于网络损耗的影响	充电装置接入配电网仿真模型	在电池充电状态下，10 kV 配电网的网络损耗会增大，随着电池逐步充满，网络损耗将逐步下降，直至最终电池充电完成，10 kV 侧线路损耗恢复为充电前的损耗水平

续表

仿真方向		序号	仿真场景	仿真过程	仿真结论
储能装置接入配电网仿真	对配电网电能质量的影响	1	储能装置以不同节点接入对系统电压的影响	同容量储能装置依次接入模型中 N1~N5 节点	（1）储能装置接入的节点，其电压提升效果最为明显； （2）接入节点越靠近线路末端，整回线路的电压提升越明显； （3）当储能装置接入容量偏大时，线路末端电压水平将超过线路出口电压
		2	储能装置以不同容量接入对系统电压的影响	以 0.5 MW 步长，依次在 N1~N5 节点接入 0.5~3 MW 容量的储能装置	（1）接入较小容量的储能装置时，与接入点最近的负荷由储能装置供电，节点电压随之升高； （2）当储能容量不断增大时，储能装置接入点上游及下游的节点电压也将得到提升
		3	谐波影响仿真	—	储能电池接入配电网的逆变过程必然发生谐波污染，但谐波处理装置是储能系统中的必备装置，能够有效消除谐波影响
	对配电网运行经济性的影响	4	储能装置以不同节点接入对网络损耗的影响	同容量储能装置依次接入配电网模型中 N1~N5 节点	（1）储能装置接入点的网络损耗呈现明显下降趋势； （2）储能装置的接入对整个网络的损耗情况都有一定程度的改善； （3）储能装置接入点靠近线路末端时，整回 10 kV 线路的网损情况都将降低
		5	储能装置以不同容量接入对网络损耗的影响	以 0.5 MW 步长，依次在 N1~N5 节点接入 0.5~3 MW 容量的储能装置	储能装置的容量越大，对于网络损耗的降低作用越明显，但随着接入容量的不断增大，当系统负荷无法完全消纳时，储能装置反而会导致节点附近的网络损耗升高，且随着接入点逐步向线路末端移动，这种影响变化情况越明显

通过对整个仿真过程及仿真结果的总结，可以明确如下四点结论：

（1）电动汽车充电设施或储能装置接入配电网的位置不同，则其接入影响也各不相同，适宜的接入节点有利于改善配电网电能质量，无序接入则可能导致电压越限等问题出现；

（2）交直流转换过程导致了谐波问题的出现，充电设施或储能并网过程须严格治理谐波问题；

（3）充电设施及储能并网将对配电网运行经济性产生影响，线路损耗的降低或上升与设备运行状态、接入容量等密切相关；

（4）充电设施或储能的接入都将对区域配电网规划产生明显影响，包括负荷特性、目标网架、规划方案经济性等，基于新型电力系统建设、电力体制改革深化等背景，具体影响应做进一步深入分析、解读。

7.2.4　电动汽车充电负荷预测方法优化研究

本书对 236 个典型充电配变、近 30 万负荷数据进行了梳理分析，率先形成了各类电动汽车运行特性及充电负荷特性的调研分析结论（图 7-5~图 7-7、表 7-4）。

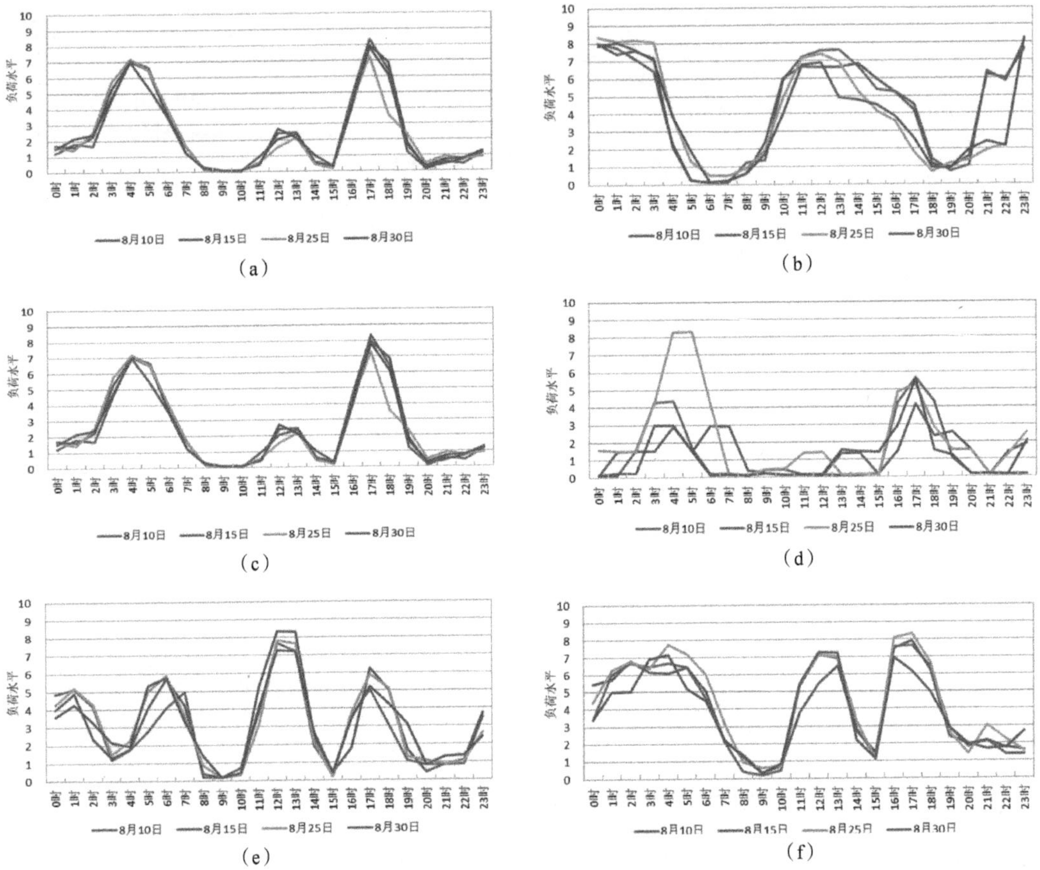

图 7-5　各类电动汽车充电负荷特性分析研究

(a)私家车;(b)公交车;(c)环卫车;(d)物流车;(e)出租车;(f)通勤巴士

图 7-6　各类电动汽车充电行为特征分析

之后进一步运用统计学分析方法，研究确定了各类电动汽车 24 个时刻的充电负荷发生概率，最终结合电动汽车保有量水平，形成了适用于电动汽车规模化发展的充电负荷预测方法。

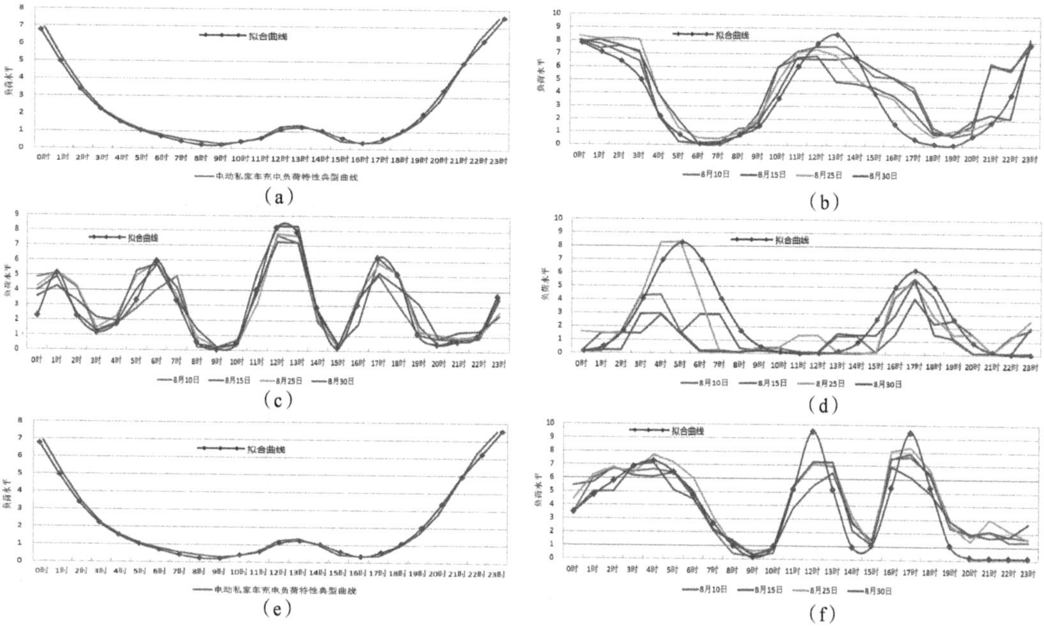

图 7-7　各类电动汽车充电行为高斯曲线模拟分析结果示意图

(a)私家车；(b)公交车；(c)出租车；(d)物流车；(e)环卫车；(f)通勤巴士

表 7-4　典型城市各类电动汽车充电负荷 24 个时刻发生概率

时刻	充电负荷 24 个时刻发生概率					
	私家车	公交车	出租车	环卫车	物流车	通勤巴士
0 时	0.16	0.11	0.08	0.16	0.01	0.08
1 时	0.12	0.1	0.18	0.12	0.02	0.11
2 时	0.08	0.09	0.08	0.08	0.03	0.135
3 时	0.05	0.07	0.04	0.05	0.07	0.16
4 时	0.03	0.03	0.06	0.03	0.12	0.17
5 时	0.02	0.01	0.12	0.02	0.14	0.15
6 时	0.01	0.01	0.21	0.01	0.12	0.11
7 时	0.01	0.01	0.12	0.01	0.07	0.06
8 时	0.01	0.01	0.02	0.01	0.03	0.02
9 时	0.01	0.02	0.01	0.01	0.01	0.1
10 时	0.01	0.05	0.01	0.01	0.02	0.02

续表

时刻	充电负荷 24 个时刻发生概率					
	私家车	公交车	出租车	环卫车	物流车	通勤巴士
11 时	0.02	0.09	0.14	0.03	0.04	0.12
12 时	0.04	0.18	0.31	0.05	0.06	0.25
13 时	0.03	0.16	0.29	0.03	0.04	0.12
14 时	0.03	0.12	0.12	0.02	0.02	0.09
15 时	0.01	0.06	0.01	0.01	0.04	0.02
16 时	0.01	0.02	0.11	0.01	0.09	0.13
17 时	0.01	0.01	0.22	0.01	0.11	0.22
18 时	0.02	0.01	0.18	0.02	0.09	0.13
19 时	0.04	0.01	0.04	0.04	0.04	0.02
20 时	0.08	0.01	0.02	0.08	0.03	0.02
21 时	0.12	0.03	0.02	0.12	0.02	0.02
22 时	0.15	0.06	0.03	0.15	0.01	0.02
23 时	0.18	0.11	0.13	0.18	0.03	0.02

基于上述参数最终预测确定了典型城市电动汽车 24 个时刻充电负荷水平(图 7-8)。

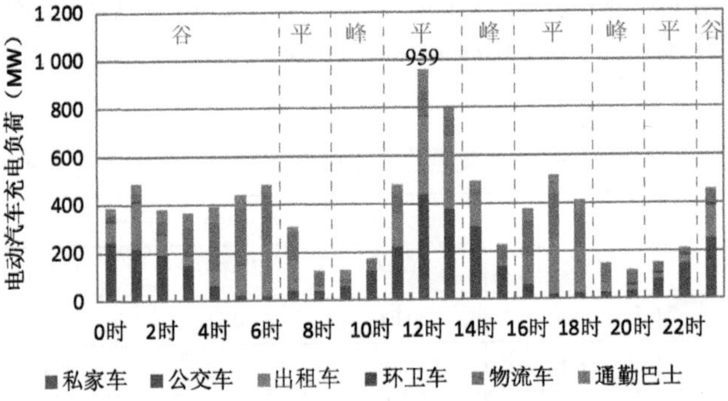

图 7-8　典型城市规划年夏季典型日 24 个时刻电动汽车充电负荷示意图

最终经归纳总结,可确定电动汽车充电负荷总量预测方法具体流程(图 7-9)。

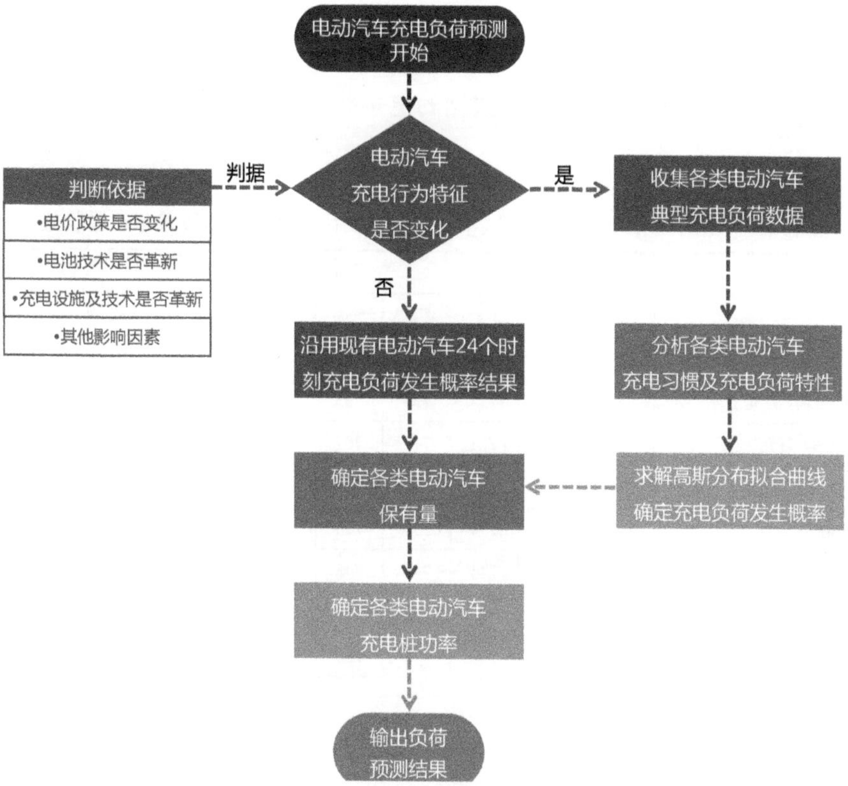

图 7-9　电动汽车 24 个时刻充电负荷总量预测方法流程图

亦可进一步与配电网既有负荷特性叠加，分析充电负荷接入影响（图 7-10）。

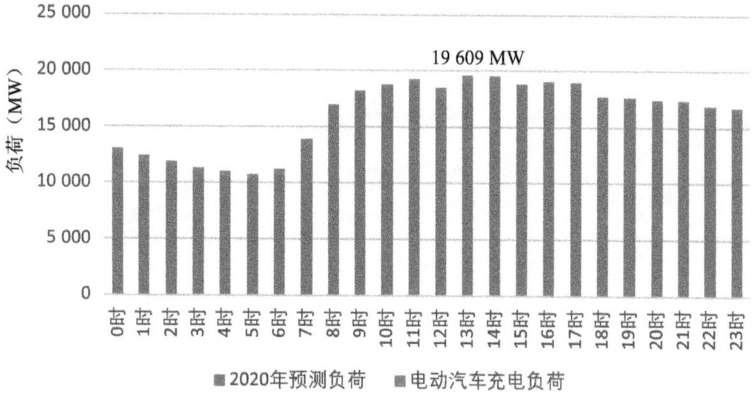

图 7-10　典型城市规划年 24 个时刻网供负荷变化情况（叠加电动汽车充电负荷）

7.2.5　电动汽车及储能发展对配电网规划经济性影响研究

电动汽车及储能发展对配电网规划经济性影响研究，首先对研究场景进行了分析说明，之后依次阐述了差异化场景下的经济性影响分析结论。

1. 居民区充电负荷发展的投资经济性分析

将基础负荷、无序充电、不同有序协调充电比例以及不同电动汽车保有量作为变量参数，分别分析计算 8 760 个时点年负荷数据的电量收益情况，其具体结果如表 7-5、图 7-11 所示。

表 7-5　不同电动汽车发展程度、不同充电协调比例下的单回线路年电量收益

协调充电负荷比例	每百户电动汽车数量									
	1 辆	2 辆	3 辆	4 辆	5 辆	10 辆	20 辆	30 辆	50 辆	100 辆
EV 充电负荷渗透率 α	1.8%	3.5%	5.9%	6.8%	8.4%	15.5%	26.9%	35.8%	47.9%	64.8%
基础负荷（万元）	735	735	735	735	735	735	735	735	735	735
β=0%（万元）	729	722	714	711	707	687	656	633	603	564
β=20%（万元）	732	728	724	722	720	710	695	684	668	648
β=40%（万元）	735	734	734	734	733	735	739	743	749	763
β=60%（万元）	738	741	744	746	748	762	788	813	854	927
β=80%（万元）	741	747	755	758	764	792	845	898	855	764
β=100%（万元）	744	753	766	771	780	825	915	838	751	649

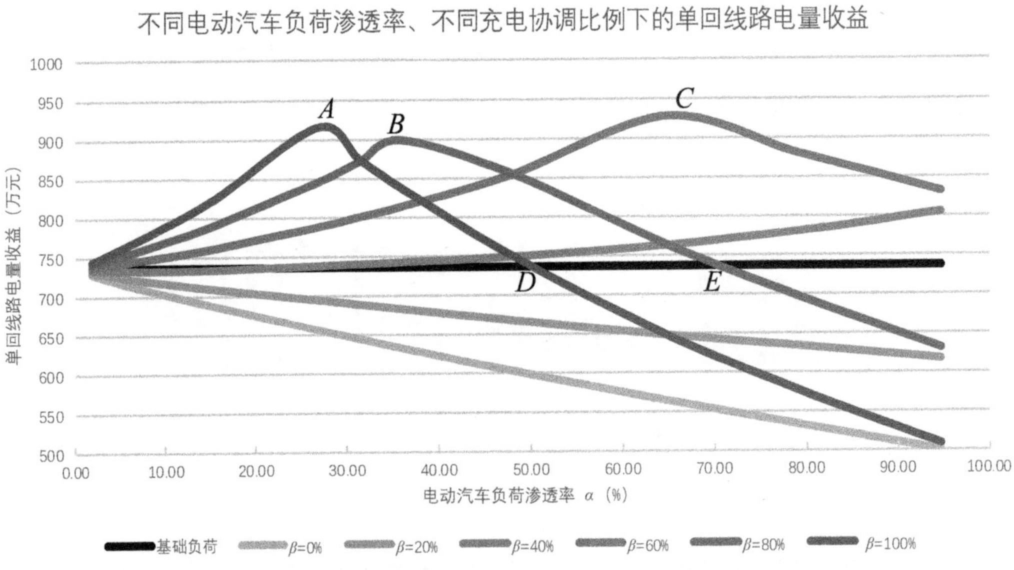

图 7-11　不同电动汽车负荷渗透率、不同充电协调比例下的单回线路年效益

在以上年电量收益分析结果的基础之上，考虑线路建设投资和运维费率，得到线路寿命周期内的动态收益计算结果如表 7-6 所示。

表 7-6　不同发展程度、不同充电协调比例下的单回线路全寿命周期总收益现值

供电区	协调充电负荷比例	每百户电动汽车数量(辆)									
		1	2	3	4	5	10	20	30	50	100
	EV 负荷渗透率 α	1.8%	3.5%	5.9%	6.8%	8.4%	15.5%	26.9%	35.8%	47.9%	64.8%
A+类（万元）	基础负荷	5 325	5 325	5 325	5 325	5 325	5 325	5 325	5 325	5 325	5 325
	β=0%	5 265	5 208	5 135	5 108	5 065	4 884	4 608	4 392	4 120	3 768
	β=20%	5 293	5 262	5 221	5 206	5 184	5 092	4 962	4 855	4 714	4 534
	β=40%	5 322	5 318	5 313	5 311	5 308	5 319	5 358	5 396	5 454	5 578
	β=60%	5 350	5 374	5 407	5 421	5 445	5 566	5 805	6 037	6 402	7 071
	β=80%	5 379	5 431	5 504	5 535	5 587	5 839	6 328	6 810	6 419	5 587
	β=100%	5 407	5 489	5 604	5 653	5 735	6 144	6 962	6 263	5 467	4 541
A 类（万元）	基础负荷	5 406	5 406	5 406	5 406	5 406	5 406	5 406	5 406	5 406	5 406
	β=0%	5 346	5 288	5 215	5 189	5 146	4 964	4 688	4 473	4 201	3 849
	β=20%	5 374	5 343	5 301	5 286	5 265	5 173	5 042	4 935	4 794	4 615
	β=40%	5 402	5 399	5 393	5 392	5 388	5 399	5 438	5 476	5 535	5 658
	β=60%	5 430	5 454	5 488	5 502	5 525	5 646	5 886	6 117	6 483	7 152
	β=80%	5 459	5 511	5 585	5 616	5 667	5 920	6 408	6 891	6 499	5 668
	β=100%	5 488	5 569	5 684	5 733	5 815	6 224	7 042	6 344	5 548	4 621
B 类（万元）	基础负荷	5 780	5 780	5 780	5 780	5 780	5 780	5 780	5 780	5 780	5 780
	β=0%	5 719	5 662	5 589	5 562	5 519	5 338	5 062	4 847	4 574	4 222
	β=20%	5 747	5 717	5 675	5 660	5 639	5 546	5 416	5 309	5 168	4 988
	β=40%	5 776	5 772	5 767	5 766	5 762	5 773	5 812	5 850	5 908	6 032
	β=60%	5 804	5 828	5 861	5 875	5 899	6 020	6 259	6 491	6 856	7 526
	β=80%	5 833	5 885	5 958	5 989	6 041	6 293	6 782	7 264	6 873	6 042
	β=100%	5 861	5 943	6 058	6 107	6 189	6 598	7 416	6 717	5 921	4 995

注：表中数据仅考虑了 10 kV 线路、设备以及上一级变电站分摊投资。

对于居民区而言，车主的无序充电行为将会对电网造成巨大的供电压力，而合理有序的电动汽车充电行为则有助于电网整体效益的提升，规划方案须结合电动汽车不同的发展阶段和保有量规模进行差异化编制，以实现规划投资效益的最大化。

2. 商业区充电负荷发展的投资经济性分析

对不同电动汽车充电同时率下的单回商业供电线路年电量收益，以及线路全寿命周期内的动态总收益情况进行分析，具体结果如表 7-7 所示。

表 7-7　不同电动汽车发展程度、不同充电设施利用同时率下的单回线路收益情况

负荷	单回线路年电量收益(万元)			单回线路全寿命周期总收益(万元)		
叠加情况	A+类	A 类	B 类	A+类	A 类	B 类
基础负荷	1 238	1 238	1 404	8 747	8 827	10 554
τ=5%	1 228	1 228	1 392	8 664	8 745	10 461
τ=10%	1 220	1 220	1 383	8 598	8 678	10 386
τ=20%	1 208	1 208	1 369	8 498	8 578	10 272
τ=30%	1 199	1 199	1 359	8 426	8 507	10 191
τ=40%	1 192	1 192	1 352	8 372	8 453	10 130
τ=50%	1 187	1 187	1 346	8 330	8 410	10 082
τ=80%	1 177	1 177	1 334	8 245	8 326	9 986
τ=100%	1 172	1 172	1 329	8 209	8 289	9 945

注:表中数据仅考虑 10 kV 线路、设备及上一级变电站分摊投资。

对于商业区而言,停车位充电设施建设和使用率提升,对单回线路负荷特性曲线以及投资效益的影响并不明显,但对区域整体供电能力的需求将显著提升。若考虑规划投资效益,可结合周边线路资源和接入条件,将商业区电动汽车充电负荷接入居民类负荷占比高的供电线路,通过混合供电等方式以提升线路整体利用率及资产效益水平。

3. 配网侧储能对配电网建设经济性影响分析

配变低压侧方面,结合分析结果可知,若仅考虑储能设备对配变负荷曲线削峰填谷的效益,目前从投资经济性的角度而言,尚无法实现合理的投资回报。但从储能技术的整体发展趋势来看,储能设备的整体造价正在逐步降低,随着相关技术、产业的进一步发展,预计储能设备能够在以新能源为主体的新型电力系统建设中实现常态化应用,届时其在配电网建设投资中所能发挥的效益价值将更为明显。

中压线路侧方面,储能投资的经济效益水平与配变侧分析结论基本相同,当储能技术成熟度及商用化需求进一步提升后,在高负荷密度地区根据负荷增长水平选取适当区域投建线路级储能设备,既能够支撑新型电力系统"源网荷储"深度融合体系的进一步完善,亦可实现较为合理的投资效益水平。

4. 用户侧储能对配电网建设经济性影响分析

对于负荷成熟区而言,配电网已按饱和高峰负荷需求建设完成,在已有用户通过储能装置实现负荷峰值转移的同时,由于周边其他电力用户的用电需求已接近饱和,因此区域配电网在短时间内很难实现明显的负荷增长。此种情况下,对于电网企业而言,相当于已建成配电网的供电能力出现冗余,与此同时来自用户的电费收益也将降低,因此供电企业的配电网规划建设投资效益将受到影响图 7-12。

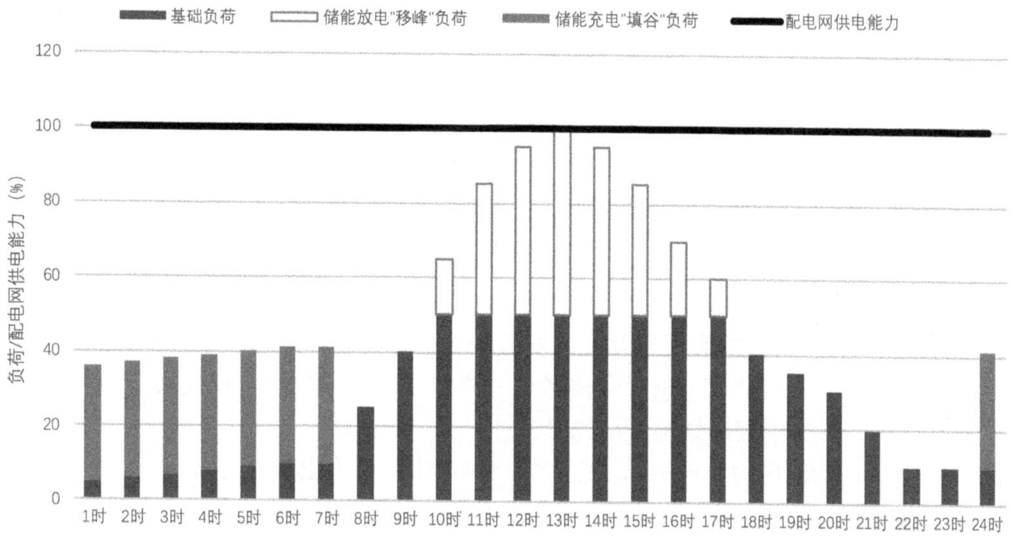

图 7-12　负荷成熟区用户储能影响示意图

对于负荷发展区而言，在用户侧储能并网的影响下，相当于现有配电网的供电能力得到了提升，配电网对于供电区新增负荷的接入能力增强；与此同时，供电企业增加了相同电网规模下的谷时段供电量和电费收入，进而提升了整个配电网的规划投资经济效益（图7-13）。

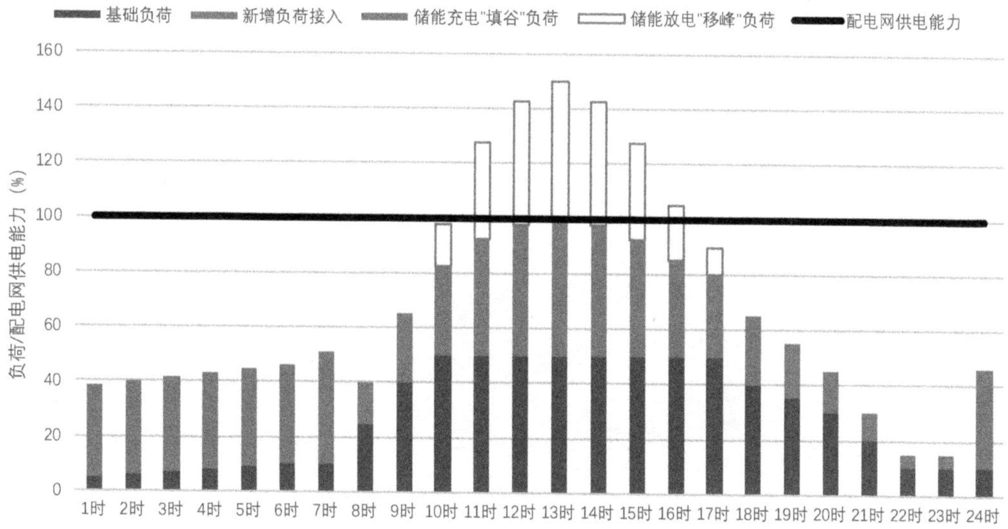

图 7-13　负荷发展区用户储能影响示意图

参考文献

[1] 宋新明. 城市配电网网格化规划技术与应用[M]. 北京：中国电力出版社，2020.

[2] 舒印彪. 配电网规划设计[M]. 北京：中国电力出版社，2018.

[3] 赵亮. 世界一流城市电网建设[M]. 中国电力出版社，2018.

[4] 能源互联网研究课题组. 能源互联网发展研究[M]. 北京：清华大学出版社，2017.

[5] 全国咨询工程师（投资）职业资格考试参考教材编写委员会. 现代咨询方法与实务[M]. 2 版. 北京：中国计划出版社，2016.

[6] 夏道止，杜正春. 电力系统分析[M]. 3 版. 北京：中国电力出版社，2017.

[7] 方万良，李建华，王建学. 电力系统暂态分析[M].4 版. 北京：中国电力出版社，2016.

[8] 冯庆东. 能源互联网与智慧能源[M]. 北京：机械工业出版社，2019.

[9] 康重庆，夏清，刘梅. 电力系统负荷预测[M]. 2 版. 北京：中国电力出版社，2017.